电子技术基础与应用技能

DIANZI JISHU JICHU
YU YINGYONG JINENG

主　编　　姜　锋　孟志军　陈思文
副主编　　王光明　王迎春　刘　凯　崔兆华

湖南科学技术出版社·长沙

图书在版编目（CIP）数据

电子技术基础与应用技能 / 姜锋，孟志军，陈思文主编. -- 长沙：湖南科学技术出版社，2025.3.

ISBN 978-7-5710-2693-6

Ⅰ．①电… Ⅱ．①姜… ②孟… ③陈… Ⅲ．①电子技术 Ⅳ．①TN

中国国家版本馆CIP数据核字(2024)第042842号

电子技术基础与应用技能

主　　编：姜　锋　孟志军　陈思文
出 版 人：潘晓山
责任编辑：王　斌
出版发行：湖南科学技术出版社
社　　址：长沙市开福区芙蓉中路一段416号泊富商业广场
网　　址：http://www.hnstp.com
湖南科学技术出版社天猫旗舰店网址：
　　　　　http://hnkjcbs.tmall.com
印　　刷：湖南省众鑫印务有限公司
　　　　　（印装质量问题请直接与本厂联系）
厂　　址：湖南省长沙市长沙县榔梨街道梨江大道20号
邮　　编：410100
版　　次：2025年3月第1版
印　　次：2025年3月第1次印刷
开　　本：710 mm×1000 mm　1/16
印　　张：16.25
字　　数：293千字
书　　号：ISBN 978-7-5710-2693-6
定　　价：98.00元

（版权所有·翻印必究）

前　言

电子技术发展得再快、再高端，都离不开其基础知识。本书将电子和无线电技术的教学与应用技能有机结合，以培养"技术应用能力"为主，强调内容的应用性和实用性，弱化理论分析的难度和深度，突出基本原理、基本电路的分析方法，强调必需和够用的编写思路，淡化器件内部结构分析，重点介绍器件的识别、功能及应用。以既定结论为主，减少理论分析、降低公式推导和计算难度，重点介绍实际意义和应用，做到通俗易懂。同时注重理论与实践相结合。可满足中专、大专以上层次的电子技术基础类课程的教学需要。

在内容设置上，选择了在实际应用中必需的知识和技能作为重点内容。在强化基础、精选内容的同时，将无线电电子技术的基本操作技能如元器件的识别测试、简单的电路分析、元器件的焊接技术、电路的组装和调试等内容融入书中。

本书内容由浅入深、分析透彻、讲解分明，适用于中高等院校工科学生选作教材，也可供从事各类电子技术工作的技术人员参考使用。

编　者
2023 年 7 月

内容简介

本书以电子元器件基础知识为主要内容,从电子元器件常识与电子技术的基本概念出发,结合无线电技术、电路焊接技术的教学与工程应用实践,以培养学生"技术应用能力"为着力点,重点突出基础知识,最后是应用技能。本书内容丰富,覆盖面广,用通俗易懂的知识结构,讲解无线电电子技术的基本操作技能。主要内容以模拟电路为主,涵盖交、直流电路原理、无线电技术、半导体元器件的识别、选用与检测方法以及电路分析及元器件的焊接技术等内容。

全书共分七章,第一章直流电路、第二章电磁和电磁感应、第三章正弦交流电、第四章无线电技术、第五章半导体器件及其应用电路、第六章电子元器件的检测与选用、第七章焊接技术。

由于编者水平有限,书中难免存在错误和疏漏,请广大读者批评指正。

编 者
2023 年 7 月

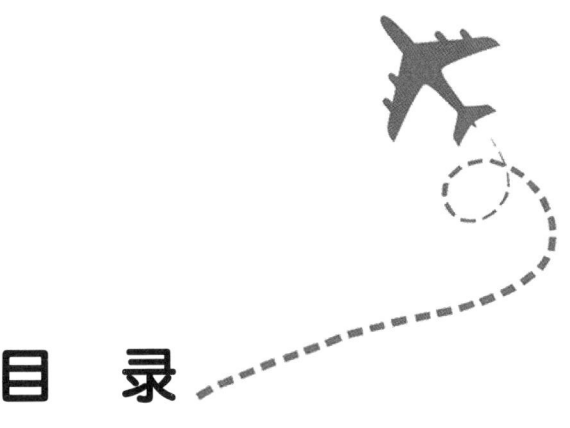

目 录

第一章 直流电路 ··· 001
1.1 电路及其基本物理量 ··· 003
1.2 电路基本元件 ·· 011
1.3 欧姆定律 ··· 032
1.4 电路的基本状态 ·· 034

第二章 电磁和电磁感应 ··· 037
2.1 磁的基本知识 ·· 039
2.2 电流的磁场 ··· 040
2.3 电磁铁 ·· 041
2.4 磁场对电流的作用 ··· 042
2.5 电磁感应 ··· 044

第三章 正弦交流电 ·· 049
3.1 交流电的基本概念 ··· 051
3.2 正弦交流电路 ·· 057
3.3 多种元件的串并联正弦交流电路 ··· 066

第四章 无线电技术 ·· 073
4.1 无线电通信原理 ·· 075
4.2 无线电波的传播 ·· 080

4.3　高频传输系统 …………………………………………………… 082
　　4.4　天线 ……………………………………………………………… 087
　　4.5　发射机与接收机 ………………………………………………… 089

第五章　半导体器件及其应用电路 ……………………………………… 095
　　5.1　半导体二极管 …………………………………………………… 097
　　5.2　半导体三极管 …………………………………………………… 100
　　5.3　晶体管放大电路 ………………………………………………… 105
　　5.4　振荡器 …………………………………………………………… 111
　　5.5　调制、解调与变频 ……………………………………………… 123

第六章　电子元器件的检测与选用 ……………………………………… 139
　　6.1　电抗元件概述 …………………………………………………… 141
　　6.2　电阻器 …………………………………………………………… 145
　　6.3　电位器 …………………………………………………………… 156
　　6.4　电容器 …………………………………………………………… 160
　　6.5　电感器 …………………………………………………………… 174
　　6.6　变压器 …………………………………………………………… 181
　　6.7　半导体分立器件 ………………………………………………… 187
　　6.8　集成电路 ………………………………………………………… 201
　　6.9　表面安装元器件 ………………………………………………… 208

第七章　焊接技术 ………………………………………………………… 217
　　7.1　焊接基本知识 …………………………………………………… 219
　　7.2　焊接材料 ………………………………………………………… 220
　　7.3　常用焊接工具 …………………………………………………… 224
　　7.4　手工焊接技术 …………………………………………………… 227
　　7.5　实用焊接技艺 …………………………………………………… 236
　　7.6　电子产品整机工程实践 ………………………………………… 243

参考文献 …………………………………………………………………… 254

第一章 直流电路

本章主要介绍电路的基本知识、基本元件及基本定律,主要包括电路的组成、电路的基本物理量和简单直流电路的分析。

1.1 电路及其基本物理量

1.1.1 电路

用来构成电流流通路径的总体,叫作电路。电路是由电源、负载和连接导线三个基本部分组成的,如图1-1所示。

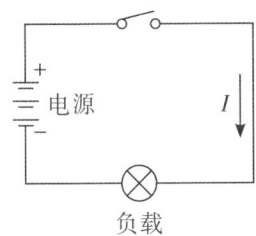

图1-1 电路的基本组成

1. 电源

电源是输出电能的设备,如发电机、干电池等。电源的作用是将其他形式的能量转换为电能。

2. 负载

负载是消耗电能的设备,如电动机、灯泡、电炉等。负载可将电能转换为其他形式的能量。

3. 导线

导线的作用是将电源与负载接成通路,把电能从电源传输到负载中去。

在电路中,一般是用两根导线分别将负载和电源的两极连接起来,构成电流的通路,这种电路形式叫作双线制,如图1-1。在飞机上,导线的总长度可达几千米,为了节省导线,减轻重量和减小体积,常省去一根导线,而把电源的一端(通常是负极)和负载的一端分别用搭铁线与金属机体相连接,利用直升机机体代替一根导线;电源和负载的另一端则用导线连接,如图1-2所示,这种电路形式叫作单线制。例如,直升机的机内、外照明电路,仪表板显示电路等采用的都是单线制电路。

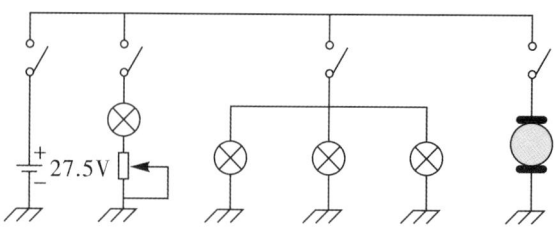

图1-2 单线制电路

此外，为了便于控制电路和保护电路的安全，在电路中还装有开关（又叫作电门）和保护装置，如自动空气开关和熔断器（俗称保险丝）等。组成电路的设备或器件，例如电阻器、电容器、电感、晶体管等统称为电路元件。

在实际工作中，常把电路中的元器件或某种意义用相应的符号来表示。用规定符号表示电路连接情况的图，叫作电路图。在一个完整的电路中，常把电源内部的电路叫作内电路，电源以外的电路叫作外电路，内、外电路合在一起叫作全电路。

1.1.2 电流

1. 电流的产生

空气的流动形成气流，水的流动形成水流，与此类似，电荷的定向移动形成电流。

在金属导体中，有大量的自由电子，平时，它们不断地做无规则的高速运动。但是，在任何一段时间内，从导体任一截面两侧穿过截面的自由电荷数都相等，如图1-3所示，电荷没有定向移动，因而没有形成电流。如果把导体和带正、负电荷的两个带电体相连接，导体中的自由电子就会受到正负电荷形成的电场的作用力，这时，自由电子除做无规则的热运动外，还会逆着电力线的方向做定向移动，如图1-4所示，导体中形成了电流。

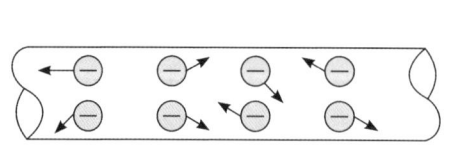

图1-3 自由电子的运动　　　　图1-4 电流的产生

2. 保持连续电流的条件

在图1-4导体中形成的电流，只能在极短的时间内存在。因为在正、负电荷所形成的电场的作用下，电子从负带电体移向正带电体，正、负电荷发生中和后，两个带电体上的电荷不断减少。当两个带电体上的正、负电荷被全部中和以后，电场就不存在了，电子的定向移动停止，导体中也就没有电流了。

如果设法把移到正带电体的电子再搬回到负带电体，如图1-5（a）所示，就可以使正带电体继续保持带正电，负带电体继续保持带负电，导体中就可以继续保持有电流。

在电源内部有一种非静电力，如在蓄电池内，这种非静电力是化学力，在发电机内是电磁力，其作用恰好与电场力的作用相反。电场力使正、负电荷中和，而电源的非静电力却使正、负电荷重新分离，并把电子从带正电荷的一端（电源的正极）搬到带负电荷的一端（电源的负极），如图1-5（b）所示。这样，在通路中有了电源以后，电子被移动到电源的负极后就又被搬到正极，导体中保持着持续的电场，所以在整个通路中就保持有连续不断的电流。

由此可见，要保持连续的电流，必须具备以下两个条件：一要有电源；二要有闭合的通路。

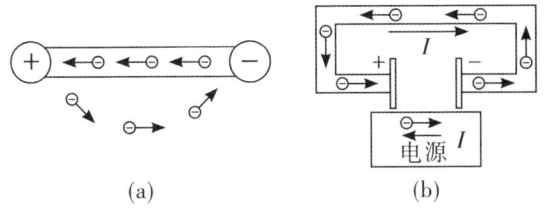

图1-5 持续电流的产生

3. 电流的方向和大小

（1）电流的方向

金属导体中的电流，是电子的定向移动形成的，电子（负电荷）的移动方向即为金属导体中的电流方向。但是在电子被发现以前，人们认为电流是由正电荷的移动形成的，所以就把正电荷的移动方向规定为电流的方向。这种规定与金属导体中形成电流的实际情况相反。但由于正负电荷向相反方向移动所产生的效果相同，且规定对我们研究与电流有关的现象也没有妨碍。因此，人们仍按习惯的规定，以正电荷移动的方向为电流方向。

电源的作用是将负（正）电荷从电源的正极（负极）搬到负（正）极，按照上面的规定，电源内部电流的方向应是从负极到正极。

（2）电流的大小

电流的大小用电流强度来表示。单位时间内通过导体横截面的电量叫作电流强度，用符号 I 表示。如果在时间 t 秒内，通过导体横截面的电量为 Q 库仑，那么，电流强度的大小为 $I=Q/t$。

如果在 1 秒钟内，通过导体横截面的电量为 1 库仑，则电流为 1 安培。电流的单位是安培，简称安，符号 A。比安培小的单位还有毫安（符号 mA）和微安（符号 μA），它们之间的关系：$1\ A=10^3\ mA=10^6\ \mu A$。

电流方向不随时间而改变的叫作直流电。电流方向和大小都不随时间而改变的电流叫作稳恒电流，通常所说的直流电就是指稳恒电流。

1.1.3 电压和电动势

1. 电压的概念

电压是把单位正电荷从电场中一点移到另一点时电场力所做的功。一般规定电压的方向是从高电位端指向低电位端。在电路中电压的方向和电位逐渐降低的方向一致，所以又常把电路两端的电压称为电位降或电压降（简称压降）。

因为电位的单位是伏特，所以电压的单位也是伏特。如果单位正电荷从电路中的一点移到另一点时电场力所做的功为 1 焦耳，则这两点间的电压就是 1 伏特；伏特简称为伏，其符号为 V。比伏特大的单位有千伏（kV），比伏特小的有毫伏（mV）、微伏（μV）。

一般干电池的电压为 1.5 V，手机电池充满电的电压为 4.2 V 左右。

2. 电动势

电路中的电位差是产生电流的条件。只要电路两端有电位差，电路就有电流；若要保持电路中连续不断地有电流，就必须保持电路两端的电位差，电源正极电位高（带正电荷），电源负极电位低（带负电荷），电源正、负极两端具有一定的电位差。当接通外电路时，电路中有了电流，自由电子在电场力作用下沿外电路从负极流向正极，与正极的正电荷中和，正、负极上的正、负电荷数量减少，将会使正、负极的电位差降低。但是由于电源内有一种非静电力能够及时地把正负电荷分开，并将电子从正极经电源内部送回到负极去，这样就使得正、负极上保持一定的电荷，也就使正、负极两端保持了一定的电位差。电源能够产生并保持其两端电位差的这种本领，就叫作电动势。它的大小等于单位正电荷从负极通过电源内部移到正极时非静电力所做的功。电动势的符号用 E 表示，它的单位也是伏特。如果把一库仑的正电荷经电源内部从电源的负极移到正极，非静电力作了 1 焦耳的功，那么，电源的电动势就是 1 伏特。例如干电池的电动势为 5 伏特，就说明在干电池内，从负极移动 1 库仑电荷到正极时，化学力作了 5 焦耳的功。人们习惯地规定电动势的方向是从电源的负极指向正极。

一个电源电动势的大小决定于电源本身的条件,是电源的固有特性。如化学电源的电动势决定于化学反应的性质;发电机的电动势决定于它的构造和转速情况。

3. 电动势和电压的关系

我们知道,电动势和电压有相同的定义形式(W/q)和相同的单位(伏特),但它们的含义却截然不同。在电路中,电动势是外力克服电场力把单位电荷从负极经电源内部移到正极时,外力(非静电力)所做的功;电压则是电场把单位正电荷从电源正极经外电路移向负极时电场力所做的功,或从外电路中一处移到另一处时电场力所做的功。电动势和电压的方向是不同的。电动势的方向是在电源内部逆着电场方向从低电位处指向高电位处,电压的方向则是沿着电场方向从高电位处指向低电位处,如图 1-6 所示。

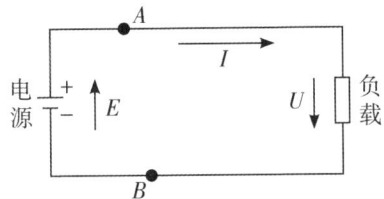

图 1-6 电动势和电压方向

根据能量守恒原理,外力使单位正电荷从电源负极经电源内部移到正极所做的功,应等于电场力推动单位正电荷通过整个电路时所做的功。也就是说,电源的电动势在数值上等于整个电路的电压降之和,即 $E=U+U_内$,其中 $U_内$ 是电流经过电源内部时形成的压降,称为内压降。

1.1.4 电功、电功率和电流热效应

1. 电功

电荷定向移动形成电流的过程,就是电场力推动电荷做功的过程,电场力对电荷所做的功称为电功。在做功的过程中,电荷的电势能就转化为其他形态的能量,所以,电功的大小就是消耗电能的多少,也称电功为电流所做的功,电功一般用符号 A 表示。

电场力对电荷所做的功为 $A=qU$,其中 U 为电路中两点间的电压(电位差),q 是通过导体截面的电量。在电路中,$q=It$,所以 $A=UIt$。即电功的大小与电压(U)、电流(I)及通电时间(t)的乘积成正比。

在生活中，人们习惯用度作为电功的单位，1 度＝1 千瓦·小时＝$3.6×10^6$ 焦耳。1 度电用于生产，能采煤 125 千克，炼铁 178 千克，织布 10 米。

2. 电功率

单位时间内电流所做的功叫作电功率，电功率一般用符号 P 表示。如果在时间 t 秒内电流所做的功为 A，则

$$P=\frac{A}{t}=\frac{UIt}{t}=UI$$

在国际单位制中，电功率的单位为瓦特（W），简称瓦。比瓦大的单位还有千瓦（kW）和马力，它们的关系：

$$1\ kW=10^3\ W$$

1 马力＝736 W＝0.736 kW

对于电阻元件电路，计算电功率的公式可以演变成另外两种形式。即

$$P=I^2R \qquad P=\frac{U^2}{R}$$

3. 电源的输出功率和效率

我们知道，电源的电动势等于电源的端电压与电源的内压降之和，即

$$E=U_{端}+U_{内}$$

将上式两边同乘以电量 Q，即 It，得

$$EIt=UIt+U_rIt$$

其中 EIt 是电源向电路提供的能量，UIt 是外电路取用的电能，U_rIt 是内电路消耗的电能，从上式可以看出，非电能和电能之间的转换也遵守能量守恒定律。将上式两边除以时间 t 得功率平衡方程，$EI=UI+U_rI$，其中，EI 是电源的总功率，U_rI 是电源电阻消耗的功率。

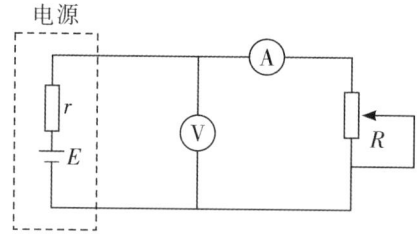

图 1-7 电源的输出功率实验电路

下面，我们通过实验来研究电源输出功率取得最大值的条件。如图 1-7 所示电路，假设电源的电动势 $E=6$ 伏特，内阻 $r=1$ 欧姆。当可变电阻 R 由零增大到无穷大时（此时开关 K 断开），电源的端电压和输出电流也随之变化。根据它

们的变化，分别计算不同情况下电源的输出功率，数值如表1-1所示。

表1-1 电源输出功率和电阻的关系

负载电阻 R/欧	输出电流 I/安	端电压 U/伏	输出功率 $P_出$/瓦
0	6	0	0
0.2	5	1	5
0.5	4	2	8
1	3	3	9
2	2	4	8
3	1.5	4.5	6.75
⋮	⋮	⋮	⋮
8	0	6	0

从上面的结果可以总结出电源的输出功率随负载电阻的变化规律，如图1-8中曲线所示。从图中可以看出，负载电阻从零逐渐增大时，输出功率随负载电阻的增大而增大；负载电阻值增大到等于电源内阻时，输出功率达到最大值；负载电阻值再继续增大时，输出功率反而随负载电阻的增大而减小。所以，输出功率最大的条件是，负载电阻等于电源内阻。

电源的输出功率与电源总功率的比值叫作电源的效率，用符号 η 表示。

$$\eta = \frac{P_出}{P_总} \times 100\%$$

从此式看出，当 $R=r$ 时，虽然电源的输出功率最大，但电源的效率却只有50%。这种情况，在电力工程中是决不允许的。为了提高电源效率，节约能源，一般要求发电设备的内阻要远小于负载电阻。在电子技术中，我们常希望负载能获得尽可能大的功率，此时，常把电源的效率问题放在次要地位，而使负载电阻与电源内阻相等，即所谓的匹配工作状态。

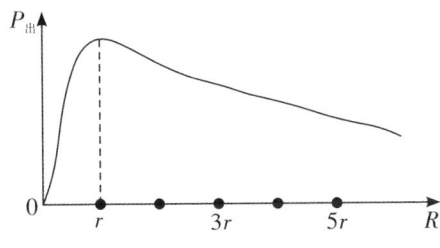

图1-8 电源的输出功率曲线

4. 电流热效应

当电流通过导体时，运动着的电子与导体内的原子将发生碰撞，碰撞过程中，电子的动能就会传递给原子，使其热运动加剧，而引起导体发热。电流通过导体，使导体发热的现象，就叫作电流热效应。

电流通过电阻时，产生热量的多少与哪些因素有关呢？实验证明：导体通电后所产生的热量（Q）与导体的电阻 R，电流的平方（I^2）及通电时间（t）三者的乘积成正比。用公式表示，即 $Q=I^2Rt$。这个关系是由英国物理学家焦耳发现的，因此又叫作焦耳定律。上式中，电流的单位取安培，电阻的单位取欧姆，时间的单位取秒，则热量的单位为焦耳。在实际中，人们有时以卡作为热量的单位，1 焦耳等于 0.24 卡。

利用电流的热效应可以制成很多电热设备，例如白炽灯泡、电炉、电烙铁等。虽然利用电流热效应可以制成各种设备，这是它有利的一面，但在某些场合它也有害。例如在一些不需要电流热效应的地方，如输电导线、变压器、电动机等，这些设备的电流热效应将造成无益的损耗。另外，如果电流过大，发热过多，还会使导线外面的绝缘物损坏，甚至烧毁。这时就要注意不要使电流过大，保持设备散热良好。

5. 电气设备的额定值

电气设备的内部导电部分都是用导体制成的，除了超导体外，一般导体都含有一定的电阻，由于电流的热效应，在电气设备工作时，内部的导体都要发热。这种发热一方面无谓地消耗着电能；另一方面，如果发热过多，就可能会由于温度过高而烧坏电气设备，甚至引起火灾。为了保证电气设备的正常工作，既使电气设备尽可能地发出较大的功率，又不至于使电气设备有烧坏的危险，各种电气设备都规定了长时间安全工作所允许的工作电压和电流或功率值，这些规定值称为电气设备的额定值。通常情况下，电气设备工作时不允许超过额定值，以免损坏或造成事故。输电导线允许长时间通过的最大电流值称为导线的载流量。导线载流量的大小跟导线的横截面积和导线的材料以及周围的散热条件等有关。导线的横截面积越大，材料的电阻率越小，散热条件越好，导线的载流量就越大。

电阻器是电路中常用的一种元件，通常它上面都标明电阻值、额定功率值或额定电流值。在选用电阻器时，不但应注意它的电阻值，而且一定要注意这个电阻器在电路中所产生的功率必须小于它的额定功率值。

电器元件的额定值，一般标在铭牌上，也可从产品目录查得。例如，灯泡上标有"220 V、100 W"，这说明灯泡接在 220 V 电压工作时，它的功率就是 100 W，这时灯泡的工作既安全又正常。如果灯泡工作电压低于 220 V，它的功率就小于 100 W，这时灯泡虽然不会烧坏，但亮度不够；如果电压高于 220 V，它的功率就超过 100 W，灯泡就会烧坏。

1.2 电路基本元件

1.2.1 电阻元件

1. 电阻的概念

导体中自由电子的定向移动形成电流，导体在传导电流的同时，还对通过其中的电流具有阻碍作用。我们知道，物体是由分子或原子组成，通常它们处于振动状态，当自由电子在导体中移动时，必将与它们发生碰撞和摩擦，使自由电子的定向移动受到阻碍，我们把导体对电流的这种阻碍作用叫作电阻，用符号 R 表示。电阻的单位在国际单位制中是欧姆，符号 Ω。比欧姆大的单位有千欧（$k\Omega$）和兆欧（$M\Omega$）。

2. 决定电阻大小的因素

物体电阻的大小与组成物体的材料和它的形状（长度和横截面积）有关。现以均匀截面的导体为例，具体分析一下电阻和这些因素的关系。

（1）导体的电阻与导体的长度成正比

导体越长，电阻越大；导体越短，电阻越小。图 1-9 中的 1 和 2 两个导体，其材料和横截面积是相同的，但长度不一样，实验证明，较长的导体 1，电阻大。

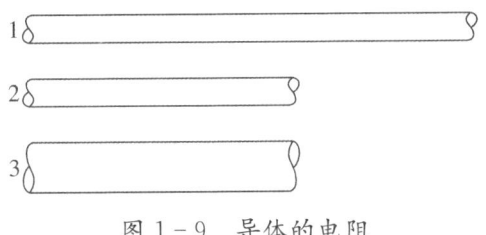

图 1-9 导体的电阻

（2）导体的电阻与导体的横截面积成反比

导体越粗，电阻越小；导体越细，电阻越大。图 1-9 中的 2 和 3 两个导体，其材料和长度是一样的，但横截面积不同，实验证明，横截面小的导体 2，其电阻大。

（3）导体的电阻与导体的材料有关

材料不同，其电阻的大小也不同。两个长度、横截面积相等，但材料不同的导体，其电阻不一样。综合以上关系可以看出，某材料导体的电阻与导体的长度 l 成正比，与导体的横截面积 S 成反比，用公式表示

$$R=\frac{\rho l}{s}$$

其中，ρ 是电阻系数（或电阻率），用来比较不同材料阻碍电流能力的强弱。通常规定在长度为 1 米，横截面积为 1 平方米，温度为 20 ℃ 条件下进行比较。在这个条件下，某种材料所具有的电阻值，就叫作该种材料的电阻系数。电阻系数小的材料阻碍电流的能力弱，电阻系数大的材料阻碍电流的能力强。电阻系数的单位在国际单位制中是欧姆·米^2/米，即欧姆·米。表 1-2 给出了几种常用材料的电阻系数。

表 1-2 几种常用材料的电阻系数

材料名称	电阻率 ρ (20 ℃) ($\Omega \cdot mm^2/m$)	用途
银	0.0165	导线镀银
铜	0.0176	导线，主要的导电材料
铝	0.0283	导线
铂	0.106	热电偶或电阻温度计
钨	0.055	白炽灯的灯丝，电器的触头
康铜	0.44	标准电阻
锰铜	0.42	标准电阻
镍铬铁合金	1.12	电炉丝
铝铬铁合金	1.3~1.4	电炉丝
碳	10	电刷
云母	4×10^{17}	绝缘材料

从此表可以看出，银、铜、铝的电阻系数小，它们的导电性能好，所以一般导线都用铜、铝制成。银的价格较高，一般镀在开关、触点及接线片上，以提高导电性能。云母的电阻系数很大，导电性能很差，因而它是很好的绝缘材料。

3. 温度和湿度对电阻的影响

实验证明，温度对物体电阻的影响分两种情况：对金属材料，当温度升高时，它的电阻增大；对于电解液、绝缘体及一般半导体，当温度升高时，它的电阻减小。

为什么温度对不同物体电阻的影响会不同呢？因为当温度升高时，一方面，

物体内部原子（分子）的振动加快，使自由电子在移动过程中与原子（分子）碰撞的机会增多，所以电阻有增大的趋势；另一方面，由于温度升高，使更多的电子脱离原子的束缚而成为自由电子，参加导电的自由电子数量增加，所以电阻有减小的趋势。任何一种物体，当温度升高时都有这两方面的趋势。但是，对金属材料来说，第一方面的作用是主要的，所以它的电阻随着温度的升高而增大；对电解液、绝缘体及一般半导体来说，则第二方面的作用是主要的，所以它们的电阻随温度的升高而减小。

在金属材料中，纯金属材料的电阻受温度变化的影响较大；而合金材料的电阻受温度变化的影响很微小，如锰铜，它的电阻基本上不受温度变化的影响。还有一种情况，当温度下降到某个很低的温度时，金属或合金的电阻会骤降到零。例如汞在 $-268.85°$ 时，铌钛合金在 $-265°$ 时均能表现出这种性质，具有上述性质的物体称为超导体。

电阻除了受温度影响外，还会受湿度的影响。潮湿空气同电阻器件接触就会在它的表面附着一层很薄的水膜，由于不纯净的水具有一定的导电性，因此会使电阻值变小。如果温度较大，可能改变设备中各零件的参数，同时还会使绝缘体漏电，影响设备的正常工作。因此在外场维护工作中，尤其是多雨的南方、潮湿的沿海地区，要注意设备的防潮。

1.2.2 电阻的连接

1. 电阻的串联电路

把电阻一个接一个成串地连接起来，中间没有分岔，使电流只有一条通路，这种连接方法叫作电阻的串联，如图 1-10 所示。

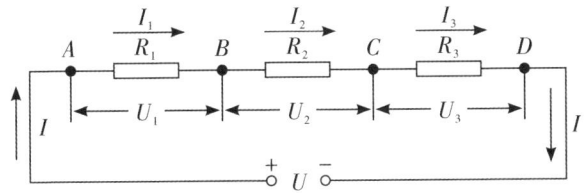

图 1-10 电阻的串联电路

（1）串联电路的特点

（a）总电阻等于各分电阻之和

根据导体电阻大小的公式 $R=\rho l/s$，电阻大小与导体长度成正比。在串联电路中，几个电阻联成一串，相当于电阻丝的长度增加，所以，串联后的总电阻等

于各分电阻 R_1、R_2、R_3 之和，即
$$R = R_1 + R_2 + R_3$$

因此，串联电路的总电阻比任何一个分电阻都要大，串联的电阻越多，电路的总电阻就越大。串联电路中，有一个电阻增大（或减小）时，总电阻随之增大（或减小）。

(b) 电路中的电流处处相等

串联电路中电流只有一条路径，所以电流处处相等。也就是说，尽管串联电路中各分电阻的阻值不同，但通过它们的电流都是一样大的，总电流等于各分电流，即
$$I = I_1 = I_2 = I_3$$

电流的数值，可用部分电路的欧姆定律确定。即
$$I = \frac{U}{R} = \frac{U}{R_1 + R_2 + R_3}$$

若电路两端的电压不变，串联的电阻越多，或某一部分分电阻变大，则总电阻越大，电路中的电流越小；串联的电阻越少，或某一部分分电阻变小，则总电阻越小，电路中的电流越大。若总电阻不变，电路两端的电压增大（或减小），则电路中的电流也增大（或减小）。电压或电阻发生变化，则电路中的电流也随之发生变化，但电路中各处的电流仍彼此相等。我们说串联电路中的电流处处相等，并不是说电流不变（相等和不变是两个不同的概念），而是说要变一起变，变后还是处处相等。

(c) 总电压等于各分电压之和

由于任何一段电路两端的电压就是电路两端的电位差，因此各个电阻上的分电压可以表示为 $U_1 = \varphi_A - \varphi_B$，$U_2 = \varphi_B - \varphi_C$，$U_3 = \varphi_C - \varphi_D$。将各分电压相加，得
$$U_1 + U_2 + U_3 = \varphi_A - \varphi_B + \varphi_B - \varphi_C + \varphi_C - \varphi_D = \varphi_A - \varphi_D$$

$\varphi_A - \varphi_D$ 是电路两端的电位差，即总电压，所以，串联电路的总电压等于各分电压之和，即 $U = U_1 + U_2 + U_3$。

(d) 各电阻上分配的电压与其阻值成正比

电流通过电阻时，要产生电压降。根据部分电路欧姆定律，每个电阻两端的电压为电流与电阻的乘积，即 $U_1 = I_1 R_1$，$U_2 = I_2 R_2$，$U_3 = I_3 R_3$。

因为电路中电流处处相等，所以各电阻上分得的电压与其阻值成正比。阻值大的电阻分配的电压大，阻值小的电阻分配的电压小。例如，若电阻 R_1 是电阻 R_2 的 n 倍，

则电阻 R_1 上分配的电压是电阻 R_2 上分配的电压的 n 倍。写成数学式即 $\frac{U_1}{U_2}=\frac{R_1}{R_2}=n$。

(e) 各电阻上分配的功率与其阻值成正比

我们知道，电阻上消耗的功率等于电流与电压的乘积。在串联电路中，电流是处处相等的，而电阻分配的电压与其阻值成正比，因而各电阻分配的功率也是与其电阻成正比的。当然，无论是各电阻上电压的总和，还是各电阻上功率的总和，都应和串联电路两端的总电压，或电源输给这段电路的总功率相等。

(2) 串联电路的计算与分析

串联电路中的电流、各分电压和电阻是互相联系的，电阻的变化，必然引起电路中的电流、各分电压按照一定规律发生变化。在机务维护过程中，设备的故障往往体现于电阻的变化（如电阻变质和断路，电缆接点、继电器触点接触不良，某一元件的短路或断路等）。因此，了解电阻变化对电路中电流电压的影响，对学习专业课程和做好维护工作也是必要的。

例 如图 1-11 电路，若电路两端的电压不变，试问当可变电阻 R_2 增大时，电路中的电流及各分电阻的电压如何变化？

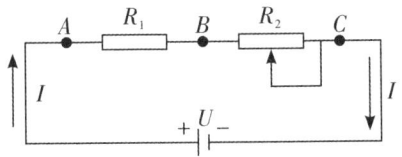

图 1-11 电阻电路

第一步 分析总电阻的变化 $R=R_1+R_2$，R_1 不变，R_2 增大则 R 增大，即 $R\uparrow=R_1+R_2\uparrow$。

第二步 分析电流的变化 $I=U/R$，U 不变，R 增大则 I 减小，即 $I\downarrow=U/R\uparrow$。

第三步 各分电阻上电压的变化 $I=I_1=I_2$，$U_1=I_1R_1=IR_1$，R_1 不变，I 减小，所以 U_1 减小（一般先分析固定电阻上电压的变化），即 $U_1\downarrow=I\downarrow R_1$，$U_2=I_2R_2=IR_2$。

因为 I 和 R_2 都在变化，而且变化的趋势相反，因此用这个公式来分析 U_2 的变化不易得出结论。但 $U=U_1+U_2$，U 不变，U_1 减小，所以 U_2 变大。即 $U_2\uparrow=U-U_1\downarrow$。

通过该例的分析，可得出串联电路中某一电阻值发生变化时，电路中各分电阻上电压的变化规律是：在串联电路中，任一电阻变化时，各分电阻上分配的电压都要发生变化，电阻增大（或减小）的部分，分配的电压也增大（或减小），其他部分的电压则相应地减小（或增大）。

另外，通过上例，还可以得出分析串联电路的一般步骤：

第一根据分电阻的变化分析总电阻的变化；

第二根据总电阻的变化分析电路中电流的变化；

第三根据电流的变化分析各分电阻上电压的变化（一般先分析固定电阻上电压的变化，后分析变化电阻上电压的变化）。

2. 电阻的并联电路

将两个或两个以上电阻的一端接在一起，另一端也接在一起，使每个电阻两端都受到同一电压的作用，这种连接方法叫作并联，如图 1-12 所示。

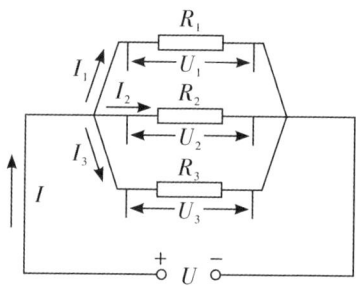

图 1-12 电阻的并联电路

（1）并联电路的特点

（a）总电压等于各支路电压

并联电路中，各支路都接在共同的两点上，而两点间只有一个电位差（电压），所以，各支路两端的电压相等，都等于并联电路两端的电压，即 $U=U_1=U_2=U_3$。

（b）总电流等于各支路电流之和

在电路的任一连接点上，电荷既不能堆积，也不能凭空产生，有多少电荷流入，就有多少电荷流出，即有多大电流流入，也必然有多大电流流出。因此，在并联电路中，总电流 I 等于各支路电流 I_1、I_2、I_3 之和，即 $I=I_1+I_2+I_3$。

（c）总电阻小于任一分电阻

电阻并联，相当于导线的横截面变粗。根据计算电阻大小的公式 $R=\rho l/s$，电阻与导线的横截面成正比，所以电路的总电阻减小，而且小于任一分电阻。例如，两个相同的电阻如 20 Ω 并联，相当于导线横截面增加一倍，所以电阻减少到原来的二分之一，即 $R=20/2$ Ω$=10$ Ω。可以证明，并联电路总电阻的倒数等

于各支路电阻 R_1、R_2、R_3 倒数之和。

$$\frac{1}{R} = \frac{1}{R_1} + \frac{1}{R_2} + \frac{1}{R_3}$$

并联的电阻越多支路越多，相当于导线越粗，它的总电阻就越小，并联电路中某一电阻增大（或减小），总电阻也相应地增大（或减小），而且阻值较小的电阻变化时，对电路总电阻的影响更为明显。

（d）各支路分配的电流与电阻成反比

根据欧姆定律，各支路中的电流为

$$I_1 = \frac{U_1}{R_1} = \frac{U}{R_1} \quad I_2 = \frac{U_2}{R_2} = \frac{U}{R_2} \quad I_3 = \frac{U_3}{R_3} = \frac{U}{R_3}$$

由于并联电路各支路电压都相等，因此在并联电路中，各支路分配的电流，由各支路的电阻决定。支路的电阻大，通过的电流小；支路电阻小，通过的电流就大。若某一支路的电阻是另一支路的电阻的 n 倍，则这个支路中的电流就是另一支路的 n 分之一。写成数学式即 $\frac{I_2}{I_1} = \frac{R_1}{R_2} = n$。

（e）各支路分配的功率与其电阻成反比

电阻上消耗的功率等于电流与电压的乘积。在并联电路中，各支路电压相等，而各支路分配的电流与其阻值成反比，所以各支路分配的功率也与其电阻成反比。这个规律在生活中很容易见到，例如，照明用的灯泡，功率（瓦数）越大，电阻越小。

同串联电路一样，并联电路各支路功率之和也等于电源向并联电路输出的总功率。

（2）并联电路的计算与分析

并联电路的计算与分析步骤同串联电路基本相似，但在分析中要注意区分串联与并联的特点。

例 如图 1-13 电路，当可变电阻 R_2 的阻值增大时，电路中总电阻、总电流和各支路的电流将如何变化。

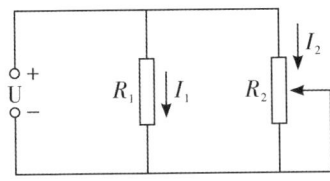

图 1-13 电阻并联电路

第一步 分析总电阻的变化 $\frac{1}{R}=\frac{1}{R_1}+\frac{1}{R_2}$，$R_1$ 不变，R_2 增大，则 $1/R_2$ 减小，$1/R$ 减小，所以 R 增大，即 $R\uparrow=\dfrac{1}{\dfrac{1}{R_1}+\left(\dfrac{1}{R_2\uparrow}\right)\downarrow}$。

第二步 分析总电流的变化 $I=\dfrac{U}{R}$，U 不变、R 增大，则 I 变小，即 $I\downarrow=\dfrac{U}{R\uparrow}$。

第三步 分析各支路电流的变化 $I_1=\dfrac{U_1}{R_1}=\dfrac{U}{R_1}$，$U$ 不变，R_1 不变，则 I_1 不变。$I_2=\dfrac{U_2}{R_2}=\dfrac{U}{R_2}$，$U$ 不变，R_2 增大，则 I_2 变小，即 $I_2\downarrow=\dfrac{U}{R_2\uparrow}$。

从以上分析可以看出，在电路两端电压固定不变的电阻并联电路中，当某一支路的电阻变化时，仅仅影响本支路的电流和总电流，而其他支路的电流不受影响。

3. 电阻的混联电路

实际的电路往往比较复杂，不是单纯的串联或并联，而是既有串联又有并联。例如，一般负载是并联的，但它又是通过导线和电源相接，而导线和电源都存在电阻，所以整个负载的电阻和导线及电源内部的电阻又是串联的；又如，座舱灯是灯泡和可变电阻的串联电路，但它又是和其他负载并联在电源上的。凡是由电阻串联和并联组成的电路，叫作混联电路。

研究混联电路，首先要弄清电路中各电阻的连接关系，然后运用欧姆定律和串、并联电路的特点进行分析，就可以得出结论来。

（1）混联电路的识别和整理

研究混联电路的关键是弄清各个电阻的连接，但实际的电路往往是比较复杂的，各电阻的连接关系不是一看就清楚，这就需要学会识别电路。

识别混联电路，通常可根据以下三条原则进行：

①不经过电阻的导线上各点电位相等，可以合并为一点。如图 1-14（a）中，三个接地点，就可以合并为一点。

②电路通过同一个电流的各部分一定是串联的。如图 1-14（a）中的 R_3、R_4 和 R_5 上都通过同一个电流 I_3，所以它们是串联的。

③连接在两点之间的各支路一定是并联的。如图 1-14（a）中的 R_2 支路和 R_3、R_4、R_5 支路都连接在 a 点和接地点 b 之间，所以这两条支路是并联的。

运用上面的三个原则，就可以识别出图 1-14（a）中各电阻的连接关系，然后将它改画成易于识别的电路图，如图 1-14（b）所示。

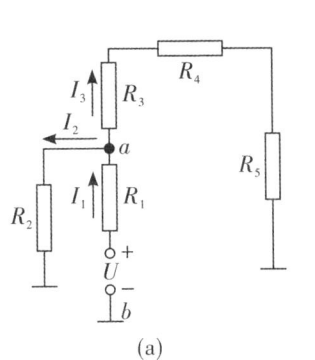
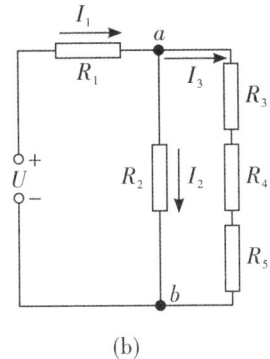

图 1-14 混联电路

(2) 混联电路的分析

混联电路的分析，同串、并联电路一样，也是分析某一电阻变化时，对电路中各电流、电压的影响。依据的原则，同混联电路的计算一样，仍然是利用欧姆定律和串、并联电路的特点。但是，运用这些原则，却有着很大的灵活性。因为，对不同的电路，分析的要求往往不同，如有的要分析各支路的电流和电压；有的则只要求分析各部分或某一部分的电压。针对这些不同的要求，下面介绍两种分析方法，以供选用。

(a) "部分—整体—部分"的分析方法

这种分析方法，与混联电路的计算方法是一致的，现举例说明运用这种方法的具体步骤。

例 如图 1-15 所示，电路中的电源电压 U、电阻 R_1 及 R_3 均不变，当电阻 R_2 变大时，电路中的总电流、分电流、分电压如何变化？

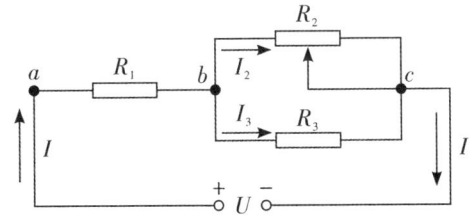

图 1-15 含有可变电阻的混联电路

解： $R_{23} = \dfrac{1}{\dfrac{1}{R_2} + \dfrac{1}{R_3}}$，$R_3$ 不变，R_2 增大，$1/R_2$ 变小，则 R_{23} 增大，即

$$R_{23}\uparrow = \dfrac{1}{\left(\dfrac{1}{R_2\uparrow}\right)\downarrow + \dfrac{1}{R_3}}，\text{总电阻也增大，即 } R\uparrow = R_1 + R_{23}\uparrow。$$

由欧姆定律知，电流减小，即 $I\downarrow = \dfrac{U}{R\uparrow}$。

由于 R_1 中的电流就是总电流（即 $I_1 = I$），I 是减小的，因而 I_1 也是减小的，由欧姆定律知，其电压也减小，即 $U_1\downarrow = I_1\downarrow R_1$。

并联部分的电压 U_{23} 等于总电压减去 R_1 上的电压。U_1 减小了，U_{23} 必增大，即

$$U_{23}\uparrow = U - U_1\downarrow。$$

R_3 上的电压就是并联部分的电压。U_{23} 增大，U_3 也增大。由欧姆定律知，电流 I_3 也是增大的，即 $I_3\uparrow = \dfrac{U_3\uparrow}{R_3}$，$R_2$ 中的电流等于 R_1 中的电流减去 R_3 中的电流。I_3 增大，I_1 减小，所以 I_2 减小。即 $I_2\downarrow = I_1\downarrow - I_3\uparrow$。

(b) 等效串联的分析方法

这种分析方法的要点是：把混联电路等效成一个串联电路，先分析各部分电压，后分析各支路电流。现仍以上例中的电路为例，来说明运用这种方法的具体步骤。

第一将混联电路等效成一个串联电路后，分析各部分电压的变化。

这一步的根据是串联电路中某部分电阻变化后，电压将按"电阻增大（或减小）部分，其电压增大（或减小），其他部分的电压则相应减小（或增大）"的规律重新分配。

原电路的等效串联电路如图 1-16 所示。当 R_2 增大时，R_{23} 增大。依上述规律，U_{bc} 必增大，U_{ab} 必减小。

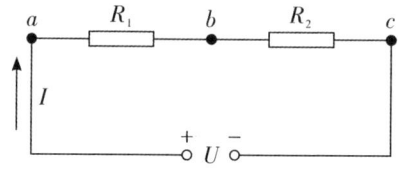

图 1-16 等效串联电路

第二分析各电流的变化，这一步的根据是欧姆定律。R_1 中的电流减小，即 $I_1\downarrow = \dfrac{U_1\downarrow}{R_1} = \dfrac{U_{ab}\downarrow}{R_1}$，$R_3$ 中的电流增大，即 $I_3\uparrow = \dfrac{U_3\uparrow}{R_3} = \dfrac{U_{bc}\uparrow}{R_3}$。$I_2$ 中的电流减小，即 $I_2\downarrow = I_1\downarrow - I_3\uparrow$。

(c) 直判法

直判法，就是运用三条重要结论，对电路各电流、电压的变化作出直接判断，这种方法在分析电路故障时，常被运用。三条重要结论是：

电源总电压不变时

①当电路中某一电阻增大时,该电阻两端的电压增大,电流减小。

②当电路中某一部分的电阻增大时,和它相串联的各个电阻上的电压、电流都要减小。

③当电路中某一部分的电阻增大时,和它相并联的各个电阻上的电压、电流都要增大（不包括直接跨接在电压不变的电源两端的支路）。

如果电路中某一电阻（或某一部分电阻）减小,则结论相反。运用直判法,必须注意搞清各部分的连接关系。

1.2.3 电容器

1. 构成

两个彼此绝缘而又互相靠近的导体的组合叫作电容器。组成电容器的导体叫作电极,习惯称为极板,两导体间的绝缘材料称为电介质。两块正对的、互相平行的、相隔很近的、彼此绝缘的金属板,就是一个最简单的电容器。如图 1-17（a）所示。

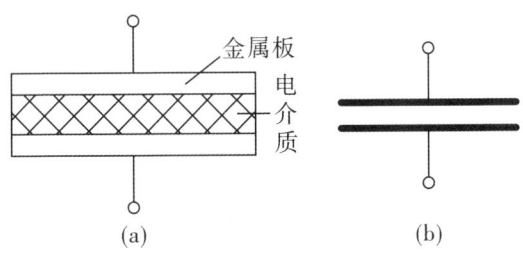

图 1-17 电容器

2. 电容的定义

把电容器的两个极板 A 和 B 分别同电源的正极和负极相联,如图 1-18 所示,则在电源电压的作用下,A 极板的自由电子被电源的正极吸引而流向电源正极,使 A 极板的自由电子（负电荷）减少而带正电,同时,电源的负极排斥自由电子,使其从负极流向 B 极板,B 极板自由电子（负电荷）累积而带负电。A、B 两极板减少和累积的电子数量相等,所以两极板上贮存的电荷是等量而异性的,如图 1-18（b）所示。

使电容器两极板带电叫作电容器被充电。电容器充电后,其两极板上贮存着等量异性的电荷,因此,极板间就会出现电位差称为电容电压,用符号 U_C 表示,极板上的电量越多,极板间的电位差就越大。对不同的电容器来说,在极板间形成相等的电位差时所需的电量不同,有的需要的多,有的需要的少。我们说需要多的贮电能力大,需要少的贮电能力小,电容器的贮电能力常用电容来衡量。

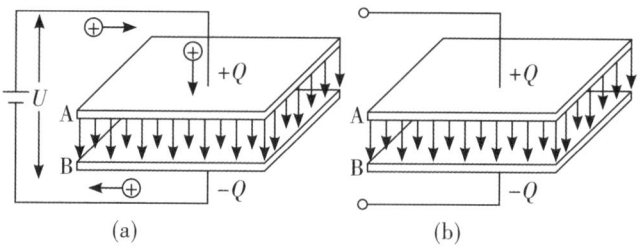

图 1-18 电容器储存电荷

电容器的两极间形成单位电位差时,极板上所需要的电量称为电容。如果电容器极板上的电量为 Q,极板间的电位差为 U,则电容器的电容 C 为 $C=\dfrac{Q}{U}$。

电容器贮存电荷的情形,跟筒形容器装水的情形相似。直筒容器装水后,水的深度总是跟装的水量成正比,水量和水的高度的比值是一个恒量,不同的容器这个比值一般不同。

在国际单位制中,电容的单位是库仑/伏特,它的专用名称是法拉,符号为 F。当电容器极板上的电荷为 1 库仑,极板间的电位差为 1 伏特时,电容器的电容就是 1 法拉。实际中常用的单位还有:微法(μF)和皮法(pF)。它们间的换算关系是 $1\ \text{F}=10^6\ \mu\text{F}=10^{12}\ \text{pF}$。电容器电容的大小是由其本身的结构决定的,取决于两导体的形状、大小、相对位置,以及两导体间的电介质。现以图 1-19 所示的平行板电容器为例,说明上述各因素对电容的影响。

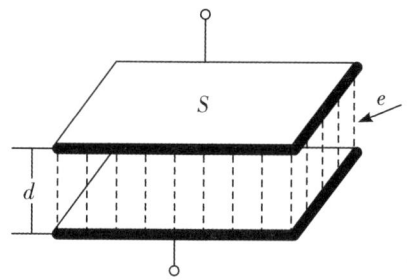

图 1-19 平行板电容器

(1)电容与极板面积成正比

极板间的电介质和距离一定时,所加电压一定,电荷就按一定的密度分布在电容器极板上。这样,两极板的面积越大则电容器所贮存的电量就越多,电容就越大。

(2) 电容与两极板之间的距离成反比

极板面积和电介质一定时，极板间的距离越大，正、负电荷间的相互吸引作用就越弱，电容器贮存的电量就越少，电容也越小。

(3) 电容与电介质的材料有关

根据实验和理论得知，极板面积和极板间距离一定时，若中间电介质的材料不同，则电容的大小也不同。如用云母作电介质时的电容，就比用油纸作电介质时的电容大。

综上所述，对于极板面积为 S，极板间距离为 d 的平行板电容器，它的电容 C 与 S、d 的关系为 $C=\varepsilon\dfrac{S}{d}$。其中，$\varepsilon$ 是由电介质决定的，称为介电常数，它的单位为 F/m。

3. 耐压

电容器在电源电压作用下被充电，电源电压越高，电容器极板上贮存的电荷就越多。但是，若电容器两端加的电压过高，就会把电容器中间的绝缘材料击穿，使绝缘体转化为导体，两个极板之间形成短路，这种现象称为击穿，击穿后，电容器就不能贮存电荷了，使电容器击穿的电压叫作击穿电压。通常规定的电容器的工作电压要比实际击穿电压值低，以使电容器能够长期安全工作，这个规定值叫作电容器的耐压值。

电容量和耐压值是电容器的两个基本参数，我们在选用时必须按照这两个数据进行。

电容器充电时，电源把自由电子从电容器的一个极板移到另一个极板，这一过程中，电源必须克服电容电压而做功。在整个充电的过程中，电源克服电容电压做的总功，就全部转变成电场能而贮存在电容器中。如果把充好电的电容器和一个灯泡连接起来，会看到灯泡闪亮一下，这也说明充好电的电容器中贮存有电能。电容器不消耗电能，却具有贮存电荷的能力，是一个贮能元件。

4. 电容器的连接

在实际使用电容器时，往往会遇到电容器的电容不够或耐压不够的问题，这时，就需要把几个电容器连接起来使用。电容器连接的基本方法有串联和并联两种。

(1) 电容器的串联

把几个电容器的极首尾相接，连成一串，这就是电容器的串联，如图 1-20（a）所示。将串联后的电容器接上电压为 U 的电源，则两端极带电分别为

$+Q$ 和 $-Q$。由于静电感应，中间各级所带的电量也等于 $+Q$ 或 $-Q$，所以串联时每个电容器所带的电量都是 Q。如果各个电容器的电容分别为 C_1、C_2、C_3，电压分别为 U_1、U_2、U_3，那么

$$U_1=\frac{Q}{C_1},\ U_2=\frac{Q}{C_2},\ U_3=\frac{Q}{C_3}$$

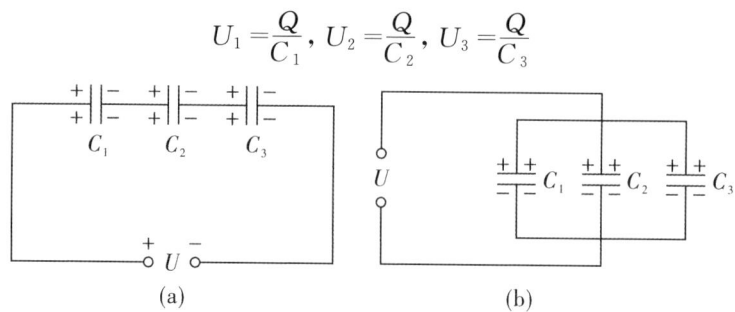

图 1-20 电容器的连接

总电压 U 等于各个电容器上的电压之和，所以有

$$U=U_1+U_2+U_3=\frac{Q}{C_1}+\frac{Q}{C_2}+\frac{Q}{C_3}=Q\left(\frac{1}{C_1}+\frac{1}{C_2}+\frac{1}{C_3}\right)$$

若设串联电容器的总电容为 C，则 $U=Q/C$，代入上式得

$$\frac{1}{C}=\frac{1}{C_1}+\frac{1}{C_2}+\frac{1}{C_3}$$

即串联电容器的总电容的倒数等于各个电容器的电容的倒数之和。电容器串联之后，相当于增大了两极板间的距离，因此总电容小于每个电容器的分电容。

电容器串联主要用来减小电容和提高耐压，但要注意，每个电容器耐压值应不低于所分得的电压。

（2）电容器的并联

把几个电容器的正极连在一起，负极也连在一起，这就是电容器的并联，如图 1-20（b）所示。将并联后的电容器接在电压为 U 的电源上，则每个电容器的电压都是 U。如果各个电容器的电容分别为 C_1、C_2、C_3，所带的电量分别为 Q_1、Q_2、Q_3，那么

$$Q_1=C_1U,\qquad Q_2=C_2U,\qquad Q_3=C_3U$$

电容器组贮存的总电量 Q 等于各个电容器所带电量之和，所以有

$$Q=Q_1+Q_2+Q_3=C_1U+C_2U+C_3U=(C_1+C_2+C_3)U$$

设并联电容器的总电容为 C，则 $Q=CU$，代入上式得

$$C=C_1+C_2+C_3$$

即串联电容器的总电容等于各个电容器的电容之和。电容器并联之后，相当于增大了两极板间的面积，因此总电容大于每个电容器的电容。

电容器并联主要用来增大电容，但要注意，各个电容器的耐压值都不能低于电源电压，通常只并联参数相同的电容。

1.2.4 阻容串联电路的充放电

电阻与电容器相串联的电路，如图 1-21（a）所示，又叫作 RC 串联电路。当给阻容串联电路接上电源时，电源就经过电阻向电容器充电；当断开电源，使电容器两极和电阻相连，则已贮存电荷的电容器便经过电阻放电。充电和放电是阻容串联电路的两种基本形态。在充电和放电过程中，电路中的电流和电压所表现出来的规律性，是我们分析电路工作原理所必须掌握的基本知识。

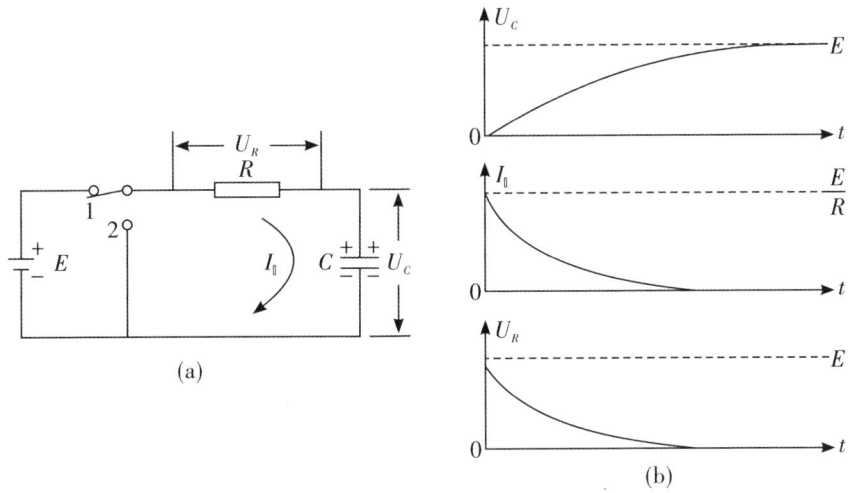

图 1-21 RC 串联电路和充电过程中电流电压变化规律

1. 阻容串联电路的充电过程

当阻容串联电路接上电源时，在电源电压作用下，会有电荷（电流）流向电容器，使电容器贮存电荷，把电荷贮存在电容器的过程叫作充电过程，充电时所产生电流叫作充电电流。下面讨论在充电过程中，电路中的电流、电容器上的电压和电阻上的电压是怎样变化的。如图 1-21（a）所示，当电门 K 接到"1"位置后，电源通过电阻 R 向电容器 C 充电，产生充电电流 $I_充$，充电电流 $I_充$ 在电阻 R 上产生压降 U_R，同时使电容器 C 贮存了电荷，电容器 C 贮存电荷后，形成了电容电压 U_C。但在电门 K 刚接通的瞬间，电容器还没有贮存电荷，电容电压 U_C

$=0$,而 $U_C+U_R=E$,所以,这时电阻上的电压 $U_R=E$,电路中的电流 $I_充$ 最大,其值为 $I_充=E/R$。充电电流的方向和电源电压的方向一致。

随着充电的进行,电容器 C 贮存的电荷由零逐渐增加,电容电压 U_C 也由零逐渐上升,它反对电源 E 向电容器 C 充电的能力越来越大,充电电流 $I_充=(E-U_C)/R$ 就越来越小,电阻电压 $U_R=I_充 R$ 随之下降。由于充电电流 $I_充$ 减小,单位时间内贮存到电容器 C 的电量就减少,电容电压 U_C 上升也就减慢,使反对电源 E 向电容器 C 充电的能力增大得慢,所以充电电流 $I_充$ 就减小得慢。这样互相影响的结果,使电容电压 U_C 上升越来越慢,充电电流 $I_充$ 减小得越来越慢,电阻电压 U_R 下降也就越来越慢。

当电容电压 U_C 上升到和电源电压 E 相等,即 $U_C=E$ 时,电容电压 U_C 反对电源 E 向电容器 C 充电的能力已和电源 E 向它充电的能力处于相对的平衡状态,这时电源 E 已不再向电容器 C 充电了,所以充电电流 $I_充$ 等于零,电阻电压 U_R 也下降到零,充电过程结束。充电过程中,充电电流 $I_充$、电容电压 U_C 和电阻电压 U_R 的变化规律,如图1-21(b)中的曲线所示。

2. 阻容串联电路的放电过程

当电容 C 充好电以后,将电门 K 接到"2"位置时,如图1-22(a)所示,在电容电压的作用下,将会产生反方向的电流,把贮存的电荷放出来,这种现象叫作电容器的放电。电容器把贮存的电荷放出来的过程,叫作放电过程,放电时所产生的电流叫作放电电流。

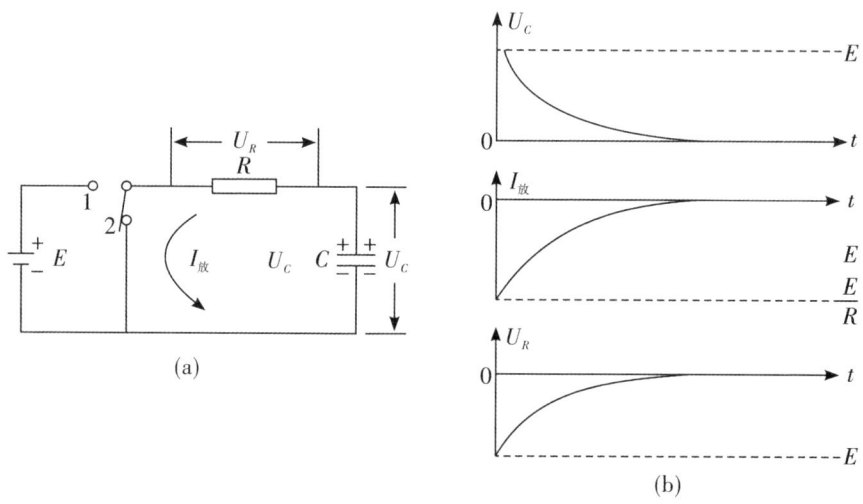

图1-22 RC串联电路和放电过程中电流电压变化规律

当电门K接到"2"的瞬间，因电容器C中贮存的电荷最多，电容电压$U_C=E$最高，所以放电电流$I_放$最大，$I_放$在电阻R上产生的压降U_R也最大。随着放电过程的进行，电容器C贮存的电荷逐渐减少，电容电压U_C逐渐下降，所以放电电流$I_放$就逐渐减小，电阻压降U_R也逐渐减小，当电容电压U_C等于零时，放电电流$I_放$就没有了，电阻上的压降U_R也就等于零，放电过程结束。

放电过程中电流和各电压的变化规律如图1-22（b）中的曲线所示，它和充电过程一样，都是先快后慢，最后稳定下来。图中放电电流$I_放$和电阻电压U_R的曲线画在横轴下方，是表示放电电流$I_放$与充电电流$I_充$方向相反，电阻电压U_R与电源电压正方向相反。

前面我们分别分析了RC串联电路的充电和放电过程，明确了电路中的电流I、电容电压U_C和电阻电压U_R的变化规律。现在我们归纳充电和放电过程中电流I、电容电压U_C和电阻电压U_R变化规律的共同点：

（1）电路中的电流I总是先大后小，最后为零。电路中的电流I是不稳定的，这是RC串联电路和电阻串联电路差别之一。

（2）电容器C上的电压U_C，总是从原有的数值以越来越慢的速度变化到稳定值，也就是说，电容器C的电压U_C不能突变。

（3）电阻R上的电压U_R，总是从原来的零突升至最大值，而后以越来越慢的速度变化到零。也就是说电阻R上的电压U_R可以突变。

3. 时间常数

上面我们分析U_C串联电路的充电和放电过程，了解了电流和电压的变化规律，但是我们还没分析电路充电和放电所经历的时间。在一些设备中，RC串联电路充电和放电过程经历时间的长短，对信号的大小和形状影响很大，因此，我们必须了解影响RC串联电路充电和放电时间长短的因素，对它要有一个基本的数量分析。

实践证明：U_C串联电路充电和放电过程所需的时间，仅与电阻R和电容C的大小有关，而与电源电压E的高低无关。这是什么原因呢？我们以充电为例来说明：若电容C一定时，增大电阻R，会使充电电流减小，电容电压上升慢，达到稳定值所需的时间就长。若电阻R一定时，起始充电电流就一定，此时若增大电容C，则电容电压上升到稳定值所需要的电量就多，充电时间也就长。但是，若电阻R和电容C都一定，当电源电压升高一倍时，电容器贮存的电荷虽然也要增加一倍，但由于电源电压升高一倍，充电电流也增加一倍，所以充电所需的时间仍不变。电阻 R、电容 C 和电源电压 E 变化时,电容电压 U_C 和电阻电压 U_R 的变化规律如图 1-23 所示。

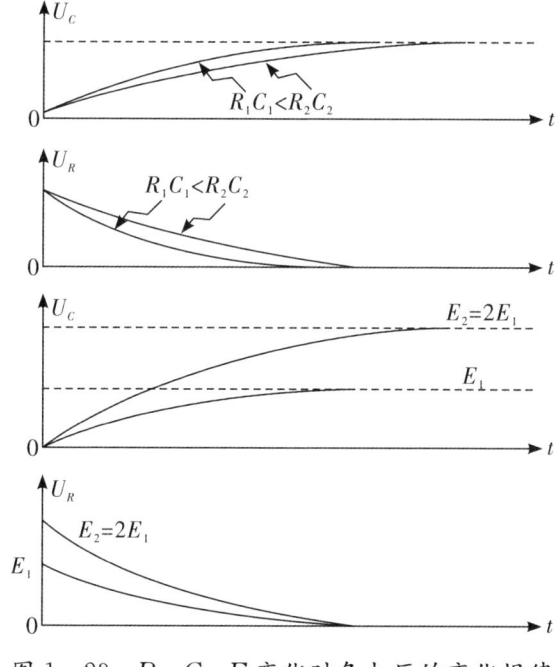

图 1-23 R、C、E 变化时各电压的变化规律

由于 RC 串联电路充电和放电过程所经历的时间仅与电阻 R 和电容 C 的大小有关,所以通常就用电阻 R 和电容 C 的乘积来衡量充电和放电过程所需时间的长短。电阻 R 和电容 C 的乘积 $R·C$ 叫作 RC 串联电路的时间常数,用 τ 表示,即 $\tau=R·C$。

当电阻 R 的单位取欧姆,电容 C 的单位取法拉时,时间常数 τ 的单位为秒。当电阻 R 的单位取欧姆,电容 C 的单位取微法时,时间常数 τ 的单位为微秒。实用中时间常数 τ 的单位常用微秒。

实践和理论都证明:在充电(放电)过程中,时间经过 1τ 时,电路中的电流和电压可达稳定值的 63.2%,如图 1-24 所示;时间经过 2τ 时,可达稳定值的 86.5%;时间经过 3τ 时,可达稳定值 95%;时间经过 5τ 时,可达稳定值的 99.3%。这时可以认为充电(或放电)过程基本结束。因此,通常认为 RC 串联电路的充电和放电过程所需要的时间为 $3\tau\sim5\tau$。

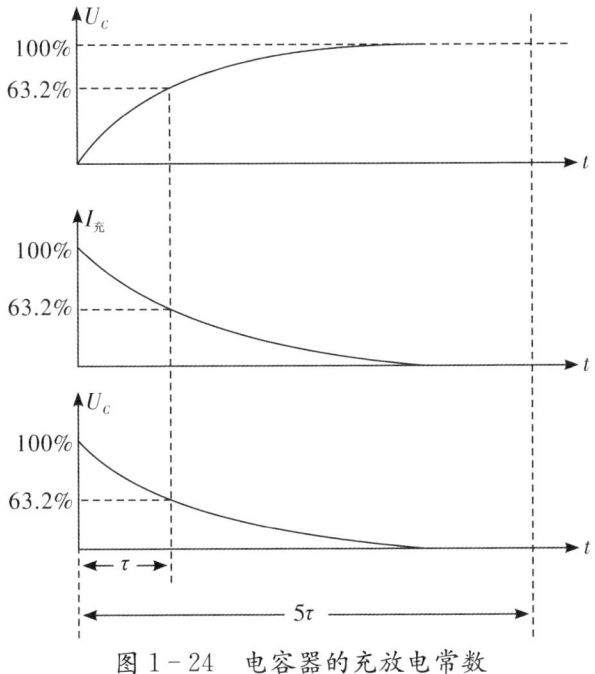

图 1-24 电容器的充放电常数

1.2.5 电源的连接

任何一个电源,正常工作时所能输出的电压和所能承担的电流都有一个限度,而负载工作时所需要的电压、电流往往会超过这个限度,这样,单个电源有时就不能满足负载的需要。但此时若将电源作适当的连接,则可以满足负载的需要。电源的连接方式主要有串联和并联两种。

1. 电源的串联

两个或两上以上的电源,依次把前一个电源的负极和后一个电源的正极连接起来,由第一个电源的正极和最后一个电源的负极向外输出电能,电源的这种连接方式称为串联,如图 1-25 所示。

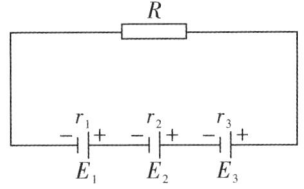

图 1-25 电源的串联

(1) 电源串联时的特点

(a) 总电动势等于各个电源的电动势之和。电源电动势的方向是从负极指向正极的。电源串联时，各个电源的电动势方向一致，所以，电源串联后的总电动势等于各电源的电动势之和。即

$$E=E_1+E_2+E_3$$

串联的电源越多，总电动势就越大。因此，当一个电源的电动势比负载所需要的电压低时，可将电源串联起来使用。例如，直升机蓄电池就是将 12 个 2.1 伏特的单个蓄电池串联起来组成的。

(b) 总内阻等于各个电源的内阻之和。因为电源串联时，它们的内阻也是串联的，所以电源串联后的总内阻等于各电源的内阻之和。即

$$r=r_1+r_2+r_3$$

(2) 电源串联时的注意事项

(a) 电源的正负极不能接反。假如将两个电源串联接反了，如图 1-26 所示，这时，两个电源的电动势的方向相反，将抵消一部分，如两个电源的电动势相等，则全部抵消。

(b) 电源串联后所输出的电流，不能超过其中任何一个电源的额定电流值，否则，超过额定电流的电源将被损坏。

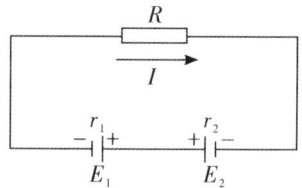

图 1-26 电源的串联接反

2. 电源的并联

将两个或两个以上的电源的正极联在一起，负极联在一起，从两连接点向外输出电能的连接方式称为电源的并联，如图 1-27 所示。

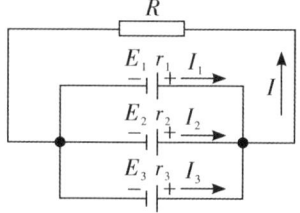

图 1-27 电源的并联

(1) 电源并联时的特点

(a) 几个电动势相等的电源并联时，总电动势并不升高，仍等于其中单个电源的电动势。即

$$E=E_1=E_2=E_3$$

电源并联使用时，供给负载的电流由各个电源共同分担，并联的电源越多，每个电源所分担的电流就越小。因此，当负载需要的工作电流超过单个电源的额定电流值时，即可将几个电源并联起来供电，使每个电源所分担的电流不超过其额定值。

例如，起动飞机的发动机时，需要的电流超过了一个蓄电池的电流额定值，所以，地面起动飞机是通常由几个 24 V 蓄电池并联组成。

(b) 电源并联后总内阻的倒数等于各电源内阻的倒数之和。即

$$\frac{1}{r}=\frac{1}{r_1}+\frac{1}{r_2}+\frac{1}{r_3}$$

内阻相等的电源并联时，总内阻等于单个电源的内阻除以并联电源的个数。

(2) 电源并联时的注意事项

(a) 电源的正、负极不能接错。否则，会造成电源短路而损坏电源，如图 1-28 所示。

(b) 电动势数值相差太大的电源一般不能并联使用。否则，在不接负载时，各电源之间也会形成环路电流，浪费电能，如果环流过大，甚至会损坏电源，如图 1-28（b）所示。

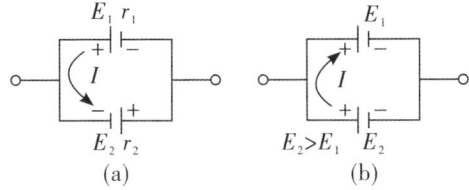

图 1-28　错误连接的并联电源

电源并联供电，当某一电源发生故障时，还可由其他电源继续向电网提供电力。所以，在电力系统中，常常把一个大区范围内的所有发电厂都并在同一电网上供电。这样，即使有的发电厂的设备需停机检修或发生故障，由于整个电力系统的调度，仍能使整个大区内始终正常供电。

1.3 欧姆定律

1.3.1 部分电路的欧姆定律

电压的作用是使电流流动，而电阻的作用是阻碍电流流动。我们通过试验分别研究电流与电压、电流与电阻的关系，寻找决定电流大小的规律。

在图 1-29 所示的实验中，电路的电阻均为 12 欧姆，而电压不同，一个是 12 伏特，另一个是前者的两倍，即 24 伏特。用电流表测量电路中的电流，发现它们的电流也不同，一个是 1 安培，另一个是 2 安培，即前者的两倍。这个实验表明：当电路的电阻一定时，电压升高一倍，电流也增大一倍，即电流与电压成正比。

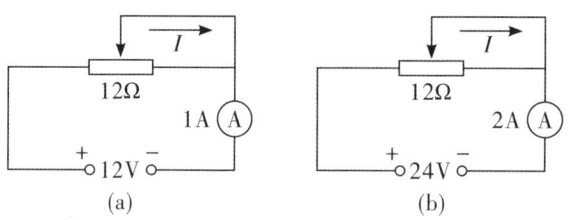

图 1-29 电流与电压的关系

在图 1-30 所示的实验中，电路两端的电压均为 12 伏特，而电阻不同，一个是 12 欧姆，另一个是前者的两倍，即 24 欧姆。用电流表测量电路中的电流，发现它们的电流也不同，一个是 1 安培，另一个是 0.5 安培，即后者是前者的二分之一。这个试验表明：当电路两端的电压一定时，电阻增大一倍，电流则减小一半，即电流与电阻成反比。

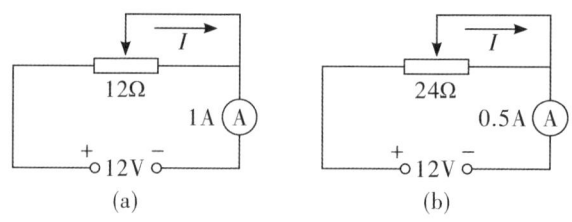

图 1-30 电流与电阻的关系

综上所述，在部分电路中，电流的大小与作用在该电路两端的电压成正比，而与该电路中的电阻成反比。这个关系就是部分电路欧姆定律的内容，用公式表示 $I=\dfrac{U}{R}$。这个公式中，如电压的单位为伏特，电阻的单位为欧姆，则电流的单位为安培。

部分电路欧姆定律的内容可进一步从理论上予以解释。当导体两端没有电压时，导体没有电流。在导体两端加上电压，导体内建立了电场。在电场力作用下电子定向移动形成电流。电流的大小与电子移动速度成正比，电子移动速度与电场力成正比，电子受到的电场力跟导体中的电场强度成正比，而场强又与导体两端的电压成正比，所以导体中的电流强度跟导体两端的电压成正比。

1.3.2 全电路的欧姆定律

外电路和内电路合在一起叫作全电路。外电路的电阻叫作外电阻，用 R 表示，电源内的电阻叫作内电阻，用 r 表示，如图 1-31 所示。

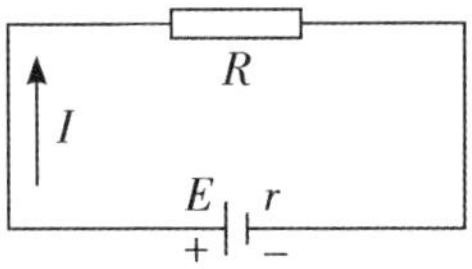

图 1-31 全电路中的电流

在全电路中，电源的电动势（E）是推动电荷在整个电路中移动的动力，所以电动势越大，电路中的电流越大；而整个电路的电阻包括内阻和外阻是阻碍电流流动的阻力，所以总电阻（$R+r$）越大，电路中的电流越小。实践证明，在全电路中，电流的大小与电源的电动势成正比，而与电路中的总电阻成反比，这就是全电路欧姆定律的内容。用公式表示

$$I=\dfrac{E}{R+r}$$

上式中共有四个量，如果已知其中的任意三个量，就可以根据公式求出另外一个量。

1.4 电路的基本状态

1.4.1 负载工作状态

将图1-32中的开关合上，接通电源与负载，这就是电路的有载工作状态。电源的内阻相对于外电路的电阻一般要小得多，由电源的特性曲线知，电源的端电压是差不多不变的。因此当负载增加时，例如并联的负载数目增加，负载所取用总电流和总功率等都增加，即电源输出的功率和电流都相应增加。就是说，电源输出的功率和电流决定于负载的大小，当输出电流达到电源允许通过的最大电流值，即额定值时，电源便达到了额定工作状态，这种工作状态又称为满载。如果继续增加负载，电源输出的电流将超过额定值，这时称为过载。

电气设备在短时间内有少量的过载，并不会立即导致设备的损坏，因为温度升高是需要一段时间的。但过载时间过长，设备的温度超过了它的最高工作温度，就会大大缩短电气设备的使用寿命。例如，橡皮绝缘的铜线最高温度不超过65°，一般的电动机不超过120°等。

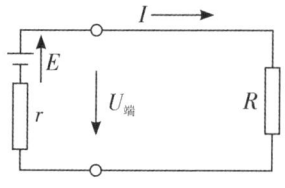

图1-32 简单电路

1.4.2 开（断）路

图1-33所示，当开关K断开时，电路则处于开路（空载）状态。开路时，外电路的电阻等于无穷大，电路中没有电流，电源的端电压（称为开路电压或空载电压）等于电源电动势，电源不输出电能。

开路时，电路的特征用公式表示为 $I=0$，$U=E$，$P=0$。

直升机上开路或由开关断开造成，或由导线接头接触不良造成，也可能由于导线断开造成。

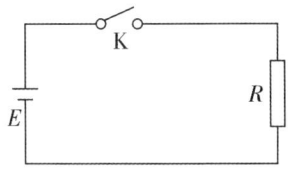

图 1-33 开路状态

1.4.3 短路

图 1-32 所示电路，当电源的两端由于某种原因而联在一起时，外电路的电阻可视为零，电流有捷径可通，不再流过负载，这种现象叫作短路。短路时，电路的总电阻仅为电源的内阻 r，所以电流很大，电路的电流为 E/r。短路时，电源所产生的电能全被内阻所消耗，使电源遭受机械余热的损伤或毁坏。因为外电路的电阻为零，所以电源的端电压也为零。

综上所述，电源短路时的外电路的特征为 $U=0$，$I=E/r$，$P=0$。

短路是一种严重的电路事故，除了发生在电源两端外，还可发生在负载的两端或线路的任何部位，要尽力预防。为了防止短路事故，通常在电路中接入熔断器（保险丝）或自动保护器，以便在短路时，迅速将电路切断。这类装置应串接在电路中，如图 1-34 所示。

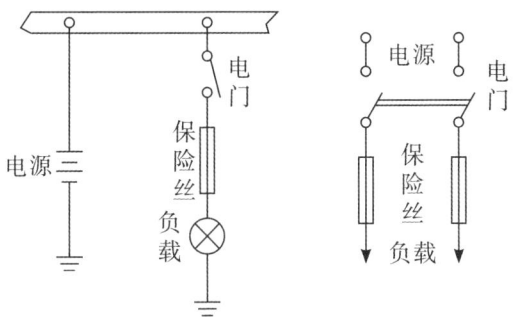

图 1-34 保险丝在电路中的连接

第二章　电磁和电磁感应

人们通过长期实践,发现电和磁互相联系且具有一定的规律:一方面是电荷的运动会产生磁场,另一方面是磁场的变化或运动会产生感应电动势。人们就是根据电磁互相联系的规律,制成了很多电气设备,使电能得到更广泛的应用。

2.1 磁的基本知识

我国是世界上最早发明指南针并应用于航海的国家。大约在公元前 300 年，我国就发现了某种天然矿石（Fe_3O_4）能够吸引铁，并把它称作吸铁石。

2.1.1 基本磁现象

能吸引铁、钴、镍等金属或它们的合金的性质，我们称为磁性，例如吸铁石具有磁性，具有磁性的物体叫作磁体。磁体分天然磁体和人造磁体两大类，常见的人造磁体有条形、蹄形和针形等几种。

在磁体上磁性最强的部位称为磁极。实验证明，任何磁体都具有两个磁极，并且无论怎样把磁体分割总保持两个磁极。通常用 S 表示磁体的南极，用 N 表示磁体的北极。若让磁体任意转动，N 极总是指向地球的北极，S 极总是指向地球的南极。这是因为地球本身是个大磁体，地磁北极在地球南极附近，地磁南极在地球的北极附近。由此可知：磁极之间存在相互作用。磁极间相互作用的规律是：同性相斥、异性相吸，这种作用力我们称为磁力。

2.1.2 磁场

磁场和电场一样，是磁极周围存在的看不见摸不着的一种特殊物质。磁极间的相互作用力就是靠磁场这种物质传递的。

磁场是由电流产生的，凡是有电流的地方，它的周围都会出现磁场。

磁场有强弱和方向。用来表示磁场强弱和方向的物理量，叫作磁感应强度，它是一个矢量，用符号 B 表示。

磁感应强度的大小用载流导体在磁场中受力的大小来衡量，方向是磁场的方向，单位是特斯拉，其符号为 T。

2.1.3 磁力线

为形象描述磁场的强弱和方向，可以用磁力线来表示，如图 2-1 所示。

磁力线具有以下特点：

(1) 磁力线是互不交叉的闭合曲线；在磁体外部由 N 极指向 S 极，在磁体内部由 S 极指向 N 极。

（2）磁力线上任意一点的切线方向，就是该点的磁场方向，即小磁针 N 极的指向。

（3）磁力线越密磁场越强，磁力线越疏磁场越弱。磁力线均匀分布而又相互平行的区域称为均匀磁场，反之称为非均匀磁场。

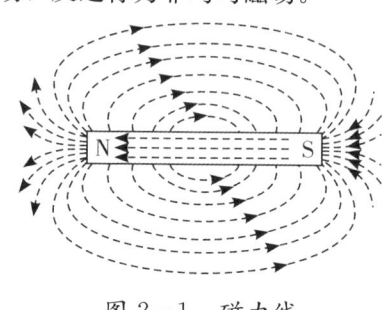

图 2-1　磁力线

2.1.4　磁通

描述磁场在某一范围内分布情况的物理量叫作磁通，以符号 Φ 表示。磁通的定义是：磁感应强度 B 和与它垂直方向的某截面面积 S 的乘积。在均匀磁场中，因 B 是常数，则磁通的数学表达式为 $\Phi=BS$。磁通的单位是韦伯（Wb），1 韦伯 = 1 特斯拉·米^2。

为了把磁通、磁感应强度与磁力线密切地联系起来，通常定义：通过垂直于磁场方向上某一截面积的磁力线数叫作磁通，则有

$$B=\frac{\Phi}{S}$$

B 就是单位面积上的磁通。所以，人们常把磁感应强度叫作磁通密度。

2.2　电流的磁场

1920 年，丹麦科学家奥斯特发现，在电流周围存在着磁场，现在，人们称为电流的磁效应。电流与它的磁场是互相联系的和有内部规律的。本节着重研究载流直导线和载流线圈周围的磁场。

1. 载流直导线的磁场

实验证明，载流直导线周围的磁力线是一簇以导线为圆心的同心圆。它的磁

场分布是不均匀的，离导线近的地方磁力线密、离导线远的地方磁力线稀，磁场的方向则取决于导线中电流的方向。

磁场方向和电流方向的相互关系，可用直导线右手定则来表示：用右手握导线，使大拇指指向电流的方向，弯曲四指的指向即为磁场方向。

磁场方向和电流方向的关系，常用图2-2所示的平面图示来表示，图中的小圆圈表示导线的横截面，如在圆圈中有一点"·"，表示电流是从纸面垂直地流出来，叫作来向电流；如在圆圈中有一叉"×"，就表示电流垂直地流进纸面，叫作去向电流。

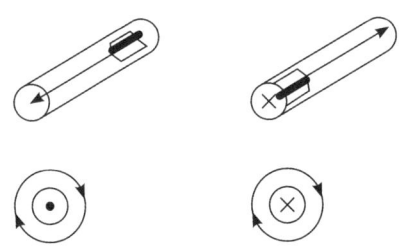

图2-2 磁场方向和电流方向的关系

2. 载流线圈的磁场

载流线圈的磁场分布情形和条形磁铁的磁场相似，磁力线从线圈的一端（N极）出发，回到另一端（S极），并穿过线圈内部而闭合。

载流线圈的磁场方向和电流的绕行方向有关。载流线圈内部磁场方向可用线圈右手定则来判定：用右手握线圈，弯曲的四指指向电流绕行方向，则伸直的大拇指所指的方向就是线圈内部磁场的方向。或者说，大拇指所指的一端就是线圈的北极。

2.3 电磁铁

电磁铁是电气设备中应用很广泛的一种装置。例如，电机中的磁极、电磁继电器、电磁活门、电铃、电磁起重机等等，都要用到它。电磁铁的用途主要有两个方面：一是用它来产生强磁场；二是利用它的磁力来进行电磁控制和电动操作。

1. 电磁铁的组成

电磁铁的结构型式通常有如图2-3所示的几种，无论哪种型式，都是由线圈、铁芯和衔铁三个主要部分组成。

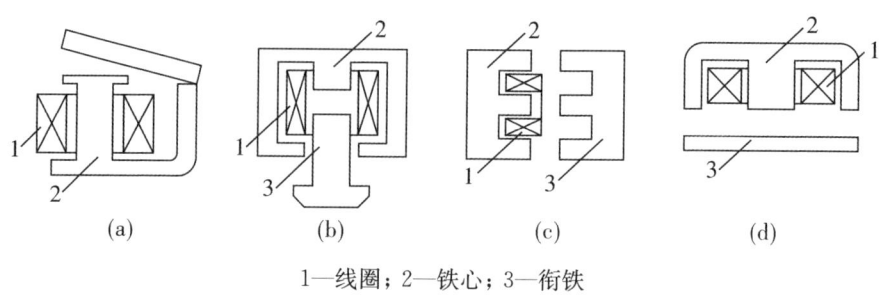

1—线圈；2—铁心；3—衔铁

图 2-3 电磁铁的结构

线圈通入电流，就能产生磁场。因而又把线圈叫作励磁线圈，通入的电流叫作励磁电流。衔铁在线圈通电时被吸上，将它的机械运动经过连接机构传到别处，就可执行一定的动作任务。直流电磁铁的铁芯是用整块的铸钢、软钢或工程纯铁制成，交流电磁铁的铁芯则用相互绝缘的硅钢片迭成。

为什么电磁铁的励磁线圈要加铁芯？实验可以证明，线圈有了铁芯之后，通电所产生的磁场比没有铁芯时增强了。

2. 电磁铁的特点和应用

电磁铁和永久磁铁相比有以下特点：

（1）通电时有很强的磁性，断电后，剩磁很小；

（2）磁场的方向可以通过改变励磁电流的方向来改变；

（3）磁感应强度通过调节励磁电流的大小而改变。

正是由于电磁铁具有以上特性，电磁铁在工农业生产中得到广泛应用，在飞机上应用较多的如继电器、电磁活门和电机的磁极等。

2.4 磁场对电流的作用

电动机为什么会转动？磁电式仪表指针为什么会偏转？它们都是由于磁场对电流有力的作用而促成的。磁场对电流的作用力叫作电磁力，又叫作安培力。

2.4.1 磁场对通电直导线的作用

如图 2-4 所示，在马蹄形磁铁的磁场中，悬放着一条铜线 ab。未通电时，ab 静止不动。通电后，ab 向后摆动，说明 ab 受到向后的电磁力作用。如果使 ab 的电流反向，这时 ab 向前摆动，倘若保持电流方向不变而改变磁场的方向（即将磁极的 N 极转到下面），ab 摆动的方向也改变。由此可见，电磁力方向、磁场方向和电流方向之间有确定的关系。这个关系可以用左手定则阐明，伸开左手，使大拇指跟其余四指垂直，让磁力线从手心穿过手掌，四指指向电流的方向，这时大拇指的指向就是电磁力的方向。

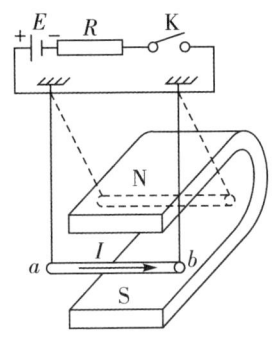

图 2-4　电磁力的演示

定量实验表明：在均匀磁场内，当通电导线与磁场方向垂直时，电磁力 F 的大小跟导线在磁场中的长度 L、流过导线的电流 I 以及磁场的磁感应强度 B 成正比，这个关系叫作安培定律。在实用单位制中，安培定律可以写成如下形式，即 $F=BIL$，式中 B 的单位用韦伯/米^2，L 的单位用米，I 的单位用安培，F 的单位用牛顿。

2.4.2　磁场对通电线圈的作用

由于磁场对通电导体有作用力，因此磁场对通电线圈也应有作用力，如图 2-5 所示，在磁感应强度为 B 的均匀磁场中，放一矩形通电线圈 abcd。已知 $ad=bc=L_1$，$ab=dc=L_2$，当线圈平面与磁力线平行时，因 ab 和 dc 边与磁力线平行，不受力；ad 和 bc 边与磁力线垂直而受到力的作用，则有 $F_1=F_2=BIL_1$。根据左手定则可知，ad 和 bc 边的受力方向是一上一下而构成一对力偶，线圈在力矩的作用下将绕轴线 OO' 做顺时针方向转动。

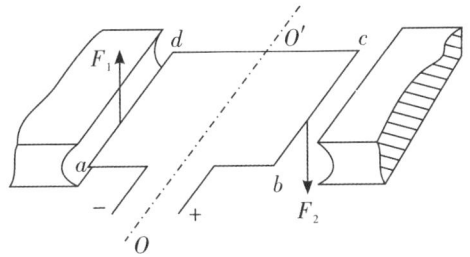

图 2-5　磁场对通电线圈的作用力

由图 2-6 可以看出，使线圈转动的转矩为

$$M = F_1 \times \frac{ab}{2} + F_2 \times \frac{ab}{2} = F_1 \times ab = BIL_1L_2$$

即 $M=BIS$，式中：B——磁感应强度（T），I——流过线圈的电流（A），S——线圈的面积（m²），M—电磁转矩（N·m）。

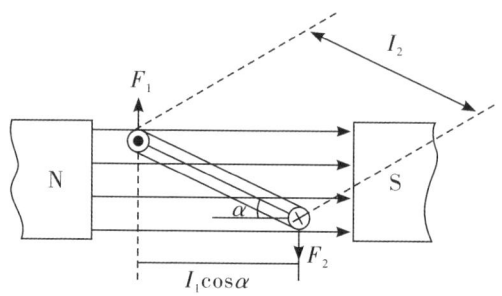

图 2-6　磁场对通电线圈的作用

当线圈平面与磁力线的夹角为 α 时，如图 2-6 所示，则线圈受到的转矩为 $M=BIS\cos\alpha$。以上分析就是一个单匝线圈直流电动机的转动原理。

2.5　电磁感应

1831 年法拉第发现：当导体相对于磁场运动而切割磁力线，或线圈中的磁通发生变化时，在导体或线圈中都会产生电动势；若导体或线圈是闭合电路的一部分，则导体或线圈中产生出电流。从本质上讲，上述两种现象都是由于磁场发生变化而产生的，我们把变动磁场在导体中产生电动势的现象称为电磁感应；由电磁感应产生的电动势叫作感应电动势；由感应电动势产生的电流叫作感应电流。

2.5.1　直导体中产生的感应电动势

把一根直导线放到磁场中，观察电流表的指针变化情况。当导体在磁场中静止不动或沿磁力线方向运动时，电流表的指针都不动；当导体向下运动时，电流表指针向右偏转一下；当导体向上运动时，电流表指针向左偏转一下。而且导体切割磁力线的速度越快，指针偏转的角度越大，上述现象说明，感应电流不但与导体在磁场中的运动方向有关，而且还与导体的运动速度 V 有关。直导体中产生的感应电动势的大小为 $e=BVL\sin\alpha$，若 B 的单位为特斯拉，V 的单位为米/秒，

L 的单位为米,则 e 的单位为伏特。a 是导体运动方向与磁场方向的夹角,L 是直导体在磁场中的有效长度。若导体垂直磁力线且垂直切割磁力线,则有 $E_m = BVL$。

直导体中产生的感应电动势的方向可用右手定则来判断,平伸右手,拇指与其余四指垂直,使磁力线垂直穿过手心,拇指指向导体运动方向,其余四指的指向就是感应电动势的方向。

2.5.2 线圈中的电磁感应

把一个线圈接到灵敏电流表上,用一根磁铁插入线圈,在插入过程中,电流表指针发生偏转,这表明线圈中有了感应电动势。当磁铁插在线圈内不动时,电流表的指针回到零位不动,这时线圈中的感应电动势消失。再把磁针从线圈内拔出,在拔出的过程中,电流表指针又发生偏转,但偏转的方向与磁铁插入线圈时相反,这表明感应电动势的方向相反。

磁铁插入或拔出线圈的速度越快,电流表指针偏转的角度越大,说明这时产生的感应电动势越大。如果用电磁铁来代替永久磁铁,所得到的结果与上述一样。电磁铁不动,改变其电流,也能产生感应电动势。

只要穿过线圈的磁通发生变化,线圈中就产生感应电动势,若线圈成闭合回路,则有感应电流。感应电动势的方向用楞次定律来判断。楞次定律:感应电流产生的磁场总是阻碍原磁通的变化。

应用楞次定律确定感应电动势方向的步骤:

(1) 查原因:即查明感应电动势产生的原因(磁通 Φ 是增加还是减少);

(2) 找磁场:即根据楞次定律找出感应电流所产生的磁通 $\Phi_感$ 的方向(Φ 增加时,$\Phi_感$ 与 Φ 方向相反;Φ 减少时,$\Phi_感$ 与 Φ 方向相同);

(3) 定方向:即根据 $\Phi_感$ 的方向,应用线圈右手定则,定出线圈中感应电流的方向,也就是感应电动势的方向。

在开路线圈中,仅有感应电动势,而无感应电流,虽然感应电动势的反作用表现不出来,但仍可以假定它有感应电流,并按照上述步骤来找出感应电动势的方向。

楞次定律说明了感应电动势的方向,而没有回答感应电动势的大小。实验证明:回路中感应电动势的大小,总是与磁通的变化率成正比,这个规律叫作法拉第电磁感应定律。

对于单匝线圈,产生的感应电动势的大小为

$$e = -\frac{\Delta \Phi}{\Delta t}$$

N 匝线圈产生感应电动势的大小为

$$e = -N\frac{\Delta \Phi}{\Delta t}$$

式中 $\frac{\Delta \Phi}{\Delta t}$ 是磁通变化率,负号表示感应电动势的方向永远和磁通变化的趋势相反。

2.5.3 自感、互感

1. 自感

图 2-7 所示是自感现象的实验电路。在 (a) 图中,A、B 是完全相同的两个灯泡,L 为铁芯线圈,R 为电阻。我们发现,当合上开关时,B 灯立即发光,而 A 灯却逐渐变亮。这是什么原因呢?我们知道,当合上开关电流流入线圈时,该电流将产生一个左端为 N 极右端为 S 极的磁场。由楞次定律可知,这个增大的磁通会在线圈中引起感应电动势,而感应电动势又会产生一个左端为 S 极,右端为 N 极的磁通来阻碍原磁通的变化。根据楞次定律可判别出感应电流的方向与原流进线圈电流的方向相反。因此流进线圈的电流不能很快上升,A 灯只能慢慢变亮。

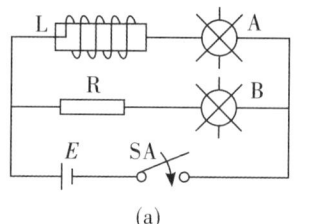
(a)

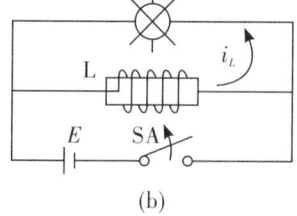
(b)

图 2-7 自感实验电路

对于图 (b) 来说,当合上开关灯泡正常发光后,线圈中也有电流流过,其方向是从左到右。若突然把开关打开,我们发现灯泡突然地闪亮一下再熄灭,这又是为什么呢?原来,打开开关后因失去外电源,线圈的电流就会突然减小,由它产生的磁通也就突然减小,于是线圈中就要产生一个感应电动势来阻碍原磁通的减小。由楞次定律可知,感应电流的方向与原电流的方向相同。由于感应电动势一般都较高,则流过灯泡的感应电流就较大,从而使灯泡突然明亮地闪光。

我们把上述这种由于流过线圈本身的电流发生变化,而引起的电磁感应叫作自感现象,简称自感。由自感产生的感应电动势称自感电动势,用 e_L 表示。自感

电流用 i_L 表示。

当自感电动势与电流取一致正方向时

$$e_L = -L\frac{\Delta i}{\Delta t}$$

式中，L 是线圈的电感量，$\Delta i/\Delta t$ 为电流的变化率，负号表示自感电动势的方向永远和外电流的变化趋势相反。

2. 互感

我们把由一个线圈中的电流发生变化而在另一线圈中产生电磁感应叫作互感现象，简称互感，由互感产生的感应电动势称互感电动势。互感电动势的大小正比于穿过本线圈磁通的变化率，或正比于另一线圈中电流的变化率。在一般情况下，互感电动势的计算比较复杂，我们不再介绍。但当第一个线圈的磁通全部穿过第二个线圈时，互感电动势最大；当两个线圈互相垂直时，互感电动势最小。

第三章　正弦交流电

　　正弦交流电是最基本的、最常见的一种交流电，而且它是研究非正弦交流电的基础。因此，学习交流电路原理，必须首先弄清它的基本概念。

3.1 交流电的基本概念

3.1.1 交流电

交流电是指大小和方向都随时间作周期性变化的电动势（电压和电流）。也就是说，交流电是交变电动势、交变电压和交变电流的总称。交流电可分为正弦交流电和非正弦交流电两大类。正弦交流电是指按正弦规律变化的交流电，而非正弦交流电的变化规律却不按正弦规律变化，分别如图 3-1 (c)、(d) 所示。图 (a) 为稳恒直流电，图 (b) 为脉动直流电。本章只讨论正弦交流电。

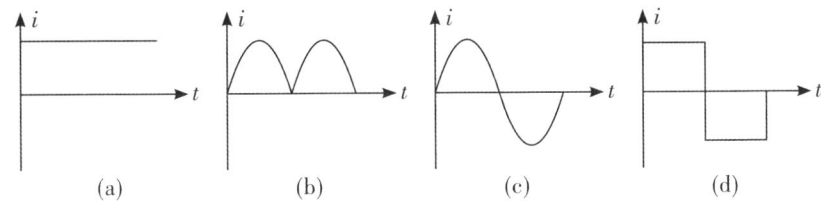

图 3-1 直流电和交流电的电波波形图

交流电有极为广泛的用途，在现代工农业生产中几乎所有电能都是以交流形式产生出来的。即使电机车运输、电镀、电信等行业所需要的直流电也可经过整流获得。这不仅因为交流电机比直流电机简单、成本低、工作可靠，更主要是可用变压器来改变交流电的大小，便于远距离输电和向用户提供各种不同等级的电压。

3.1.2 正弦电动势的产生

正弦电动势通常由交流发电机产生，图 3-2 (a) 所示是交流发电机的示意图。在静止不动的磁极间装有能转动的圆柱形铁芯，铁芯上紧绕着线圈 $aa'b'b$。线圈的两端分别连接着两个彼此绝缘铜环 C，铜环又通过电刷 A、B 与外电路相接。当线圈在磁场中沿逆时针方向作旋转时，线圈中就产生感应电动势。为获得正弦交流电，磁极被设计成特殊形状，如图所示。在磁极中心处磁感应强度最强，在中心两侧磁感应强度按正弦规律逐渐减小，在磁极分界面 OO' 处磁感应强度正好为零（我们把磁感应强度为零的面称为中性面）。这样，不仅铁芯表面的磁感应强度按正弦规律分布，而且磁感应强度的方向总是处处与铁芯表面垂直。若磁极中心处的磁感应强度为 B_m，线圈平面与中性面的夹角为 a，则铁芯表面的磁感应强度可表示为 $B=B_m\sin a$。

设单匝线圈垂直 B 的导线总长度为 L，图中指 $ab+a'b'$，导线的切线速度为 V，且起始时线圈平面与中性面重合，则线圈中的感应电动势为 $e=BVL=B_mVl\sin a$。

若切割磁力线的线圈有 N 匝，则线圈中的感应电动势为 $e=NB_mVl\sin a=E_m\sin a$。式中 $E_m=NB_mVL$。由上式看出，线圈中的感应电动势是按正弦规律变化的交流电，如图 3-2 所示。

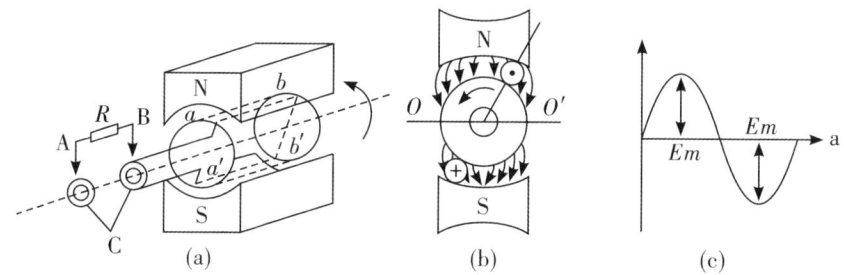

图 3-2 正弦交流发电机示意图及正弦交流电动势波形

3.1.3 正弦交流电的基本特征和三要素

1. 瞬时值

正弦交流电随时间按正弦规律变化，某时刻的数值不一定和其他时刻数值相同。我们把任意时刻正弦交流电的数值称为瞬时值，分别用字母 e、u 和 i 表示。瞬时值有正、有负，也可能为零。

2. 最大值

最大的瞬时值称为最大值或峰值、振幅。正弦交流电动势、电压和电流的最大值分别用字母 E_m、U_m 和 I_m 表示。最大值虽然有正有负，但习惯上最大值都以绝对值表示。最大值是正弦交流电的三要素之一。

3. 周期、频率和角频率

（1）周期

交流电每重复一次所需的时间称为周期，用字母 T 表示，单位是秒，用字母 s 表示。比秒小的常用单位有毫秒（ms）、微秒（μs）和纳秒（ns）。

1 毫秒（ms）= 10^{-3} 秒（s）

1 微秒（μs）= 10^{-6} 秒（s）

1 纳秒（ns）= 10^{-9} 秒（s）

（2）频率

交流电 1 秒钟内重复的次数称为频率，用字母 f 表示，其单位是赫兹，简称赫，用字母 Hz 表示。如果某交流电在 1 秒钟内变化一次，我们就称该交流电的频率是 1 赫兹。比赫兹大的常用单位是千赫（kHz）和兆赫（MHz）。

1 千赫（kHz）= 10^3 赫（Hz）

1 兆赫（MHz）= 10^6 赫（Hz）

根据周期和频率的定义可知，周期和频率互为倒数，即

$$f=\frac{1}{T} \text{ 或 } T=\frac{1}{f}$$

如我国工农业及生活中使用的交流电频率 50 赫兹（习惯上称为工频），其周期为 0.02 秒；又如中央人民广播电台的中波频率之一是 540 千赫，其周期约为 1.85 微秒；再如我国电视八频道的中心频率为 187 兆赫，其周期约为 5.3 纳秒。

（3）角频率

角度 a 的大小反映着线圈中感应电动势大小和方向的变化。这种以电磁关系来计量交流电变化的角度称为电角度。当然电角度并不是在任何情况下都等于线圈实际转过的机械角度，只有在两个磁极的发电机中的电角度才等于机械角度。

所谓角频率（即电角速度）是指交流电在 1 秒钟内变化的电角度，用字母 ω 表示，单位是弧度/秒（rad/s）。如果交流电在 1 秒钟内变化了 1 次，则电角度正好变化了 2π 弧度，也就是说该交流电的角频率 $\omega=2\pi$ 弧度/秒。若交流电 1 秒钟内变化了 f 次，则可得角频率与频率的关系式为 $\omega=2\pi f$。

以上所讲的周期、频率和角频率都是表示交流电变化快慢的物理量。三个物理量中只要知道其中的一个，就可求出另外两个。通常把角频率（或频率或周期）称为正弦交流电的三要素之二。

4. 初相角

在讲述正弦交流电动势的产生时，是假设线圈开始转动的瞬时，线圈平面与中性面重合。由于此时 $a=0$，所以线圈中的感应电动势 $e=E_m \sin a=0$。也就是说，我们是假设正弦交流电的起点为零。但事实上正弦交流电的变化是连续的，并没有肯定的起点和终点。如果起始时，即 $t=0$ 时线圈平面与中性面的夹角不为零而等于某一角度，如图 3-3（a）所示，则线圈在 t 时刻产生的感应电动势可表示为 $e=E_m \sin(\omega t+\varphi)$。

如果把线圈平面与中性面的夹角为 φ 的位置作起始位置，根据上式可作出图

3-3（b）所示的曲线。

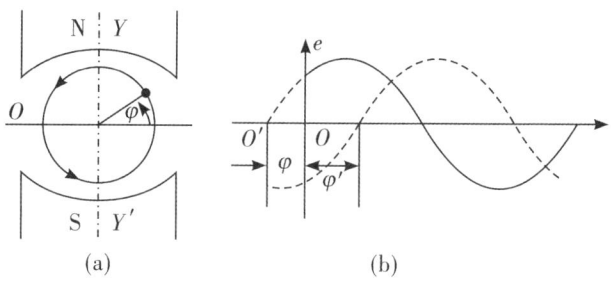

图 3-3 初相角示意图

显然，电角度 $a=\omega t+\varphi$ 是随时间变化的，有一确定的时间 t，就有一确定的感应电动势与之对应。也就是说，角度 $a=\omega t+\varphi$ 是表示正弦交流电在任意时刻的电角。通常把它称作相位角，也称相位或相角。而把线圈刚开始转动瞬时（$t=0$ 时）的相位角称为初相角，也称初相位或初相。

初相角和时间起点的选择有关，如果 $t=0$ 时正弦交流电的值为正，则其初相角为正角；反之初相角为负角。在图形上表示初相角时，横坐标常以弧度或角度为单位，取曲线由负值变到正值的零点与坐标原点的数值来表示初相角的大小；在坐标原点左侧的初相角为正值，在右侧的为负值，见图 3-3（b），φ 为正角，φ' 为负角。另外，习惯上初相角的绝对值不用大于 180°的角度表示。凡大于 180°的角度就化成小于 180°的负角来表示。如 240°可化成 240°-360°=-120°，而 -240°可化成 360°-240°=120°。

初相角是正弦交流电的三要素之三。由式 $e=E_m\sin(\omega t+\varphi)$ 可以看出，当正弦交流电的最大值、角频率和初相角这三个量确定时，正弦交流电才能被确定。也就是说这三个量是正弦交流电必不可少的要素，所以称它们为三要素。

3.1.4 正弦交流电的有效值

我们比较不同的交流电时，除初相、频率外还要比较大小。前面已学过，交流电的大小是不断变化的，难以取哪个数值作为衡量交流电大小的标准，特别是在比较交流电和直流电的时候就更难以取哪个数值来说明问题。所以有必要引入一个既能准确反映交流电的大小，又方便计算和测量的物理量。通常是根据交流电做功的多少来作为衡量交流电大小的标准，根据这个标准定义出来的量值就是交流电的有效值。让交流电和直流电分别通过阻值完全相同的电阻，如果在相同的时间中这两种电流产生的热量相等，我们就把此直流电的数值定义为该交流电的有效值。换句话说,把热效应相等的直流电流(或电压、电动势)定义为交流电流(或电压、电动势)的有效值。交流电流、电压和电动势有效值的符号分别是 I、U 和 E。

通过计算,正弦交流电的有效值和最大值之间有如下关系:

$$I=\frac{I_\mathrm{m}}{\sqrt{2}}\approx 0.707I_\mathrm{m} \qquad U=\frac{U_\mathrm{m}}{\sqrt{2}}\approx 0.707U_\mathrm{m} \qquad E=\frac{E_\mathrm{m}}{\sqrt{2}}\approx 0.707E_\mathrm{m}$$

特别应指出的是,今后若无特殊说明,交流电的大小总是指有效值。如一般交流电表所测出的数值都是有效值;一般灯泡、电器、仪表上所标注的交流电压、电流数值也都是有效值。显然,有效值不随时间变化。

3.1.5 正弦交流电的表示方法

正弦交流电一般有四种表示法:解析法、曲线法、旋转矢量法和符号法。本书只介绍前三种表示法。

1. 解析法

用三角函数式表示正弦交流电随时间变化关系的方法叫作解析法。根据前面所学,正弦交流电动势、电压和电流的解析式分别为

$$e=E_\mathrm{m}\sin(\omega t+\varphi_e)$$
$$u=U_\mathrm{m}\sin(\omega t+\varphi_u)$$
$$i=I_\mathrm{m}\sin(\omega t+\varphi_i)$$

一般说来,若 ωt 用弧度表示,初相角就应用弧度表示;若 ωt 用角度表示,初相角也应用角度表示。但有时为表示初相角的方便,也允许 ωt 用弧度表示,而初相角用角度表示。

2. 曲线法

根据解析式的计算数据,在平面直角坐标系中作出曲线的方法叫作曲线法,纵坐标表示瞬时值,横坐标表示电角度 ωt 或时间 t。我们把这种曲线叫作正弦交流电的曲线图或波形图。

为了形象化表示正弦交流电,使正弦交流电的加减计算更加简便,常采用旋转矢量法。

3. 旋转矢量法

所谓旋转矢量法,就是用一个在直角坐标系中绕原点作逆时针方向不断旋转的矢量,来表示正弦交流电的方法,如图 3-4 所示。

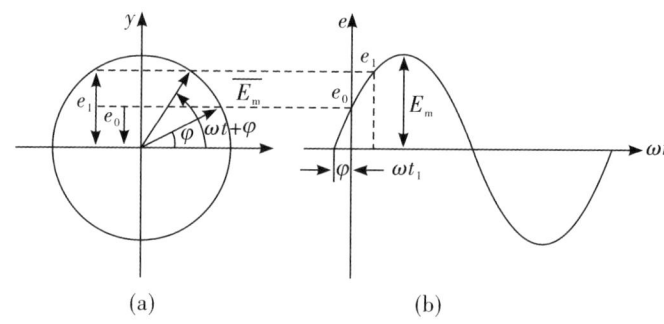

图 3-4　正弦交流电的旋转矢量表示法

（1）旋转矢量常用加一横线的最大值符号 $\overline{E_m}$ 或 $\overline{U_m}$ 或 $\overline{I_m}$ 表示，其长度代表正弦交流电的最大值。最大值矢量任意瞬间在纵轴上的投影，就是该瞬间正弦交流电的瞬时值。

（2）旋转矢量沿逆时针方向旋转的角速度等于正弦交流电的角频率。

（3）旋转矢量起始时与 x 轴正方向的夹角代表正弦交流电的初相角。当旋转矢量起始时与 x 轴的正方向同向时，正弦交流电的初相为零。

在图 3-4 中，若旋转矢量的长为 E_m，角频率（即角速度）为 ω，起始时与横轴正方向的夹角为 φ，则 t 时刻旋转矢量在纵坐标上的投影就等于正弦交流电的瞬时值，即 $y=e=E_m\sin(\omega t+\varphi)$。由于旋转矢量在坐标系中的位置与时间有关，如图 3-4 中矢量的起始位置为实线，经 t_1 时间后它已转到了虚线位置，所以旋转矢量是时间的函数，通常把它称作时间矢量。

虽然正弦交流电本身不是矢量，但它是时间的函数，又因为旋转矢量的三个特征（长度、转速、与横坐标的夹角）可以分别表示正弦交流电的三个要素（最大值、角频率和初相角），所以可以借助旋转矢量按一定的法则来表示正弦交流电。使用旋转矢量表示法后，就可大大简化正弦交流电的加减计算，而且更为直观。

应该指出，旋转矢量法只适用于同频率正弦交流电的加减。因为用旋转矢量法作出的各矢量都以相同的角频率 ω 作逆时针旋转，在旋转过程中，各矢量间的夹角（即正弦交流电的相位差）保持不变，所以只需画出起始时（$t=0$ 时）每个矢量的位置就可以进行全部计算。

在实际工作中往往采用有效值矢量图来计算同频率正弦交流电的有效值和它们间的相位差，如图 3-5 所示。有效值矢量图简称矢量图，它具有以下几个特点：

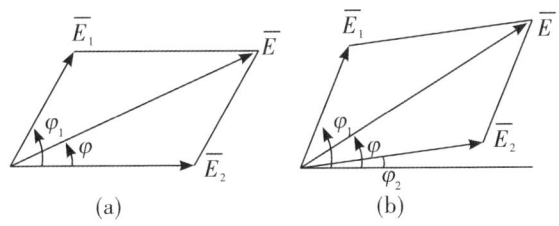

图 3-5 两个矢量的有效值矢量图

(1) 矢量的长度表示正弦交流电的有效值，其长度是旋转矢量长度的 $1/\sqrt{2}$。

(2) 矢量与水平正方向的夹角仍代表正弦交流电的初相角，沿逆时针方向转动角度为正，反之为负，如图 3-5（a）中 $\overline{E_1}$ 就超前 $\overline{E_2}$ 一个 φ_1 角度。

(3) 在仅仅为了表示两个正弦交流电的相位关系时，就可选横轴的正方向为参考方向，也可任意选一个矢量做参考矢量，并取消直角坐标轴。

(4) 矢量方程为 $\overline{E} = \overline{E_1} + \overline{E_2} + \cdots$

根据有效值矢量图，求得合成矢量的大小和初相位后，就不难列出对应的正弦交流电的瞬时值表达式，也不难做出波形图。

值得注意的是，有效值矢量是静止矢量，它在纵轴上的投影并不等于正弦交流电的瞬时值。另外，各正弦交流电的初相角可能不同，但在作矢量图时，不论以何为参考量，它们的相位差始终不变。

3.2 正弦交流电路

由交流电源、用电器、连接导线和开关等组成的电路称为交流电路。若电源中只有一个交变电动势，则称单相交流电路。交流负载一般是电阻、电感、电容或它们的不同组合。我们把负载中只有电阻的交流电路称为纯电阻电路；只有电感的电路称为纯电感电路；只有电容的电路称为纯电容电路。它们是最简单、最基本的交流电路。严格地讲，几乎没有单一参数的纯电路存在，但为分析交流电路的方便，常常先从分析纯电路所具有的特点着手。

由于交流电路中的电压和电流都是交变的，因而有两个作用方向。为分析电路方便，常把其中的一个方向规定为正方向，且同一电路中的电压和电流以及电动势正方向完全一致，即三者的关系与第一章直流电路相同，如图 3-6（a）所示。

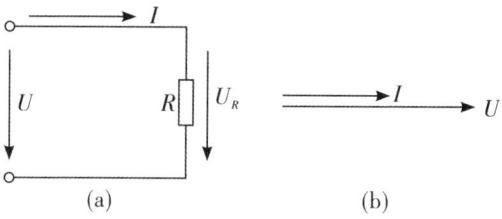

图 3-6 纯电阻电路及矢量图

3.2.1 纯电阻电路

由白炽灯、电烙铁、电阻炉或电阻器组成的交流电路都可近似看成是纯电阻电路,如图 3-6(a)所示,在这些电路中,当外加电压一定时,影响电流大小的主要因素是电阻 R。

1. 电流与电压的关系

设加在电阻两端的电压为 $U_R = U_{R_m} \sin \omega t$,实验证明,在任一瞬时流过电阻的电流 i 仍可用欧姆定律计算,即 $i = \dfrac{U_R}{R} = \dfrac{U_{R_m}}{R} \sin \omega t$。

对比正弦交流电的通式 $i = I_m \sin \omega t$ 可知,电流的最大值为 $I_m = \dfrac{U_{R_m}}{R}$,把式中两边同除以 $\sqrt{2}$ 就得到有效值的表达式为 $I = \dfrac{U_R}{R}$。

上述各式表明:电流与电压的频率相同;电流与电压的相位相同,矢量图见图 3-6(b),波形图见图 3-7;电流与电压的数量关系仍符合欧姆定律。

如果用电导 $G = \dfrac{1}{R}$ 代入公式,则可写成 $I = UG$

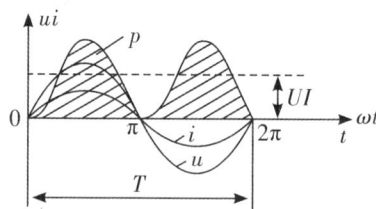

图 3-7 纯电阻电路中的电压、电流及功率曲线

2. 功率

由于电阻两端的电压和电阻中的电流都在不断变化,所以电阻消耗的功率也在不断变化。我们把电压瞬时值 u_R 和电流瞬时值 i 的乘积叫作瞬时功率,即 p

$=u_R i$。

根据上式,将电压和电流同一瞬间的数值逐点相乘,即可画出图 3-7 所示的瞬时功率曲线。由于在前半周内电压和电流都为正值,则功率也为正值;在后半周内虽然电压和电流都是负值,但二者的乘积仍为正值。所以瞬时功率曲线都为正值(除电压和电流都等于零的瞬时外)。另外,从能量的观点来看,不论电流方向如何,电阻总要消耗功率,所以电阻中的功率只能是正值。

由于瞬时功率的测量和计算都不方便,通常用电阻在交流电一个周期内消耗的功率来表示功率大小,叫作平均功率。又因为电阻消耗电能说明电流做了功,从做功的角度讲又把平均功率叫作有功功率,简称功率,以 P 表示,单位仍是瓦(W)。经数学证明,有功功率等于最大瞬时功率的一半,即

$$P = \frac{1}{2} U_{R_m} I_m = U_R I = I^2 R = \frac{U_R^2}{R}$$

式中 P——有功功率(W),U——加在电阻两端的交流电压有效值(V),I——流过电阻的交流电流有效值(A),R——用电器的电阻值(Ω)。

3.2.2 纯电感电路

由直流电阻很小的电感线圈组成的交流电路,都可近似地看成是纯电感电路。

1. 电流与电压的相位关系

由于线圈的电阻很小,在直流电路中可把线圈近似看成是没有电阻的导线。当线圈接在交流电路中时,线圈中将产生自感电动势来阻碍电流的变化,则线圈中的电流变化总滞后于线圈两端的外加电压的变化,所以电流与电压间就有了相位差。

在第二章中已学过,对于一个内阻很小的电源,其电动势与端电压总是大小相等方向相反,则线圈中自感电动势与线圈两端的电压在任何瞬时也总是大小相等方向相反,即

$$u_L = u = -e_L = L \frac{\Delta i}{\Delta t}$$

由上式看出,自感电压的大小与电流的变化率成正比而不是与电流成正比。以下通过上式和图 3-8(b)来分析电流和电压的相位关系。为了方便,设电感量 L 为常数,电流的初相为零,并把每一周期电流的变化分成四个阶段来讨论:

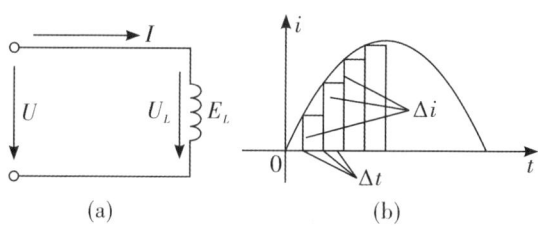

图 3-8 纯电感电路及电流变化率

（1）在 $0\sim\pi/2$ 即第一个 1/4 周期内，电流从零增加到正的最大值。由于此间电流的变化率 $\Delta i/\Delta t$ 为正值，且起始时为最大，然后逐渐减小到零，根据 $u_L=L\Delta i/\Delta t$ 可知，此期间的电压应从正最大值逐渐变为零。

（2）在 $\pi/2\sim\pi$ 即第二个 1/4 周期内，电流从正最大值减小到零。由于此间电流的变化率 $\Delta i/\Delta t$ 为负值，且从零变到负最大值，则 $u_L=L\Delta i/\Delta t$ 应从零逐渐变到负最大值。

（3）在 $\pi\sim3\pi/2$ 即第三个 1/4 周期内，电流从零变到负最大值，此间电流的变化率仍为负值，且从负最大值变到零，则 u_L 应从负最大变到零。

（4）在 $3\pi/2\sim2\pi$ 即第四个 1/4 周期内，电流从负最大值变到零，此间电流的变化率为正值，且从零变到正最大值，则 u_L 应从零变到正最大值。

从以上分析可得图 3-9（a）所示的波形图。图中虚线所示为自感电动势的波形图，由于 $u_L=-e_L$，所以 e_L 与 u_L 反相。由图还可看出，电压总是超前电流 90°，而自感电动势总是滞后电流 90°，二者的矢量关系如图 3-9（b）所示。

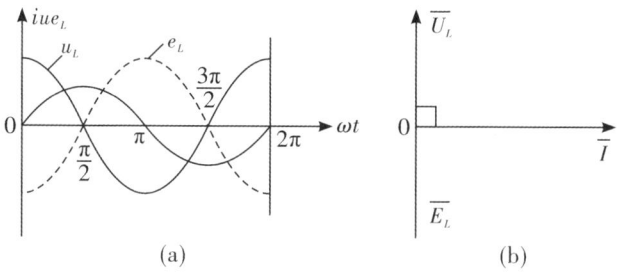

图 3-9 纯电感电路中电流、电压、自感电动势的变化曲线及矢量图

设流过电感的正弦电流的初相为零，则电流、电压及自感电动势的瞬时值表达式为

$$i=I_m\sin\omega t \quad u_L=U_{L_m}\sin\left(\omega t+\frac{\pi}{2}\right) \quad e_L=E_{L_m}\sin\left(\omega t-\frac{\pi}{2}\right)$$

2. 电流与电压的频率关系

从图 3-9（a）可以看出，电流与电压的频率相同。

3. 电流与电压的数量关系和感抗

当电流的变化率一定时，L 越大 U_L 越大；当 L 一定时，电流的变化率越大，即电流的最大值越大或电源频率越高，U_L 越大。反之，L 越小或电流变化率越小时，自感电压 u_L 就越小。通过以上分析可得自感电压与电流的数量关系为 $U_{L_m} = \omega L I_m$ 或 $U_L = \omega L I$。

在计算并联电路时，为了简便起见，常用感抗的倒数。感抗的倒数叫作电感电纳，简称感纳，用字母 B_L 表示，即 $B_L = 1/X_L$。于是，得到 $I = \dfrac{U_L}{X_L} = U B_L$。

此公式不能直接用来计算瞬时值，因为电感上电流与电压的瞬时值并不符合上述关系即 $i \neq \dfrac{U}{X_L}$。

对比纯电阻电路的欧姆定律知，ωL 和电阻 R 相当，表示电感对交流电的阻碍作用，称作感抗，以 X_L 表示。于是感抗的数学表达式为 $X_L = \omega L = 2\pi f L$。

显然，电感越大或电源频率越高时，电感线圈对电流的阻碍作用越大。因此，电感线圈对高频电流的阻力很大，在电子电路中就常用电感线圈来阻止交流电通过。对于直流电来说，因 $f=0$，则 $X_L = 0$，电感线圈可视为短路。

同样，虽然感抗 X_L 和电阻 R 相当，但感抗只有在交流电路中才有意义，而且感抗只能代表电压和电流最大值或有效值的比值，感抗不能代表电压和电流瞬时值的比值，即 $X_L \neq U/i$，这是因为 U 和 i 的相位不同的缘故。

4. 功率

在纯电感电路中，电压瞬时值与电流瞬时值的乘积，称为瞬时功率，即将 U_L 和 i 的瞬时式代入功率公式得

$$P_L = U_{L_m} \sin\left(\omega t + \dfrac{\pi}{2}\right) I_m \sin \omega t$$

$$= U_{L_m} I_m \sin \omega t \cos \omega t$$

$$= \dfrac{1}{2} U_{L_m} I_m \sin 2\omega t$$

$$= U_L I \sin 2\omega t$$

根据上式或在波形图中将电压和电流同一瞬间的数值逐点相乘，即可画出图 3-10 所示的功率曲线。由图可知，瞬时功率 P_L 在一个周期内的平均值为零，即纯电感电路的有功功率为零。其物理意义是，纯电感在交流电路中不消耗电能，

但电感与电源间却进行着能量交换。

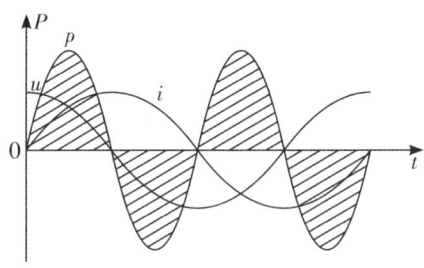

图 3-10　纯电感电路的功率曲线

由于纯电感电路的瞬时功率是电压和电流频率的两倍，则在第一及第三个 1/4 周期内，P_L 为正值，这表示电感吸收电源能量并以磁能形式储存于线圈中；在第二及第四个 1/4 周期内，P_L 为负值，这表示电感将储存的能量送回电源。不同的电感与电源交换能量的规模不同，但纯电感电路中的平均功率为零，不能反映这种能量交换的规模。通常人们用瞬时功率的最大值来反映纯电感电路中的能量交换规模，并把它叫作电路的无功功率。用 Q_L 表示，单位为乏（Var），数学式为 $Q_L = U_L I = I^2 X_L = \dfrac{U_L^2}{X_L}$。

必须指出，"无功"的含义是"交换"而不是"消耗"，它是相对"有功"而言的，决不能理解为"无用"。事实上无功功率在生产实践中占有很重要的地位。具有电感性质的变压器、电动机等设备都是靠电磁转换工作的，因此，若无无功功率，这些设备就无法工作。

3.2.3　纯电容电路

电容是储存电荷的器件。当外加电压使电容器储存电荷时，就叫作充电，而电容器向外释放电荷时就叫作放电。图 3-11 是电容器充放电的实验电路图。图中 A 是一个零位在中间，指针可以左右偏转的电流表，V 是一个高内阻的电压表。

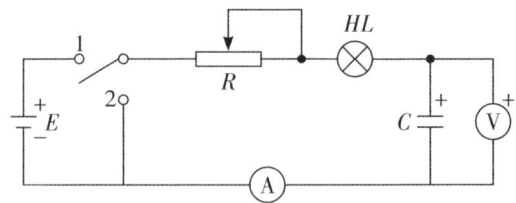

图 3-11　电容器充放电实验电路

当把开关拨到 1 时，可同时观察到如下现象，指示灯突然亮了一下就慢慢变暗了；电流表的指针突然向右偏转到某一数值，然后慢慢回到零位；而电压表的读数则随着灯由亮到暗而由零逐渐达到电源电压。

当把开关从1拨到2时，我们将发现指示灯又突然亮了一下就变暗；电流表的指针却突然向左偏转到某一数值，然后慢慢回到零位；而电压表的读数则随着灯由亮到暗而由电源电压逐渐减小到零。

若把开关迅速地在1和2之间拨动，则指示灯就始终保持发光。

以上实验说明，当开关拨向1时，电源对电容器充电，电容器储存电荷，电荷移动情况如图3-12（a）所示。电荷在电路中有规律地移动就形成了电流，所以串接在电路中的指示灯会发光、电流指针会偏转。但随着电荷的积累，电容器两端的电压不断升高并且阻止电荷继续移向电容器，因此电路中的电流就逐渐减小。当电容器两端的电压达到电源电压时，电荷的移动就完全停止，线路中的电流就等于零，指示灯变暗，电流表的指针回到零位。

实验还说明，当开关从1拨到2时，电容器放电，电荷移动情况如图3-12（b）所示。由于电荷在电路中有规律地移动，所以电路中有电流流过指示灯和电流表（但方向与原来相反），从而使指示灯发光、电流表指针反向偏转。但随着电荷的释放，电容器中储存的电荷越来越少，最后为零。于是电路中不再有电荷移动，也就不存在电流，指示灯变暗、电流表指针回到零位、电压表的读数也为零。

当开关迅速地在1和2之间拨动时，电容器就不断地在充放电，线路中始终有电流，所以指示灯保持发光。若将图3-11中的电源改为数值相同的交流电源，我们发现一旦把开关拨向2后，指示灯仍能保持发光。

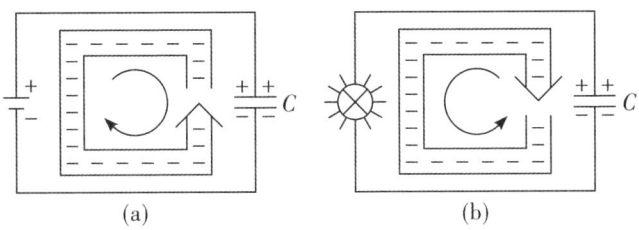

图3-12 电容器的充放电过程

由此可得结论：

（1）电容器在储存和释放电荷（即充放电）的过程中，必然在电路中引起电流。但这个电流并不是从电容器的一个极板穿过绝缘物到达另一极板，而是电荷在电路中移动。平时我们说的电容电流就是指这种电荷在电路中移动所引起的电流，即充放电电流。

（2）电容器两端的电压是随着电荷的储存和释放而变的。当电容器中无储存电荷时，其两端的电压为零；当储存的电荷逐渐增加时，其两端的电压逐渐升高，最后等于电源电压；当电容器释放电荷时，其两端的电压逐渐下降，最后为零。

（3）当电容器充电结束时，电容器两端虽然仍加有直流电压，但电路中的电流却为零，这说明电容器具有阻隔直流电的作用。若电容器不断充放电，电路中就始终有电流通过，这说明电容器具有能通过交变电流的作用。通常称这种性质为"隔直通交"。

由介质损耗很小、绝缘电阻很大的电容器组成的交流电路，都可近似看成是纯电容电路，如图 3-13（a）所示。前已学过，稳恒直流电不能通过电容器，但在电容器充放电过程中，却能在线路中引起电流。当电容器接到交流电路中时，由于外加电压不断变化，电容器就不断充放电，则线路中就不断有电流通过，这就称交流电通过电容器。由于电容器两端的电压是随电荷的积累（即充电）而升高，随电荷的释放（即放电）而降低，因此电容器两端电压的变化总是滞后电流的变化。

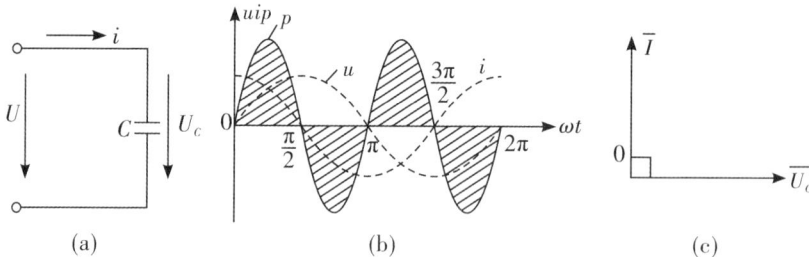

图 3-13 纯电容电路及有关物理量的曲线和矢量图

1. 电流与电压的相位关系

因为 $C=q/U_c$，$q=It$，则 $c\Delta u_c = \Delta q = i\Delta t$，所以在 Δt 时间内电流的数学式为

$$i = \frac{\Delta q}{\Delta t} = C\frac{\Delta u_c}{\Delta t}$$

上式表明，电容中的电流与电容两端的电压的变化率成正比，仿照讨论纯电感电路的分析方法可知，在 u_c 从零增加的瞬时，电压的变化率 $\Delta u_c/\Delta t$ 最大，电流 i 也最大。当 u_c 达最大值时，$\Delta u_c/\Delta t$ 为零，i 也为零，所以纯电容电路中的电流超前电压 90°，这与纯电感电路的情况正好相反。其电流、电压曲线和它们的矢量图如图 3-13（b）、（c）所示。

设加在电容两端的正弦交流电压的初相为零,则电压和电流的瞬时值表达式为

$$U_c = U_{cm}\sin\omega t \qquad i = I_m\sin\left(\omega t + \frac{\pi}{2}\right)$$

2. 电流与电压的频率关系

由图 3-13（b）可以看出,电流与电压的频率相同。

3. 电流与电压的数量关系和容抗

电容器对交流电的阻碍作用称为容抗,用 X_c 表示。容抗与电容量及电源的频率成反比,即 $X_c = \dfrac{1}{\omega c} = \dfrac{1}{2\pi f c}$。

显然,当频率一定时,在同样电压作用下,容量越大的电容器所储存的电量就越多,线路中的电流也就越大,因此电容器对电流的阻力也就越小;当外加电压和电容量一定时,电源频率越高时电容器充放电的速度越快,单位时间内电荷移动的数量也越多,则线路中的电流也越大,所以电容器对电流的阻力就越小。

纯电容电路中电压、电流和容抗三者的数量关系仍符合欧姆定律,即

$$I_m = \frac{U_{cm}}{X_c} \quad \text{或} \quad I = \frac{U_c}{X_c}$$

在计算并联电路时,为了简便起见,常用容抗的倒数。容抗的倒数叫作电容电纳,简称容纳,用字母 B_c 表示,即 $B_c = 1/X_c$,它的单位也是姆。于是,上式就可以写成下面的形式 $I = \dfrac{U_c}{X_c} = U_c B_c$。

与纯电感电路相似,容抗只代表电压和电流最大值或有效值之比,不等于它们的瞬时值之比。

4. 纯电容电路的功率

功率采用与纯电感电路相似的办法,可求得纯电容电路的瞬时功率的解析式为 $P_c = u_c i = U_c I \sin 2\omega t$。根据上式可作出瞬时功率的波形图,如图 3-13（b）所示。由瞬时功率的波形看出,纯电容电路的平均功率为零。但是电容器与电源间进行着能量的交换,在第一与第三个 1/4 周期内,电容器吸取电源能量并以电场能的形式储存起来;第二与第四个 1/4 周期内,电容器又向电源释放能量。和纯电感电路一样,瞬时功率的最大值被定义为电路的无功功率,用以表示电容器与电源交换能量的规模。无功功率的数学式 $Q_c = U_c I = I^2 X_c = U_c^2 / X_c$。

纯电阻、纯电容、纯电感三种正弦交流电路的特点如表 3-1。

表 3-1 纯电阻、纯电容、纯电感正弦交流电路的特点

	电流与电压的关系		功 率		
	相位关系	有效值关系	瞬时功率	平均功率	无功功率
纯电阻正弦交流电路	电流与电压同相	$I=\dfrac{U}{R}$	$UI-UI\cos 2\omega t$	UI 或 I^2R	0
纯电容正弦交流电路	电流超前电压 90°	$I=\dfrac{U}{X_C}$ $X_C=\dfrac{1}{2\pi fC}$	$UI\sin 2\omega t$	0	UI 或 I^2X_C
纯电感正弦交流电路	电压超前电流 90°	$I=\dfrac{U}{X_L},X_L=2\pi fL$	$UI\sin 2\omega t$	0	UI 或 I^2X_L

3.3 多种元件的串并联正弦交流电路

电阻、电感、电容是正弦交流电路中的三种基本元件,串联与并联则是它们相互连接（或电路连接）的两种基本形式。研究电阻、电容、电感等多种元件组成的串并联正弦交流电路的特性,是交流电路原理的基本内容之一。

由多种元件组成的串并联电路是两种特殊的电路,但是,分析这两种电路所涉及的许多问题,例如阻抗、导纳、有功功率、无功功率等等,都是正弦交流电路中具有普遍意义的问题。本节将重点分析阻感串联和阻容并联两种正弦交流电路,将从其特殊意义与普遍意义这两方面来阐明它。

3.3.1 阻感串联正弦交流电路

在含有线圈的交流电路中,当线圈的电阻不能被忽略时,就构成了由电阻 R 和电感 L 串联后所组成的交流电路,简称 $R\text{-}L$ 串联电路。工厂里常见的电动机、变压器所组成的交流电路都可看成是 $R\text{-}L$ 电路。显然,研究 $R\text{-}L$ 串联电路更具有实际意义。$R\text{-}L$ 串联电路如图 3-14（a）所示。

1. 电流与电压的频率关系

由于纯电阻电路及纯电感电路中的电流与电压的频率相同,所以 $R\text{-}L$ 串联电路中电流与电压的频率也相同

2. 电流与电压的相位关系

由于纯电阻电路的电压与电流同相,纯电感电路的电压超前电流 90°。又因为串联电路中的电流处处相等,所以 $R\text{-}L$ 串联电路两端的电压不与电流同相,

各电压间的相位也不相同。为了求得电路各量间的数量关系，较为简便的办法是先画出电路电压和电流以及各电压间的矢量图。

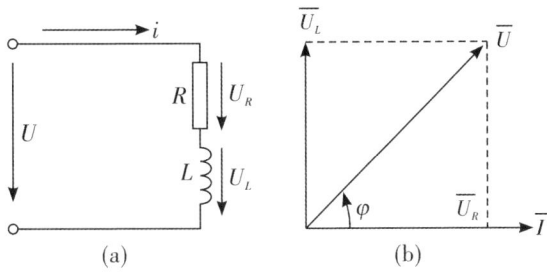

图 3-14 电阻与电感的串联电路及矢量图

图 3-14（b）是以总电流为参考正弦量作出的矢量图。图中 $\overline{U_R}$、$\overline{U_L}$ 分别表示电阻、电感两端交流电压的有效值，$\overline{U}$ 表示总电压。由图可知，总电压超前电流一个角度 φ，且 $90°>\varphi>0°$。通常把总电压超前电流的电路叫作感性电路，或者说负载是感性负载，有时也说电路呈感性。

3. 电流与电压的数量关系

对于每个元件来说，它们两端的电压和电流以及电阻（或感抗）之间的关系仍满足欧姆定律。

要求总电压与电流的数量关系，必须先求出总电压与分电压的数量关系。由图 3-14（b）知，因各电压间有相位差，电压并不等于各分电压的代数和，而应是各个分电压的矢量和，即 $\overline{U}=\overline{U_R}+\overline{U_L}$。根据 $\overline{U}$、$\overline{U_R}$ 和 $\overline{U_L}$ 构的直角三角形，可求得总电压与分电压的数量关系为 $U=\sqrt{U_R^2+U_L^2}$。

又 $U_R=IR$，$U_L=IX_L$，将它们代入上式便可求得总电压与电流的数量关系为

$$U=\sqrt{(IR)^2+(IX_L)^2}=I\sqrt{R^2+X_L^2}$$

令 $\quad Z=\sqrt{R^2+X_L^2}$

可得常见的欧姆定律形式 $I=\dfrac{U}{Z}$，式中 Z 在电路中起着阻碍电流通过的作用，称为电路的阻抗，单位为欧姆。

4. 电压超前电流的角度

由图 3-14（b）知，在已知不同物理量时可有几种求 φ 角的公式

$$\varphi=\cos^{-1}\frac{U_R}{U}=\cos^{-1}\frac{R}{Z}$$

$$\varphi=\sin^{-1}\frac{U_L}{U}=\sin^{-1}\frac{X_L}{Z}$$

$$\varphi = \text{tg}^{-1}\frac{U_L}{U_R} = \text{tg}^{-1}\frac{X_L}{R}$$

5. 功率

电路两端的电压与电流有效值的乘积，叫作视在功率，以 S 表示，其数学式为 $S=UI$。

视在功率也称表观功率，它表示电源提供的总功率，即表示交流电源的容量大小，单位为伏安。

根据有功和无功功率的定义可得电路的有功功率和无功功率分别为

$$P = U_R I = UI\cos\varphi = S\cos\varphi$$
$$Q = U_L I = UI\sin\varphi = S\sin\varphi$$

则 S、P 和 Q 三者之间满足如下关系 $S = \sqrt{P^2 + Q^2}$。

可见，电源提供的功率不能被感性负载完全吸收，这样就存在电源功率的利用率问题。为了反映这种利用率，我们把有功功率与视在功率的比值称作功率因数，因此可得

$$功率因数 \cos\varphi = \frac{有功功率\ P}{视在功率\ S}$$

上式表明，当电源容量（即视在功率）一定时，功率因数大就说明电路中用电设备有功功率大、电源输出功率的利用率就高，这是人们所希望的。但工厂中的用电器（如交流电动机等）多数是感性负载，功率因数往往较低。对于提高功率因数的意义和方法本书不予介绍。

由 $\overline{U_R}$、$\overline{U_L}$ 和 $\overline{U}$ 组成的矢量三角形称作电压三角形。若把电压三角形各边数值除以电流 I，就可得到表示电阻 R、感抗 X_L 和阻抗 Z 之间数量关系的阻抗三角形。若把电压三角形各边的数值乘以电流 I，就可得到表示有功功率 P，无功功率 Q 和视在功率 S 之间数量关系的功率三角形。这三个三角形分别如图 3-15（a）、（b）、（c）所示。一般情况下，通过这三个三角形及欧姆定律就可求得全部数量关系。但应注意，只有电压三角形才是矢量三角形，其他两个三角形都不能用矢量表示。同时，当电路参数 R、L 及 f 一定时，阻抗三角形的形状就一定与电源电压无关。

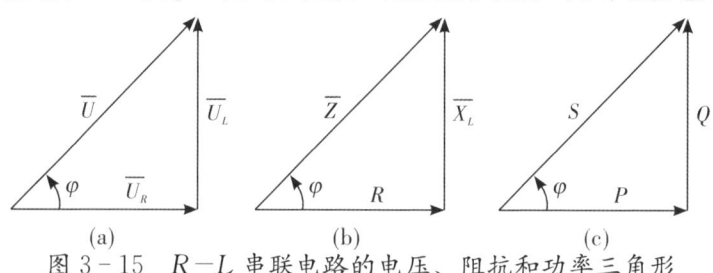

图 3-15 $R-L$ 串联电路的电压、阻抗和功率三角形

3.3.2 阻容并联正弦交流电路

图 3-16 为一阻容并联正弦交流电路，一个电容器，当它的漏导电流不能忽略时，就可以看成是阻容并联电路。

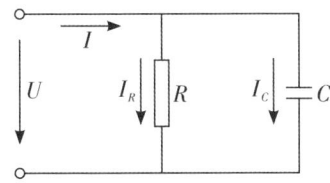

图 3-16　阻容并联正弦交流电路

1. 各支路电流之间的关系

在并联电路中，各个元件两端的电压都是一样的，而电阻支路的电流 I_R 相位与电压相同，电容支路的电流 I_C 超前于电压 90°，因此，电容支路的电流必超前于电阻支路的电流 90°。由于电阻支路的电流 $I_R=UG$，而电容支路的电流 $I_C=UB_C$，所以，电容支路和电阻支路的电流有效值之比就等于容纳与电导之比，即 $\dfrac{I_C}{I_R}=\dfrac{B_C}{G}$。

2. 总电流与支路电流的关系

根据并联电路的特点，总电流的瞬时值 i 应等于电阻支路电流的瞬时值 i_R 与电容支路电流的瞬时值 i_C 的代数和，即 $i=i_R+i_C$。

正弦电流的有效值可以采用矢量求和的方法计算，因此总电流的有效值矢量 $\overline{I}$ 应等于电阻支路电流与电容支路电流的矢量和，即 $\overline{I}=\overline{I_R}+\overline{I_C}$。

阻容并联电路的矢量，如图 3-17 所示。图中的参考矢量是电压，这种画法的根据是什么？画矢量时，一般以同一个物理量为参考，而在并联电路中，具体的情况是只有各并联支路两端的电压是相同的，故画矢量图时，就应以电压为参考量。

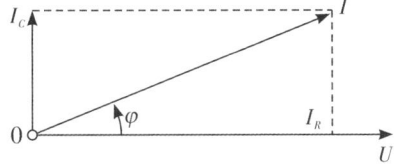

图 3-17　阻容并联电路的矢量图

从矢量图上可以看出，三个电流的矢量 $\overline{I}$、$\overline{I_R}$ 和 $\overline{I_C}$ 恰好组成一个直角三角形，这个三角形，通常称为电流三角形，如图 3-18 所示。

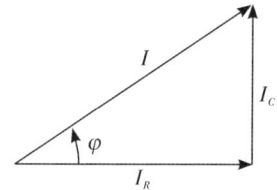

图 3-18　阻容并联电路的电流三角形

根据电流三角形，可知总电流与各支路电流的关系式为 $I=\sqrt{I_R^2+I_C^2}$。

3. 总电流与电压的关系

将 $I_R=UG$，$I_C=UB_C$ 代入 $I=\sqrt{I_R^2+I_C^2}$，可以得到阻容并联电路中总电流与电压有效值的比例关系为

$$I=\sqrt{(UG)^2+(UB_C)^2}=U\sqrt{G^2+B_C^2}$$

在正弦交流电路中，任何一个二端网络的电流与电压有效值之比称为导纳。导纳用符号 Y 表示。显然，导纳与阻抗互为倒数关系，即 $Y=\dfrac{I}{U}=\dfrac{1}{Z}$。

引入导纳的概念之后，正弦交流电路中的欧姆定律公式又可写为

$$I=UY$$

对于阻容并联电路来说，导纳公式为

$$Y=\dfrac{I}{U}=\sqrt{G^2+B_C^2}$$

阻抗公式为

$$Z=\dfrac{1}{Y}=\dfrac{1}{\sqrt{G^2+B_C^2}}=\dfrac{1}{\sqrt{\dfrac{1}{R^2}+\dfrac{1}{X_C^2}}}$$

计算并联电路时，通常多采用导纳公式。

导纳与电导和容纳的关系，也可以用一个直角三角形表示，称为导纳三角形。将图 3-18 中电流的各边同除以电压 U，所得的相似三角形，就是导纳三角形，如图 3-19 所示。

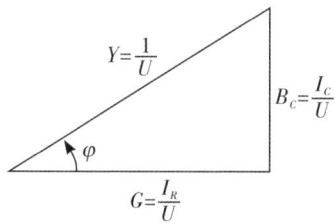

图 3-19　阻容并联电路的导纳三角形

4. 电流与电压的相位关系

由图 3-17 所示的矢量图可以看出，阻容并联电路中总电流超前电压一个小于 90°的相位角 φ，电路呈电容性。φ 角的大小可由电流三角形或导纳三角形求出，即

$$\varphi = \text{arctg}\, \frac{I_C}{I_R} = \text{arctg}\, \frac{B_C}{G}$$

或

$$\varphi = \text{arctg}\, \frac{\dfrac{1}{X_C}}{\dfrac{1}{R}} = \text{arctg}\, \frac{R}{X_C}$$

第四章　无线电技术

4.1 无线电通信原理

近百年来，在自然科学方面有很多重大的发明，无线电是这些发明中极其重要的一种，无线电技术的出现与发展是建立在电磁学的理论与实践之上的。1864年麦克斯韦从理论上证明了电磁波的存在；1887年赫兹以卓越的实验证明了电磁波的客观存在；1895年马可尼首次在几百米的距离用电磁波进行通信获得成功，1901年首次完成了横渡大西洋的无线电通信。从此，无线电通信进入了实用阶段。

4.1.1 无线电通信的任务

信息传输对人类生活的重要性是不言而喻的。最基本的信息传输手段当然是语言与文字，但随着生产力的发展，迫切要求在远距离迅速而准确地传递信息。古代人类采用过各种远距离传送信息的方法，烽火、旗语、信鸽、驿站快马接力等。进入19世纪，人们发现电能以光速沿导线传播，这为远距离快速通信提供了物质条件。1837年莫尔斯发明了电报，1876年，贝尔发明了电话，能够直接将语音信号转变为电能，并沿导线传送。电报电话的发明，为迅速准确地传递信息提供了新手段，是通信技术的重大突破。

一个完整的通信系统，应包括信号源、发送设备、传输信道、接收设备和收信装置五部分，如图4-1。传输信道的种类则视具体情况而定，可以是电缆、光缆，也可以是传输无线电波的自由空间。

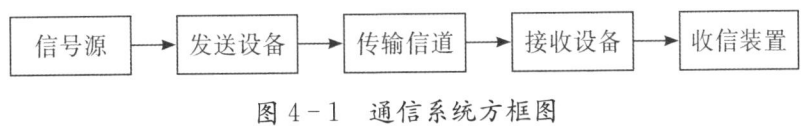

图4-1 通信系统方框图

以有线电话为例，为了把声音传送到远方，首先要把声音变成电信号。话筒就是将声能变成电能的工具，受声音激励的空气传到话筒后，它就产生音频电压，这个电压的变化规律与声音的变化规律相同，如图4-2所示。由话筒得到的电信号通常只有几毫伏至零点几伏，经音频放大器放大后经导线传至远方。在远方受话处，利用耳机（听筒）将音频电能恢复为原来的声音。与有线电话相似的，还有有线广播，在这样的通信系统中，传输信道是平行线。

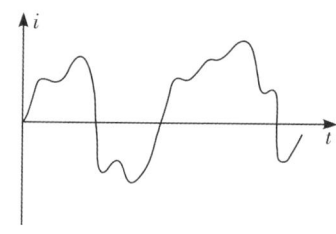

图 4-2 音频电压波形

怎样才能不用导线,将信息由天空传播出去呢?在赫兹以前,人们认为电能只能够沿导线传输,经过麦克斯韦的理论推导和赫兹的实验证明才知道电能也可以在空间传输,即交变的电磁振荡可以利用天线向空中辐射出去,由自由空间传送信息。这就是无线电通信的任务。概括地说,无线电通信的任务就是利用无线电波来传输信息。例如甲、乙两地间的无线电通信,如图 4-3 所示。发出信号的甲方利用发射机把要传输的信息变换成可以辐射的交流电,送到天线上,由天线辐射出去。无线电波由自由空间从甲地传播到乙地,由接收机天线所接收,再经接收机放大和变换还原为原来的语音或图像信息,从而实现了甲乙两地的无线电通信。

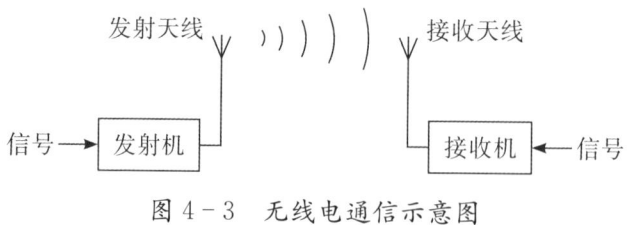

图 4-3 无线电通信示意图

4.1.2 无线电信息传送方式

通信系统的首要任务是把信息传送出去,那么无线电怎样把这些信息传输出去呢?我们以语音为例,人耳能听到的声音频率约在 20 赫到 20 千赫,这一频率范围称为音频。那么是否可以把音频直接用天线辐射出去呢?这种设想将面临两大难题。其一交变的电振荡利用天线向空中辐射时,只有天线长度和电振荡的波长可比拟(近似为四分之一波长)时,才能有效地把电振荡辐射出去。在音频范围内,其相应的波长范围是 $1.5 \times 10^4 \sim 1.5 \times 10^7$ 米,要制造与此尺寸相当的天线显然是很困难的。其二即使可以制造这样的天线,势必各电台所发射的信号频率都相同。它们在空中混在一起,收听者也无法选择所要接收的信号。为了解决上述问题,人们采取提高电磁振荡频率,并把音频信息寄载在高频振荡上的方法来实现信号的无导线传输。通常把这种寄载低频信息的高频振荡叫作载波；把低频信号寄载到高频载波上的过程叫作调制；经过调制以后的高频振荡称为已调波。这样一来，不仅天线尺寸可以做得比较小具有可实现性，而且不同的发射台采用不同频率的高频振荡做载波，也避免了各发射台信号间的相互干扰。

将低频信息寄载在高频振荡上的方法有好几种，常用的是调幅和调频两种。用低频信号控制高频载波的幅度的方式称为调幅，用低频信号控制高频载波的瞬时频率的方式称为调频。已调高频振荡的波形如图4-4（a）、(b)。我国目前中短波段语言广播大都采用调幅制；电视广播中图像采用调幅制，伴音部分则采用调频制；通信系统大都采用调幅和调频，而大多数雷达信号是调幅信号。

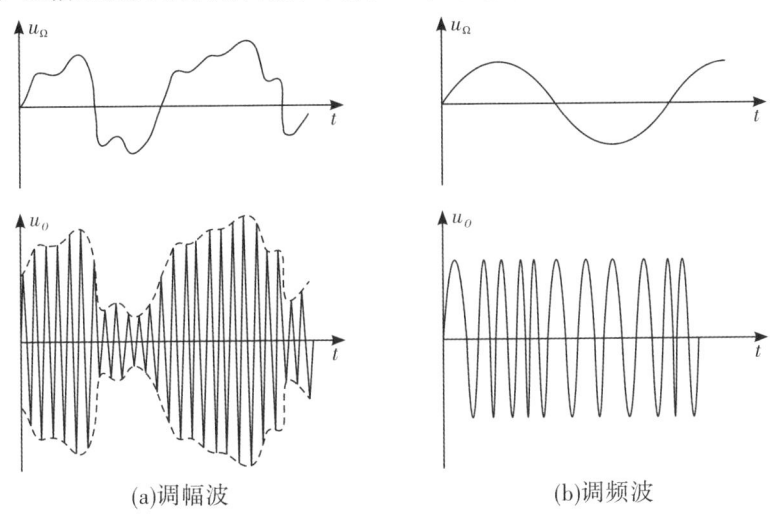

图4-4 已调高频振荡的波形

4.1.3 信号的频谱

1. 低频信号频谱

在实际中，我们所遇到的信号多种多样。如语言、电视、雷达和数据等等。图4-5是两种最简单但具有典型意义的信号，其中（a）是正弦信号，（b）是矩形脉冲信号。正弦信号是一种基本信号，上面所讲的高频载波也是正弦信号。矩形脉冲信号也是一种基本信号，电视、雷达和数字电路中经常用这种信号，实际上的信号比上述两种信号要复杂得多。描述这些信号可以采用数学表达式、波形绘制，还可以采用频谱表示法。

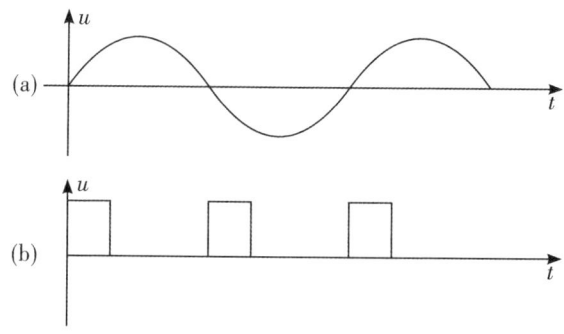

图 4-5　正弦信号和脉冲信号

那么什么是频谱呢？以图 4-5（a）中的正弦波为例，如果我们在频率-电压坐标系中表示它，如图 4-6（a）所示，是一条线段，线段在 f 轴上的位置就是此正弦波的频率，而线段的长度就代表正弦波的强弱。我们把这样含义的线段称为频谱线或简称谱线。

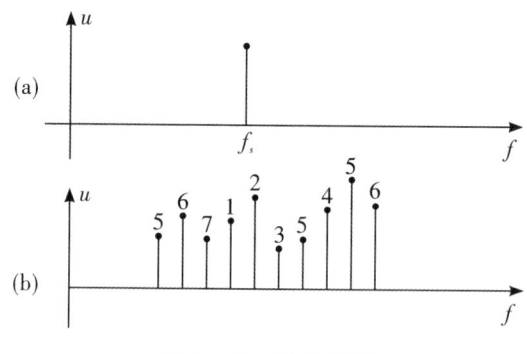

图 4-6　信号频谱

谱线的集合就构成信号的频谱。我们熟悉的东方红乐曲是由 F 调的 5671235456 共 10 个音阶组成，它们的频率分别为 261.23、293.66、329.63、349.23、392、440、523.25、587.33 和 698.46 赫兹。把这九个频率用谱线表示就构成了东方红音乐信号的频谱图，如图 4-6（b）。实际上，除正弦信号外，我们所熟知的信号、语言、电视图像、音乐，都不可能只具有一个正弦频率，它们都具有多个正弦频率。每个信号所拥有的最高频率和最低频率之差，即所拥有的频率范围叫作该信号的频谱宽度，也叫作频宽或带宽。如语音的频率范围在一二百赫到几千赫之间。在电话通信中规定从 300 赫到 3 400 赫为一个话路，频带宽度约为 3 100 赫。

2. 调幅波的频谱

用电磁波传送信息，要用原始信号对载波进行调制后，才能传送。原始信号分为音频信号，如声音信号，它频率较低称为低频信号，视频信号如雷达的脉冲、电视中的图像信号。当用它们调制高频载波后，已调波的频谱中必须包含着原始信号的所有信息分量，否则就会产生信号的失真。例如，中央人民广播电台的一个载频频率是 640 千赫，现在以调幅方式播送东方红乐曲，那么所发射的已调高频振荡的频谱中必须包括有东方红音乐九个音阶的所有成分。如图 4-7 所示，如果少任何一个音阶的频率分量，听起来就会走调。

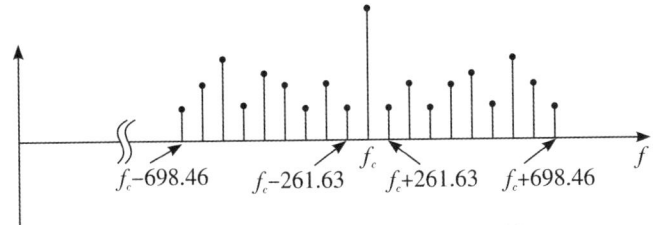

图 4-7　东方红音乐调幅波频谱

由图 4-7 可见，调幅的实质就是把音频或视频信号的频谱搬到载波频率的两边，高于载波频率的称为上边带，低于载波频率的称为下边带，而且这两个边带的分布完全对称，有时把它叫作双边带调幅。发送和接收的信号既包含载波分量 f_c 也包含两个边带分量。

值得注意的是，双边带调幅中的上下边带中都包含着原始信号完整的频谱分量，如图 4-7 中，下边带和上边带中都包含有东方红音乐的九个音阶，因此从传递信息的角度，只发送一个边带的信号，在接收端也可听到标准的东方红乐曲。根据这个道理做成的通信系统叫作单边带通信。单边带通信可以节省频带，在同样的频率范围内可以容纳更多的电台。

在已调波的频谱中，调幅波频谱是最简单的一种，它仅把原始信号的频谱对称地搬移到载波频率两边。调频波的频谱则比较复杂，但也有一些相同的特点，即在载频两边都占有一定的频带，不过所占的频带比较宽，在广播中通常比调幅波频带宽 10~20 倍，相应载波频率也较高，常选在几十兆赫以上。

4.2 无线电波的传播

4.2.1 无线电波的基本概念

在空间传播的交变电磁场叫作电磁波。通常将频率在300 000兆赫以下的电磁波叫作无线电波，简称电波。无线电波是电磁波中频率最低的部分，比它频率高的还有红外线、可见光线、紫外线等等。

当天线加有高频电信号时，天线就会向空间辐射电磁波。即在交变电场的周围会产生交变磁场、在交变磁场的周围会产生交变电场。交变电场和交变磁场的相互转化，就是电磁场的波动。无线电波是在空间传播的交变电场和交变磁场的总体，所以，电磁场波动的过程就是无线电波传播的过程。

无线电波在真空中传播的速度V等于光速C（光速为3×10^8米/秒），在空气中传播的速度略小于光速，但通常仍用光速来进行计算。

无线电波每变化一周所前进的距离称为波长。按频率f的定义，可得到波长λ的公式：$\lambda=C/f$。

从公式可以看出，频率越高波长越短，频率越低波长越长。例如频率为1 000千赫的无线电波，波长为300米；频率为300兆赫的无线电波波长为1米。无线电波波长不同，其传播性能也不同。

4.2.2 无线电波传播的基本规律

无线电波与光波都是电磁波，只是波长不同而已，所以它们的传播规律有许多共同之处。无线电波传播的基本规律主要有：

（1）无线电波在均匀媒质中是以恒定的速度沿直线传播的。无线电测距和测向原理就是以这一规律为基础的。

（2）无线电波在不均匀媒质中传播时。除了传播速度要发生变化以外，还会引起反射、折射、绕射等现象，使传播方向改变。

反射：光线遇到镜面会被反射。电波经过不同媒质的交界面时也会产生反射现象，如果交界面（或者说反射面）是平面，且其尺寸远大于电波的波长时，则电波的反射情形和光的反射情形一致。雷达就是利用电波反射规律来探测目标的。

折射：电波由一种媒质进入另一种媒质时，通常除了在交界面上产生反射以外，还会产生折射现象。

绕射：无线电波遇到某些障碍物时，能够绕过障碍物而继续前进，这种现象称为绕射。由于电波具有绕射特性，所以它能沿着起伏不同的地球表面传播。

（3）无线电波在传播过程中，由于能量的扩散和媒质的吸收，电波的能量将逐渐减小，场强将逐渐减弱。无线电波由强变弱的现象叫作无线电波的衰减。

4.2.3 无线电波传播的方式

无线电波在空间传播时，由于本身的规律以及地面和大气层的影响，形成了不同的传播方式。

1. 天波

在距离地面 60 千米以上的大气层中，由于受到太阳辐射的紫外线等的照射，气体分子发生电离形成许多自由电子和离子，这种大气层叫作电离层。无线电波射入电离层后，电离层中的自由电子和离子在交变电磁场的作用下运动，而这些电子与离子的运动又反过来影响无线电波的传播。无线电波在电离层的影响下，一方面会加大衰减，同时，方向也要逐渐改变，直到又穿出电离层射向地面，这种现象叫作电离层对无线电的折射，利用电离层折射进行传播的无线电波叫作天波。电离层的形成既然主要和太阳辐射的紫外线有关，当然也就随着白天、夜晚、季节等情况的变化而变化，所以天波的传播是不够稳定的。

2. 表面波

沿地球表面传播的无线电波叫作表面波。其传播情形主要受地面的影响，因为表面波在沿着地球表面传播时，其交变电磁场会在地面产生感应电流，这种感应电流也要对无线电波产生影响。它一方面加剧了无线电波的衰减，一方面又能够逐渐改变无线电波传播方向使无线电波沿着地球表面绕射而弯曲向前传播。通常，地球表面的地形、地物是相当稳定的，所以表面波的传播比天波稳定得多。

3. 空间波

空间波包括直射波和地面反射波，它在传播中受电离层与地面影响较小，比较稳定、衰减也较小。但是，正因为空间波不受电离层与地面的影响，所以它只能直线传播而不能弯曲。而地球表面是弯曲的，因此，利用空间波在地面进行无线电通信时，通信距离较短、只能在视线距离范围之内。

4.2.4 各波段无线电波传播的特点

无线电波的频率不同，电离层和地面对无线电波传播的影响也就不同。这样，不同波段无线电波传播的情况，也就显示出不同的特点来。

1. 超短波的传播特点

超短波的频率很高，电离层对它的传播方向影响较小，一般不能折回地面，所以不能利用天波传播。由于频率高，地面感应电流大、衰减快，所以表面波传播不远。超短波主要是利用空间波传播，有效距离受视线范围的限制。若要增大有效距离，就要架高天线，根据地球的曲率，在平原上天线架高 20 米，通信距离最大为 80 千米。超短波遇到物体产生反射作用较强，因此雷达均使用超短波。

2. 中波和长波的传播特点

中波和长波频率较低，其表面波受地面影响较小、衰减也不大，可以传到较远的地方，传播也较稳定。无线电罗盘多使用中波和长波。中波在白天受电离层影响大，损耗大，不能有效传播；在夜间电离层变薄，损耗减小，天波可以起作用，并且比表面波传播得更远些，这就是收音机在夜间比白天能多收到中波电台的原因。长波频率太低，一般只能利用表面波，不能利用天波。

3. 短波的传播特点

短波的频率较中波高，其表面波在地面产生的感应电流也较强，衰减较大，传播不远。短波的天波可折射回地面，而且损耗不大；传播得较远。所以短波多用作远距离通信。

4.3 高频传输系统

4.3.1 传输线的基本概念

1. 传输线的作用与分类

传输线是用来传输电磁波的导线。无线电技术中所指的传输线是用来传输高频电磁波的导线，习惯上又常把它叫作馈线。传输线在无线电设备中的主要应用，是把发射机输出的高频电磁波传输到天线上去，或把天线所接收的电磁波传输到接收机去。此外，传输线还被用作匹配装置、振荡元件、绝缘支架等等。

无线电设备中所用的传输线有两类：一类叫平行线，一类叫同轴线。平行线又有空气绝缘平行线、固体绝缘平行线、屏蔽平行线几种。同轴线又有软同轴线与硬同轴线两种。

2. 传输线的工作状态

依据末端负载的不同，传输线的工作状态不同。其工作状态可分为三种：行波状态、驻波状态和行驻波状态。

（1）行波工作状态

如果传输线末端所接负载是纯电阻性且可吸收传输线传送的全部能量时，传输线工作在行波状态。行波工作状态下，传输线上只有由电源向负载单方向的电压、电流波传播，这种工作状态也就是所谓的匹配状态。传输线工作于行波状态的条件是负载阻抗等于传输线特性阻抗的纯电阻，如常用的传输线特性阻抗有 $50\ \Omega$ 和 $75\ \Omega$ 两种。那么，要使这样的传输线工作在行波状态，负载阻抗应为 $50\ \Omega$ 或 $75\ \Omega$。

行波工作状态是电源向负载传输最大功率的状态，因此在能量传输系统中，如发射机到天线都希望工作在此最佳传输状态。

（2）驻波工作状态

如果传输线末端所接负载为开路或短路状态。传输线所传送的能量不能为负载所吸收将全部反射回来，此时传输线工作在驻波状态。驻波状态下传输线上同时有由电源向负载传送和由负载反射回电源的电压、电流波，两者大小相等，仅传播方向相反。大小相等、传播方向相反的电压波或电流波的合成效果是在传输线上形成电压驻波或电流驻波。开路线上驻波电压和电流的振幅分布如图 4-8（a），短路线上驻波电压和电流的振幅分布如图 4-8（b）。

（a）开路线的主要特点

在末端以及距末端 $\lambda/4$ 偶数倍的各点，驻波电压最大，而驻波电流为 0，阻抗最大，呈电阻性，相当于并联谐振；在距末端 $\lambda/4$ 奇数倍的各点，驻波电流最大，而驻波电压为 0，阻抗最小，呈电阻性，相当于串联谐振；线长小于 $\lambda/4$ 呈容性，相当一个电容；线长大于 $\lambda/4$ 而小于 $\lambda/2$ 时呈感性，相当于一个电感。

（b）短路线的主要特点

在末端以及距末端 $\lambda/4$ 偶数倍的各点，驻波电流最大，而驻波电压为 0，阻抗最小，呈电阻性，相当于串联谐振；在距末端 $\lambda/4$ 奇数倍的各点，驻波电压最大，而驻波电流为 0，阻抗最大，呈电阻性，相当于并联谐振；线长小于 $\lambda/4$ 呈感性，相当于一个电感；线长大于 $\lambda/4$ 而小于 $\lambda/2$ 时呈容性，相当于一个电容。

负载开路或短路给传输线输入阻抗带来的这些特点，使传输线在无线电技术中的应用有了重要的扩展。在超高频电路中，常用一定长度的短路线或开路线作串并联谐振回路或电抗元件。

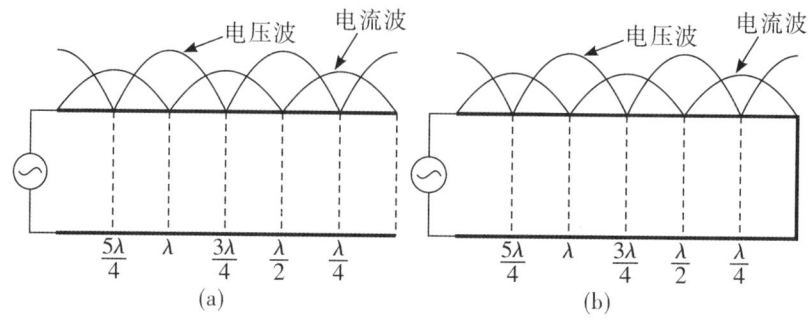

图 4-8 驻波电压和电流振幅分布

（3）行驻波工作状态

如果传输线末端所接负载不是纯电阻性，或虽是纯电阻性，但与传输线的自身特性阻抗不同时，会有部分能量由负载反射回电源，这时传输线上同时存在行波和驻波电压和电流，传输线工作在行驻波状态。实际上负载的阻抗多不等于传输线的特性阻抗，因此，为了减少反射能量，提高传输效率，在无线电技术中，常采用阻抗匹配网络将不等于特性阻抗的负载变换成为等于特性阻抗的负载，使传输线工作于行波状态。

4.3.2 传输线的应用及维护

1. 用作馈线

在高频电子设备中，从发射机到天线或从天线到接收机之间电磁能的传送都是用软同轴线完成的。为了有效地传送电磁能，应使传输线工作在行波状态。即应使负载阻抗等于传输线的特性阻抗。电子设备在出厂时，馈线已按技术条件与设备匹配好了。在工作中，不能随便更换馈线；必须更换时，要用电气参数相同（即同型号）、长度相同的馈线，否则，就会影响电子设备的正常工作。在工作中，若使用维护不当，会造成馈线连接处接触不良，产生接触电阻。这时不仅损耗电磁能，而且由于接触处阻抗的突变，引起电磁能反射，影响设备的正常工作。以上这些在维护工作中都是要必须注意的。

2. 用作金属绝缘支架

由于λ/4短路线的输入阻抗为无限大，当它和主传输线并联时，相当于绝缘介质,不影响电波的传播,因此,可以用它作绝缘支架。图 4-9 所示的为 λ/4 短路平行线和同轴线作的绝缘支架。金属绝缘支架具有强度大和不影响传输线特性阻抗的优点,但是,当电源频率改变时,短路线的输入阻抗减小,绝缘性能会变差。

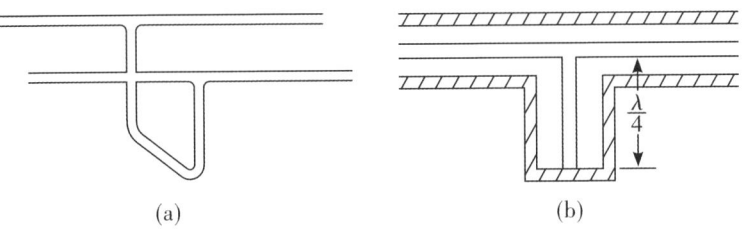

图 4-9 金属绝缘支架

3. 用作振荡回路

长度为 λ/4 和 λ/2 的短路线,可以分别等效为并联和串联谐振回路,因此可以用它作为振荡回路。用作振荡回路的短路线段,常叫作谐振线,如图 4-10 所示。用长度为 λ/4 的短路线构成并联谐振回路。在超高频振荡器中,有时采用长度小于 λ/4 的短路线作为振荡回路的电感元件。

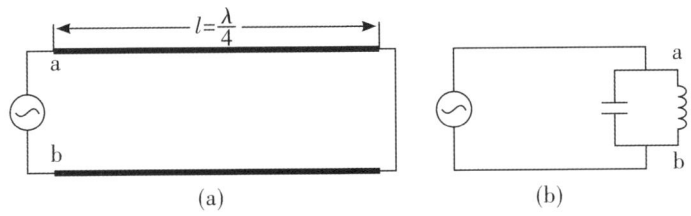

图 4-10 λ/4 短路线构成的并联回路

4. 用作延迟线

我们知道电磁能是以一定的速度 v 沿传输线传播的,就是说,电磁能通过长度为 L 的传输线,需要一定的时间 t,即 $t=\dfrac{L}{v}=L\sqrt{L_1C_1}$。式中 L_1C_1 为传输线单位长度上的分布电感和电容,因此可用传输线来延迟信号,用作延时的传输线叫作延迟线。

4.3.3 波导

随着电磁波波长的缩短,平行传输线的辐射损耗和电阻损耗,同轴线的介质损耗和电阻损耗越来越大。电磁波波长很短时,这种损耗已成为影响能量传输的突出矛盾。为了解决上述矛盾,人们采用波导来传输电磁能。

1. 波导的基本概念

用来传输高频电磁能的管子叫作波导。波导的种类很多，按材料来分有金属波导和介质波导；按外形分有矩形波导和圆形波导。在实际中，最普遍使用的是金属矩形波导。

波导为什么能传输电磁能呢？这只要弄明白波导是怎样形成的，就知道波导是怎样传输电磁能的。波导是在平行传输线的基础上发展起来的，它的中间是两根平行传输线，在平行传输线的两边并联许多矩形的 $\lambda/4$ 短路线。我们知道，$\lambda/4$ 短路线对平行传输线传输能量是没有影响的。如把许多矩形的 $\lambda/4$ 短路线排列得非常密，就形成了矩形波导。由此可知，矩形波导是能够传输电磁能的。

同传输线相比，波导有许多优点，主要是：波导的导电表面大，电阻损耗小；波导内不需用绝缘物支撑，介质损耗小；波导传输的电磁波都封闭在金属管内，没有辐射损耗；以及波导的结构坚固等等。波导的缺点主要是频率应用范围受到波导尺寸的严格限制。因为形成波导的 $\lambda/4$ 短路线是对一定波长说的。如果波长变长了或变短了，短路线就不再为 $\lambda/4$ 了，这样就不能使电磁能顺利地传输，有一部分就要被反射回去。因此，波导只能传输波长 $\lambda=2a$ 的电磁波，其中 a 为波导半径。

2. 电磁波在波导中的传播

（1）边界条件

交变电磁场和金属表面之间相互关系的准则，就是在波导表面不能存在平行于表面的交变电场，只能存在垂直于表面的交变电场；不能存在垂直于表面的交变磁场，只能存在平行于表面的交变磁场。这一准则，通常称为电磁波在金属表面的边界条件。

（2）电磁波在波导中的传播

波导传输电磁能的过程，也就是互成交角的横电磁波在波导中不断反射、并沿曲折途径传播的过程。电磁波的电场方向、磁场方向和传播的方向三者是互相垂直的，这种电磁波称为横电磁波。在横电磁波中，电磁波的传播方向可根据右手螺旋定则确定。

（3）波导的激励

为了将电磁能量输入波导或从波导中输出电磁能量，就需在波导中设置激励装置或耦合装置。激励与耦合的过程虽然不同，但是能量交换的原理却是相同的。因此，同一装置可以起两种作用。常用的激励装置有探针、线环和窗口三种。

（a）探针激励

同轴线的外导体和波导管壁连接，同轴线的内导体伸入波导中，伸入到波导中的部分就叫作探针。当同轴线接有高频电源时，就会在探针周围建立起交变的电场。

探针激励的强弱同探针放置的位置、方向以及探针的长度有关，通常探针放在宽边中央。且探针的方向同电场平行时，激励最强；探针的长度越短，激励越弱；探针的长度增加到 $\lambda/4$ 时，激励就最强。

(b) 线环激励

同轴线的外导体同波导管壁连接，并将伸入到波导中的内导体做成环状，环状的内导体就叫作线环，或叫耦合环。当同轴线接有高频电源时，就会在线环周围产生交变的磁场。线环激励的强弱与线环平面放置的位置有关。通常，线环平面同所需激励的磁场垂直时，激励最强；平行时，激励最弱。如果放置的位置一定，激励的强弱还同线环的面积成正比。

(c) 窗口激励

波导的激励还可以通过开设在波导管壁上的窗口来实现。由于窗口会割断管壁电流，因此波导 1 所传输的电磁能可以通过窗口而辐射到波导 2 中，改变窗口的大小，就可以改变激励的强弱。

4.4 天线

天线是用来发射和接收无线电波的装置。发射天线将高频电流能量转换成向空中辐射的电磁波能量；接收天线把从空中传来的电磁波能量还原成高频电流能量。因此，天线是各种无线电设备中电波的出入口。飞机无线电设备使用的天线种类较多，并且各有特点，但是，各种各样的天线有着共同的原理。下面以典型的半波对称振子天线为例，简要说明天线的基本原理，然后介绍发射与接收机的特点及维护天线的注意事项。

4.4.1 天线辐射无线电波的原理

半波对称天线如图 4-11 (a) 所示，它是由两根长度为 $\lambda/4$ 的金属导线（又叫振子）组成的；两根金属导线中间接有自发射机来的高频电信号，由于天线总长为 $\lambda/2$，而且两根金属导线均不接地，因此，这种天线叫作半波对称天线。

当高频信号加到天线上时，在天线周围便产生交变电磁场，并辐射无线电波,为什么两根金属导线就能起到这种作用呢?我们还得从 λ/4 末端开路的传输线说起。

λ/4 末端开路传输线上的电压,电流分布如图 4-12,开路端为电压波腹和电流波节,输入端为电流波腹和电压波节。与高频电源信号同频率变化的驻波电压和电流,产生交变的电场和磁场。但是,这种交变的电场和磁场主要集中在开路线之间,辐射不出去,因此,λ/4 开路线不能作天线。

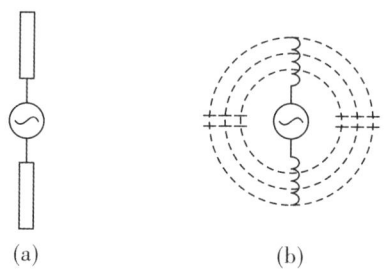

图 4-11 半波对称天线及其等效电路

当把 λ/4 开路线完全张开,它就成为半波对称天线,其等效电路如图 4-11(b)所示。这时,交变的电场和磁场完全暴露在天线周围的空间。它们就可以向外扩散、传播,从而达到辐射无线电波的目的。

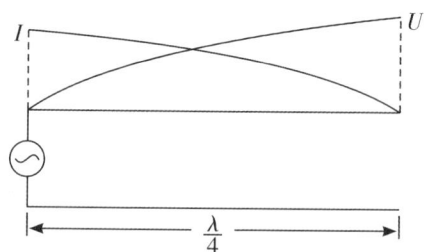

图 4-12 λ/4 开路线上的电压电流分布

实践证明,半波对称天线的振子长度等于无线电波的 λ/4 时,天线辐射最强;振子长度小于 λ/4 时,天线辐射就减弱。这是因为,振子为 λ/4 时,驻波电流最大,因而辐射最强;振子小于 λ/4 时,驻波电流减小,因而辐射就弱。

此外,为了使发射机的高频能量全部送到天线并发射出去,天线的输入阻抗必须与传输线的特性阻抗匹配。如果天线输入阻抗与传输线的特性阻抗不匹配,就有一部分能量返回发射机,使天线发射的能量相应地减小,这样将会使无线电设备的作用距离缩短。

无线电波在空间传播时,其电场方向或垂直于地面,或水平于地面,这种现象叫作无线电波的极化,电场的方向就是无线电波的极化方向。天线振子垂直于地面时，天线辐射无线电波的电场是垂直于地面的，电场垂直于地面的无线电波叫作垂直极化波。天线振子水平于地面时，无线电波中的电场与地面平行，这种无线电波叫作水平极化波。还有一种极化波，它的电场是绕着前进方向而旋转的叫作旋转极化波。它是由特殊构造的天线发射的。了解无线电波的极化方向，对于有效地接收无线电波是有着实际意义的。因为垂直极化波只有与地面垂直的天线才能接收，水平极化波只有与地面平行的天线才能接收。

4.4.2 天线接收无线电波的原理

当空间传来的无线电波掠过天线时，电波与天线轴线平行的电场，将使导线中的自由电子随电场的变化而来回运动。因而在天线中就产生了与电波频率相同的交变电流与电动势。这说明，天线能将无线电波接收下来，转化为高频电信号。

天线所接收的无线电信号经传输线送到接收机去，天线对于接收机来说，相当于一个高频信号源，接收机则相当于天线的负载。如果无线电波中的电场不与天线振子平行而有一个夹角时，天线所接收的信号强度就要减弱；如果电场与天线振子成90°夹角时，天线就接收不到信号。所以，只有当天线振子与无线电波的极化方向一致时，接收的信号强度才最强。根据这个道理，半波对称天线接收无线电波时也具有方向性，并且其方向性与天线作发射时的方向性完全一样，这种一致性叫作天线的互易性。天线的互易性不单是半波对称天线所独有，而是所有天线都具有的。因此，研究任何天线只要研究了它在发射时的情形，便知道了它在接收时的情形。

4.5 发射机与接收机

4.5.1 无线电发射机

发射机的作用是将需要传送的信号转化为高频信号，以便借助天线将高频信号转换成无线电波发射出去。

1. 发射机的基本组成

一台无线电发射机应包括四个组成部分：一是传输对象的变换与放大。这一部分的频率较低叫作"低频部分"。二是高频振荡的产生、放大与调制，统称"高频部分"。三是天线与传输线。四是直流电源部分。图 4-13 画出了调幅发射机的基本组成框图，直流电源部分未画出。

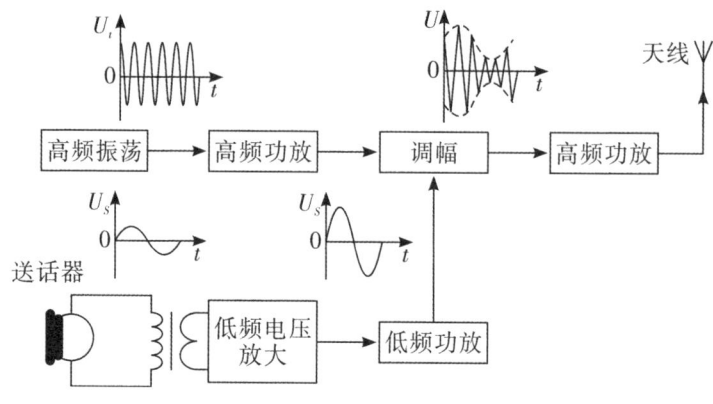

图 4-13　发射机的基本组成

发射机的任务是把声音转化为无线电波，要完成这个任务，通常需要经以下过程：

（1）声音信号转化为低频电信号

送话器是用来把声音信号转化为电信号的。声音是一种空气的机械振动，送话器能够在这种振动的作用下，在其电路中引起反映声音信号规律的相应电信号。因为人的讲话声音频率大多在 300～3 000 赫兹范围内，所以通常把这种电信号称为低频电信号或声频电信号。由送话器转化出来的电信号还很微弱，而我们需要的是较强的电信号。因此，在发射机的组成中，送话器后面加有低频放大器。

（2）低频电信号转化为高频电信号

因为低频电信号难以有效地转化为无线电波，所以还必须把低频电信号转化为高频信号，即用低频电信号去控制高频载波的某一个参数，以把低频信息寄载在高频振荡上，这个过程就是所谓的调制。要完成这个过程，首先要产生一个连续正弦振荡的高频载波，它由振荡器完成。高频振荡器所产生的电振荡的频率不一定恰好等于所需要的载波频率，可能是后者的若干分之一，且电压一般比较小，需要用倍频器提高到所需要的频率值，再用高频放大器放大到一定的强度，而后再将低频信息寄载到高频振荡上。图 4-13 中的波形图清楚地表明了这一过程，其调制的方式是使高频信号的振幅随着低频信号的规律变化，即振幅调制。

为了提高发射机的发射功率，在调幅器后面又加了一级高频功率放大器。

(3)高频电信号转化为无线电波信号

完成这个转化的装置是天线。高频电信号加在天线上,能够在天线周围产生交变电磁场,并向周围空间传播出去。这种随着高频电信号规律变化向空间传播的交变电磁场就是无线电波信号;高频电信号愈强,无线电波也愈强。

综上所述,发射机在各组成部分的共同作用下,把声音信号转化为无线电波信号并向空间发射出去,完成了发射信号的任务。

2. 发射机的主要性能指标

发射机的性能指标是根据实际工作需要确定的,讨论目的是理解决定性能的因素和知道性能变化的原因和规律,以在实际维护工作中切实保证达到规定的性能指标。

(1)输出功率

发射机的输出功率是指输送到天线的高频电信号功率,它是决定通信距离和通信可靠性的重要因素之一。因此,为了保证通信的保密性,以及减小电台间的相互干扰,输出功率的大小以能保证可靠的通信为宜。在军用发射机中,为了适应不同的通信距离,专门设有调节输出功率的装置。

(2)工作频率准确稳定

发射机的工作频率是指高频信号的频率,它应准确地符合所规定的数值,如果工作频率不稳定忽高忽低,就会使接收一方有时漏掉信号,甚至联络中断,不能可靠地进行通信。

(3)总效率

发射机的总效率是发射机输出功率 P_0 与发射机所消耗的全部电源功率 P_i 之比,即 $\eta_\Sigma = P_0/P_i$。总效率越高,说明在输入功率一定时,发射机自身消耗的功率越小,输出功率越大。

除了上述电气方面的指标以外,根据军用的需要,在结构方面,还要求发射机的体积小,重量轻,机械装置牢固,并具有良好的防潮、防震及耐热等性能。

4.5.2 无线电接收机

接收机的工作过程恰好和发射机相反,它的基本任务是将空中传播的电磁波接收下来并把它恢复成为原来的信号。最简单的接收机的构造可以用图 4-14 的方框图来表示。

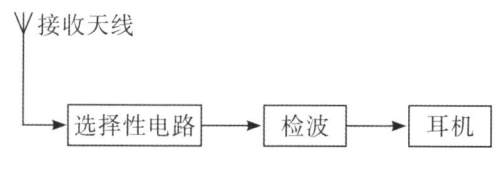

图 4-14 最简单接收机的方框图

接收来自空中电磁波的任务由接收天线完成。这里必须注意的是,由于空中电磁波信号很多,以广播为例,在同一时间内,接收天线所收到的信号不仅有我们希望收听的电台信号而且包括若干个来自不同电台的,具有不同载频的无线电信号。因此,在接收天线之后,应该有一个选择性电路,它的作用是把所要接收的无线电信号挑选出来,并把不要的信号滤掉,以免干扰。选择性电路就是由电感线圈 L 和电容 C 组成的谐振回路。收听广播时,我们总要调节选台旋钮,实际上是在调节谐振回路的可变电容器,把谐振回路的谐振频率调谐到我们所要收听的电台频率上。选择性电路的输出就是某个电台的高频调幅波。利用高频调幅波直接负载耳机的话,收信装置是无法听到任何声音的(因为人耳最高的分辨频率为 2 万赫兹左右,因此还必须先把它恢复成原来的音频信号。这种从高频调幅波中检取出音频信号的过程叫作检波(也叫作解调),相应的部件叫作检波器或解调器。把检波器获得的音频信号输出至耳机,就可以收听到所需要的广播节目。

上述只是接收机最基本的组成和工作过程,这种最简单的接收机叫作直接检波式接收机,实际的接收机比这复杂。这是因为:①从天线得到的信号非常微弱,一般只有几十微伏至几毫伏。因此,通常在选择性电路和检波器之间插入一个高频放大器,高频放大器的电压放大倍数约为几百倍至几万倍,使送至检波器的高额信号电压为几百毫伏。②检波器输出的音频信号用耳机收听就足够了,若负载功率大一点的扬声器则输出功率过低,因此检波器后需加音频放大器把音频信号加以放大,再去负载扬声器。这种带有高频放大器的接收机,叫作高放式接收机。但这种接收机选择性不太好,调谐也比较复杂,因此现代的接收机几乎都采用超外差式。

1. 超外差式接收机

(1) 超外差式接收机的基本组成

超外差式接收机的组成如图 4-15 所示,它与直接放大接收机相比多了变频器和中频电压放大器。变频器的作用是将外来的调幅信号的载波频率降低一些,降低后的频率称为中频。然后把中频信号加到中频放大器进行放大，再进行检波。

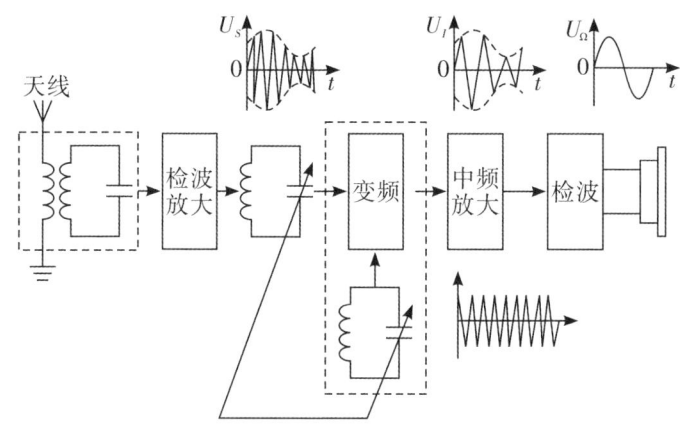

图 4-15 超外差式接收机的组成

（2）超外差式接收机的基本工作原理

超外差式接收机的主要特点是：先由变频器把被接收的高频调幅信号的载波频率变为频率较低的而且是固定不变的中间频率 f_T 叫作中频，例如，广播收音机的中频大都是 465 千赫，电视广播接收机图像部分的中频是 37 兆赫，雷达和微波通信机的中频在十几兆赫至几十兆赫，再利用中频放大器放大，然后检波。

变频器是怎样把调幅信号的载波频率降低的呢？原来变频器本身有一个高频振荡器，这个振荡器产生等幅正弦波 U_L，当外来调幅信号 U_S 加到变频器后，调幅信号和等幅正弦波便在变频器中相混合，混合之后，产生一个新的频率。这个新的频率正好等于等幅正弦波和调幅信号载频两频率之差叫作中频。中频信号的频率比调幅信号 U_S 的载波频率低得多，因此可以进行多级放大。此外，由图 4-15 我们看到，变频器产生的正弦波的频率是可以改变的。并且它是和输入回路，高频电压放大器的调谐回路一起调整，即输入信号的频率升高时，正弦波的频率也作相应的升高；输入信号的频率降低时，正弦波的频率也作相应的降低。这样就使变频器输出信号的中频是固定的，中频固定有很多好处，中频电压放大器的回路不需要经常调整，这样即可采取多级放大，又减少了调谐的复杂性；同时，还便于采取适当措施，使保真度获得改善。因此超外差式接收机具有灵敏度高、选择性好和保真度高的优点，在飞机无线电设备中得到广泛的应用。

2. 超外差式接收机的主要性能指标

接收机的主要性能指标，从电气方面来说，主要有以下三项：

(1) 灵敏度

灵敏度表示接收机接收微弱信号的能力。

如果一部接收机能够接收到很微弱的信号,那么它的灵敏度就高;反之,只能接收较强的信号,那么它的灵敏度就低。接收机接收微弱信号的能力不仅与接收机总的放大倍数有关,而且还受到接收机内部噪声的限制。因为在对信号放大的同时,接收机内部噪声也同样得到了放大,所以,只有当信号噪声比(U_s/U_n)维持在一定数值以上时,增大接收机的总放大倍数,才能提高其接收微弱信号的能力。因此,灵敏度的含义是保证接收机输出一标准电压(或功率),并维持输出端信噪比一定的条件下,接收天线上所需的信号电动势的最小值。

飞机上的无线电接收机的灵敏度较高,一般为几微伏到几十微伏;广播接收机的灵敏度较低,一般为几十微伏至几百微伏。

(2) 选择性

选择性表示接收机选择所需信号及抑制干扰的能力。选择所需信号和抑制干扰的任务是由接收机中的谐振回路来承担的。因此,接收机选择性的好坏取决于接收机中谐振回路的质量(Q 值)和数量等因素。如果一部接收机中的谐振回路的数目多,而且质量好(Q 值高),这部接收机就能从天线输入的许多不同频率的信号中,选择出所需信号,同时,还能较好地滤除不需要的信号,具有较好的选择性。反之如果接收机中的谐振回路的数目少,而且质量也不好(Q 值低),则它的选择性就差。

(3) 保真度

保真度表示接收机输出的低频电压(电流)波形,与所接收的高频信号的包络形状相似的程度。接收机的频率失真和非线性失真越小,保真度就越高。

以上几方面的性能指标,对一部接收机来说,往往不可能也不需要同时都要求很高,而是根据需要和可能有所侧重。例如:对军用接收机来说,一般侧重灵敏度和选择性对保真度的要求,可以不十分严格,只要听得清楚就行了。

第五章　半导体器件及其应用电路

晶体二极管和晶体三极管是晶体管无线电设备中最重要的两种电子器件,它们和其他无线电元件(电阻、电容、电感、变压器等)按一定规律结合起来,就能构成各种家用电器甚至是用于实战的军用电台和各种电子仪器。因此,掌握晶体二极管、三极管的特性和理解它们的工作原理,是今后学习、使用、维修晶体管无线电设备的重要基础。

第五章 半导体器件及其应用电路

5.1 半导体二极管

5.1.1 本征半导体

本征半导体就是完全纯净的、具有晶体结构的半导体，用得最多的半导体材料是硅和锗。将硅和锗材料提纯并形成单晶体后，所有原子便基本上排列整齐，其平面示意图如图5-1所示。它们都是四价元素，原子外层有四个价电子。每一个原子与相邻的四个原子结合，每个原子的一个价电子与另一个原子的一个价电子组成共价键结构。在获得一定能量（热、光等）后，少量价电子即可挣脱原子核的束缚而成为自由电子。同时在共价键中就留下一个空位，称为空穴。

在外电场的作用下，自由电子作定向移动，形成电子电流。带正电的空穴吸引相邻原子中的价电子来填补，而在该原子的共价键中产生另一个空穴。空穴被填补和相继产生的现象，可以理解为空穴在移动，形成空穴电流。因此，在半导体中同时存在着电子导电和空穴导电。自由电子和空穴都称为载流子。在本征半导体中自由电子和空穴总是成对出现，同时又不断复合。

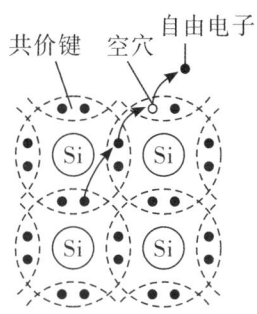

图5-1 本征半导体中自由电子和空穴的形成

5.1.2 N型半导体和P型半导体

1. N型半导体

在纯净的锗、硅晶体中掺入少量的五价元素，就得到N型半导体。常用的五价元素有磷（P）、砷（As）、锑（Sb），它们的共同特点是在原子结构中，最外层的电子（价电子）都是五个。五价的杂质在锗、硅中能够很容易地施放出电子，所以叫作施主杂质。已施放出一个电子后的施主，叫作施主离子，带电荷。在室温下，施主杂质并不都全部成为施主离子。通常把 N 型半导体中的自由电子称为多数载流子，空穴称为少数载流子。反过来说，凡是多数载流子为电子、少数载流子为空穴的半导体，都称为 N 型半导体。

2. P 型半导体

在纯净的锗、硅晶体中掺入少量的三价元素，就得到 P 型半导体，常用的三价元素有硼（B）、铝（Al）、镓（Ln）等，这些元素原子的最外层电子（即价电子）都是三个。三价的杂质在锗、硅中能接受电子而产生空穴，所以叫作受主杂质。接受了一个电子后的受主，带负电荷，叫作受主离子。和 N 型半导体相类似，在 P 型半导体中也存在着在数量上很大的两种不同性质的载流子。不过在 P 型半导体中多数载流子是空穴，少数载流子是自由电子，我们把多数载流子是空穴、少数载流子是电子的半导体都称为 P 型半导体。

5.1.3 PN 结及其单向导电性

如果在一块本征半导体单晶里面，掺进去不同的杂质，使得这块半导体的一部分成为 P 型半导体，另一部分成为 N 型半导体，那么在 P 型和 N 型半导体交界的地方，就形成一个 PN 结。PN 结是构成晶体二极管、三极管、集成电路等多种半导体器件的基础。

当在 PN 结上加正向电压，即电源正极接 P 区，负极接 N 区时，如图 5-2，P 区的多数载流子空穴和 N 区的多数载流子自由电子在电场的作用下通过 PN 结进入对方，两者形成较大的正向电流，此时 PN 结呈现低电阻，处于导通状态。

当在 PN 结上加反向电压时，如图 5-2，P 区和 N 区的多数载流子受阻难以通过 PN 结。但 P 区的少数载流子自由电子和 N 区的少数载流子空穴在电场的作用下却能通过 PN 结进入对方，形成反向电流。由于少数载流子数量很少，因此反向电流极小。此时 PN 结呈现高电阻，处于截止状态。

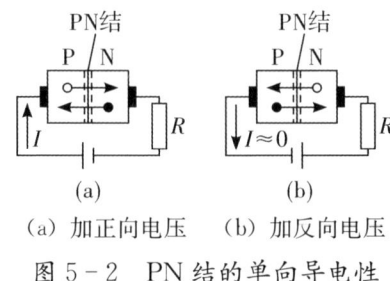

（a）加正向电压　（b）加反向电压

图 5-2　PN 结的单向导电性

5.1.4 半导体二极管

1. 基本结构

将 PN 结加上相应的电极引线和管壳，就称为半导体二极管。按结构分，二极管有点接触型和面接触型两类。点接触型二极管（一般为锗管）如图 5-3（a）所示。它的 PN 结结面积很小，因此不能通过较大电流，但其高频性能好，故一般适用于高频和小功率的场合，也用作数字电路中的开关元件。面接触型二极管（一般为硅管）如图 5-3（b）所示。它的 PN 结结面积大，故可通过较大的电流，但其工作频率较低，一般用作整流。图 5-3（c）是二极管的表示符号。

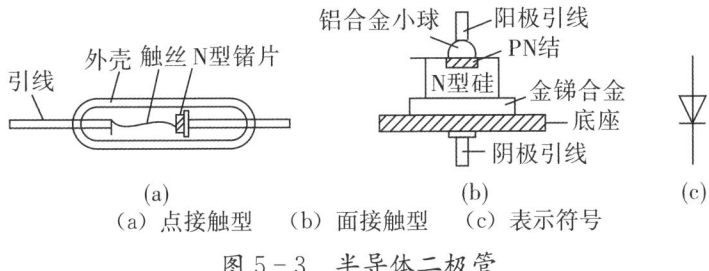

(a) 点接触型　(b) 面接触型　(c) 表示符号

图 5-3　半导体二极管

2. 伏安特性

PN 结既然是一个 PN 结，它当然具有单向导电性，其伏安特性曲线如图 5-4 所示。由图可见，当外加正向电压很低时，正向电流很小，几乎为零。当正向电压超过一定的数值后，电流增大很快。这个一定数值的正向电压称为死区电压。通常，硅管的死区电压约为 0.5 V，锗管为 0.1 V。导通时的正向压降，硅管为 0.6~0.7 V，锗管为 0.2~0.3 V。

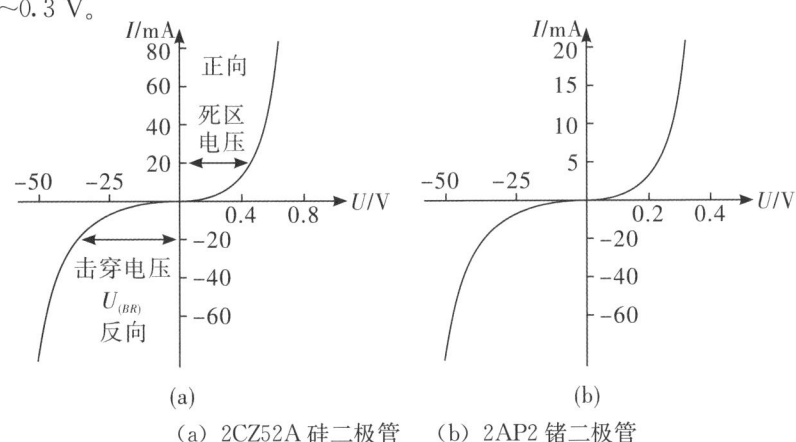

(a) 2CZ52A 硅二极管　(b) 2AP2 锗二极管

图 5-4　二极管的伏安特性曲线

在二极管上加反向电压时,反向电流很小。但当把反向电压加大至某一数值时,反向电流将突然增大。这种现象称为击穿,二极管失去单向导电性。产生击穿时的电压称为反向击穿电压 $U_{(BR)}$。

3. 主要参数

二极管的特性除用伏安特性曲线表示外,还可用一些数据说明,这些数据就是二极管的参数。二极管的主要参数有下面几个。

(1) 最大整流电流 I_{OM}

最大整流电流是指二极管长时间使用时,允许流过二极管的最大正向平均电流。点接触型二极管的最大整流电流在几十毫安以下。面接触型二极管的最大整流电流较大。当电流超过允许值时,将由于 PN 结过热而使管子损坏。

(2) 反向工作峰值电压 U_{RWM}

它是保证二极管不被击穿而给出的反向峰值电压,一般是反向击穿电压的一半或三分之二。点接触型二极管的反向工作峰值电压一般是数十伏,面接触型二极管可达数百伏。

(3) 反向工作峰值电流 I_{RM}

它是指在二极管上加反向工作峰值电压时的反向电流值。反向电流越大,说明二极管的单向导电性能差,并且受温度的影响大。硅管的反向电流较小,一般在几个微安以下。锗管的反向电流较大,为硅管的几十到几百倍。

二极管的应用范围很广,主要都是利用它的单向导电性。它可用于整流、检波、限幅、元件保护以及在数字电路中作为开关元件。

5.2 半导体三极管

5.2.1 三极管的结构

三极管是具有三个电极的半导体器件,管子的三个电极分别称发射极(E)、基极(B)和集电极(C)。工作频率较高的小功率管,除了这三个电极外,还有供屏蔽用的电极(D),大功率管的集电极通常均与金属外壳相连。

三极管的内部由两个反向的 PN 结构成。这两个 PN 结是由三层半导体区形成的,根据三层半导体区的排列方式不同,可分为 PNP 型和 NPN 型两种类型,如图 5-5 所示。三个电极对应于内部三个区域，分别称为发射区、基区和集电区。发射区与基区之间的 PN 结称为发射结，集电区与基区之间的 PN 结称为集电结。

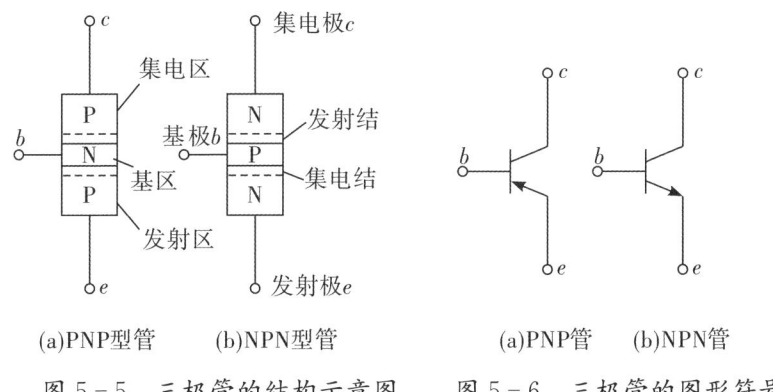

图 5-5　三极管的结构示意图　　图 5-6　三极管的图形符号

两种不同类型三极管的符号如图 5-6 所示。它们的区别仅在于发射极箭头的方向，由于发射极的箭头方向表示发射结正向偏置时的电流方向，因此从它的方向即能判别管子是 PNP 型还是 NPN 型。

为了保证三极管具有电流放大作用，三极管在制造时基区做得很薄，一般只有 1 微米至几十微米厚，因此，如果将两个二极管（相当于两个 PN 结）用导线串联起来是不能起到三极管的作用的。三极管在使用时，发射极与集电极一般不能互换。NPN 和 PNP 两种类型，按其选用的半导体材料的不同，都有硅管和锗管之分。

5.2.2　三极管的电流放大作用

三极管结构上的特点决定了三极管具有电流放大作用，但为了实现其电流放大作用，还必须具备一定的外部条件，这就是要给三极管的发射结加正向电压，给集电结加反向电压。图 5-7 中给出了 NPN 型管的电源接法，E_B 是基极电源，E_C 是集电极电源，E_B 的极性应使发射结处于正向偏置，E_C 的极性应使集电结处于反向偏置，因此三个电极的电位关系是 $V_C > V_B > V_E$。如果是 PNP 型管则应改变电源极性，使 $V_C < V_B < V_E$。

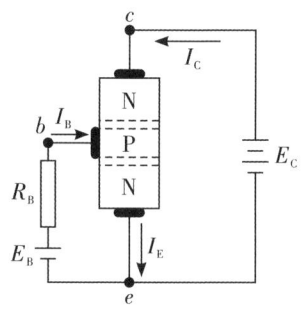

图 5-7 三极管电源接法

5.2.3 三极管的特性曲线

由于三极管有三个电极,因此在应用中必然有某个电极构成输入和输出的公共端,按其公共端的不同,分别有共射、共基和共集组态,图 5-8 示出了这三种组态。不论接成哪种组态,都有一对输入端和一对输出端,因此,要完整地描述三极管的伏安特性,就有输入特性曲线和输出特性曲线。实际的特性曲线通常都是用实验方法逐点测绘出来,或者用晶体管特性图示仪直接在荧光屏上显示得到的。

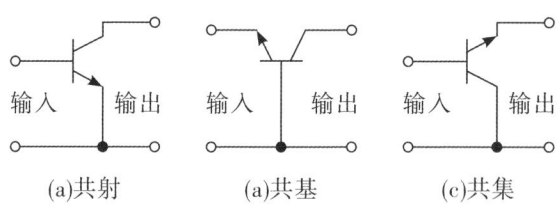

图 5-8 三极管电路的三种组态

由于共射极组态在电子电路中应用广泛,下面仍以 NPN 型管为例,讨论共射极的特性曲线。当三极管接成共射组态时,输入端的电流为 i_B、电压为 V_{BE};输出端的电流为 i_C、电压为 V_{CEO} 测量共射极特性曲线的原理电路,如图 5-9 所示。

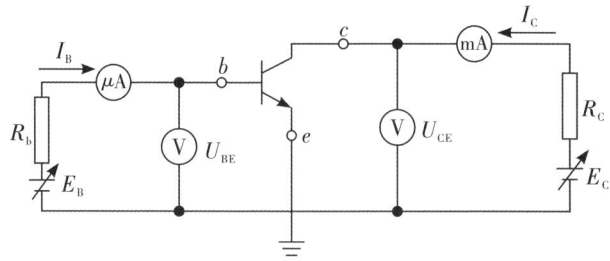

图 5-9 测量共射极伏安特性曲线的电路

1. 共射极输入特性曲线

实际测试时,要求在每一个固定的 V_{CE} 值下,测出 I_B 与 V_{BE} 之间的一一对应关系。图 5-10 所示为一组实测的输入特性曲线。输入特性曲线有下列特征:

(1) $V_{CE}=0$ 时,使 C 与 E 短接,此时 I_B 与 V_{BE} 之间的关系,实际上反映了发射结与集电结两个 PN 结并联后的正向特性曲线。

(2) V_{CE} 增大时,输入特性曲线右移,这反映了 V_{CE} 对输入特性的影响,特性曲线右移表明在同样 V_{BE} 下,I_B 将减小。这是因为 V_{CE} 增大时集电结电场增强,使注入基区的电子更多地被拉向集电极,从而使基极电流减小。V_{CE} 愈大,曲线愈向右移,但从 V_{CE} 大于 1 V 以后,曲线基本重合。因此,在《半导体器件手册》中,通常只给出 $V_{CE}=0$ 和 $V_{CE}=2$ V 时的输入特性曲线。

由图 5-10 的曲线可以看出,三极管的输入特性曲线是非线性的。当输入电压大于某一开启值时,管子才导通,这个开启电压又叫作阈值电压,对于硅管约为 0.5 V,对于锗管为 0.2 V。当管子正常工作时,V_{CE} 变化不大,硅管为 0.6~0.7 V,锗管为 0.2~0.3 V。

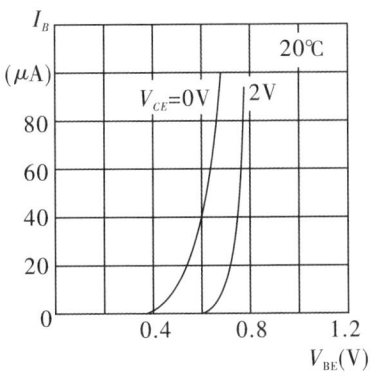

图 5-10 共射极的输入特性曲线

2. 共射极输出特性曲线

实际测试时,先维持 i_B 为一固定值(例如 40 μA),再逐渐加大 E_C,可测量出 i_C 与 V_{CE} 之间的伏安特性如图 5-11 (a) 所示,当取不同的 i_B 值时,可得到一组输出特性曲线,如图 5-11 (b) 所示。

输出特性曲线可以分为下列三个区域:

(1) 放大区

放大区是图 5-11 (b) 中 $i_B>0$ 和 $V_{CE}>V_{CEO}$ 的区域。管子在放大区的特性是:i_C 由 i_B 决定,而与 U_{CE} 的关系不大。当 i_B 固定时,i_C 基本不变,具有恒流的特性；当 i_B 变化时，i_C 有相应的变化，表明 i_C 是受 i_B 控制的受控源，有电流放大作用。

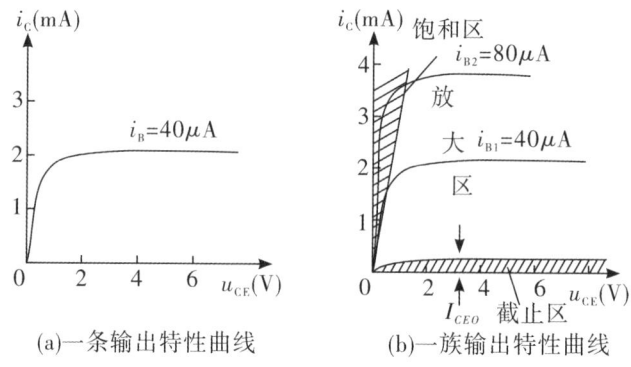

(a)一条输出特性曲线　　(b)一族输出特性曲线

图 5-11　共射极输出特性曲线

(2) 截止区

截止区是图 5-11（b）中 $i_B=0$ 曲线下面的阴影区部分。在基极开路时，$i_B=0$，此时 $i_C=i_E$，常用 I_{CEO} 标志，称为穿透电流。在 $I_B=0$ 时的 I_C 值为：

$$I_{CEO} = (1+\beta) I_{CBO}$$

硅管的 I_{CEO} 很小，对应于 $i_B=0$ 的输出特性曲线基本上与横轴重合；锗管的 I_{CEO} 则较大。

(3) 饱和区

饱和区是图 5-11（b）中 V_{CE} 较小，此时的 V_{CE} 值常称为三极管的饱和压降 V_{CES}。小功率硅管的 V_{CES} 通常小于 0.5 V。此时，i_C 不能随着 i_B 的增大而成比例地增大，三极管失去了线性放大作用，这种情况称为饱和。

5.2.4　三极管的主要参数

三极管的参数用来表示其性能，在选择和使用三极管时要注意以下一些主要参数。

1. 电流放大倍数

(1) 射极直流电流放大系数 $\bar{\beta}$ 是指直流 I_C 与 I_B 的比值为 $\bar{\beta}=\dfrac{I_C}{I_B}$。

(2) 发射极交流电流放大系数 $\tilde{\beta}$ 是指当 V_{CE} 固定不变时，i_B 的变化量 Δi_B 和所引起的 i_C 相应变化量 Δi_C 之间的比值为 $\tilde{\beta}=\dfrac{\Delta i_C}{\Delta i_B}$（$V_{CE}$=常数）。

2. 极间反向电流

三极管的极间反向电流有集电结反向电流 I_{CBO} 和集电极、发射极间的穿透电流 I_{CEO}，从测试的角度看，I_{CBO} 可用图 5-12 的电路测得，I_{CEO} 可用图 5-13 的电路测得。前面已表明：I_{CEO} 是 I_{CBO} 的 $(1+\beta)$ 倍。由于 I_{CBO} 是由少子产生的，少子的数量随温度上升而增加，所以 I_{CBO} 随温度上升而增大，通常每升高 10 ℃，I_{CBO} 约增大一倍。I_{CBO} 增大使 I_C 相应增加，这就使三极管的 I_C 随温度而变，影响三极管的温度稳定性。因此，在选管时要求 I_{CBO} 愈小愈好，为使 I_{CEO} 亦小，不要盲目追求 β 值过大的管子。

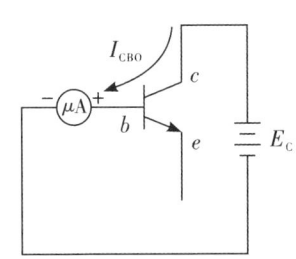 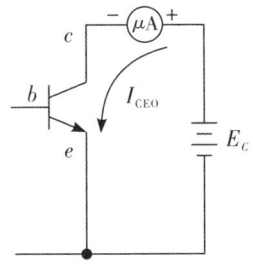

图 5-12　极间反向电流 I_{CBO}　　图 5-13　穿透电流 I_{CEO}

3. 三极管的极限参数

三极管的极限参数是三极管正常工作时，最大的电流、电压和功率等的极限数值，它关系到三极管的安全运用问题。

(1) 集电极最大允许电流 I_{CM}。集电极电流过大后，三极管的 β 值会降低，使 β 值下降到正常值的 2/3 时的集电极电流称为集电极最大允许电流。

(2) 集-射极击穿电压 $V_{(BR)CEO}$。基极开路时，加在集电极和发射极之间的最大允许电压，称为 $V_{(BR)CEO}$。通常管子的击穿是可逆的，即不致损坏管子性能，但如果击穿后的功耗超过 P_{CM} 值，则会导致热击穿而损坏管子。

(3) 集电极最大允许耗散功率 P_{CM}，这是从发热角度对三极管提出的限制条件。

5.3　晶体管放大电路

晶体管放大电路的组成如图 5-14 所示，一般由电压放大电路和功率放大电路两部分组成。先由电压放大电路将微弱的电信号加以放大去推动功率放大电路，再由功率放大电路去推动执行电路。

本节讨论由分立元件组成的放大电路,着重介绍共发射极电压放大电路及级间耦合方式。

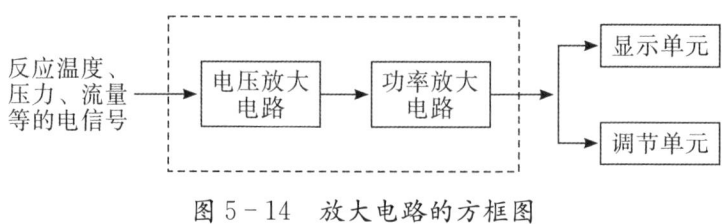

图 5-14 放大电路的方框图

5.3.1 电压放大电路的基本原理

1. 放大电路的组成

图 5-15 是共射极基本放大电路,输入端接交流信号源 e_S,信号源内阻为 R_S;放大器输入端电压为 V_i,输出端外接负载是 R_L,输出电压为 V_O。电路中各元件作用如下:

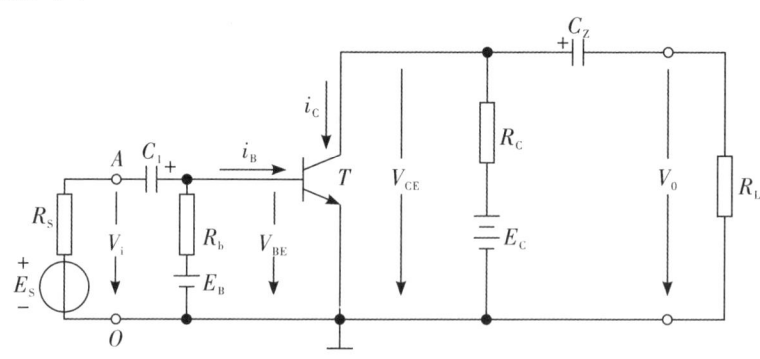

图 5-15 共射极放大电路

(1) 三极管 T,图中采用的是 NPN 型管,由于三极管是个电流放大元件,使 $i_C = \beta \cdot i_B$。

(2) E_B 为基极输入回路的偏置电源,使发射结获得正向偏置;E_C 为集电极输出回路的电源,使集电结获得反向偏置。因此,三极管工作在放大状态。

(3) 基极电阻 R_b,与电源 E_B 一起,为基极提供一个合适的直流电流 I_B,该电流通常称为偏置电流,因此 R_b 又称为基极偏流电阻。

(4) 集电极电阻 R_C,它将集电极电流 i_C 的变化转换成集—射之间的电压 V_{CE} 的变化。可以设想,如果 $R_C = 0$,则 $V_{CE} = E_C$,在有输入信号 V_i 引起 i_C 变化的情况下也仍然如此,所以没有交流信号可传送给负载 R_L。有 R_C 后,i_C 的变化引起

R_C 上电压的变化,从而引起 V_{CE} 的变化,这个变化的电压就是输出电压 V_O。

(5) 耦合电容 C_1 和 C_2,也称隔直电容。我们知道,电容的容抗与频率有关,对于直流,容抗等于无穷大,相当于把电容支路断开,从而避免了信号源与放大电路之间、放大电路与负载之间直流电流的互相影响;对于交流,由于电容的容量选得足够大,在输入信号频率范围内的容抗很小,电容两端的交流压降可以忽略不计,于是交流信号能无衰减地通过电容传送过去。因此,电容 C_1 和 C_2 的作用可概括为"隔离直流、传送交流"。

电路图中,符号"⊥"表示接机壳或接底板,常称"接地",并不真正接到大地的地电位,只表示电路的参考零电位点。因此,电路中各点的电位,实际上就是该点与参考零电位点之间的电压(即电位差)。例如 V_C 就是指集电极对"地"的电压。

对于图 5-15 的电路,在实际应用中为了简化电路,通常采用单电源供电,如图 5-16(a)所示,使 $E_B=E_C$。此外在画图时,往往省略电源符号,只标出电源电压的端点 $+V_{CC}$,这样就得到了图 5-16(b)所示的习惯画法。

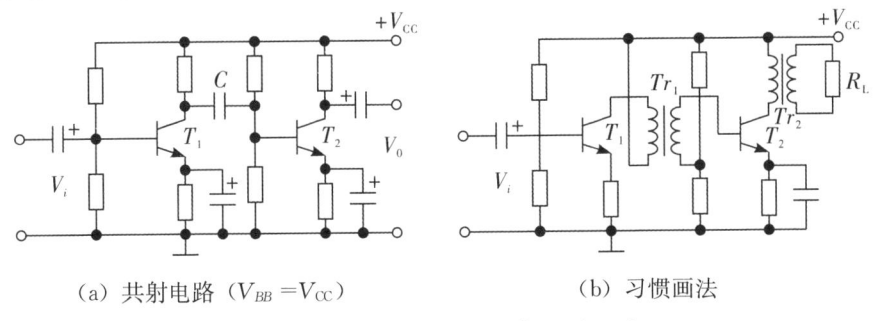

(a) 共射电路($V_{BB}=V_{CC}$)　　(b) 习惯画法

图 5-16　共射电路及其习惯画法

2. 放大电路中电压和电流的符号

为了便于弄清概念和公式,对于图 5-17 所示波形的符号作如下规定:

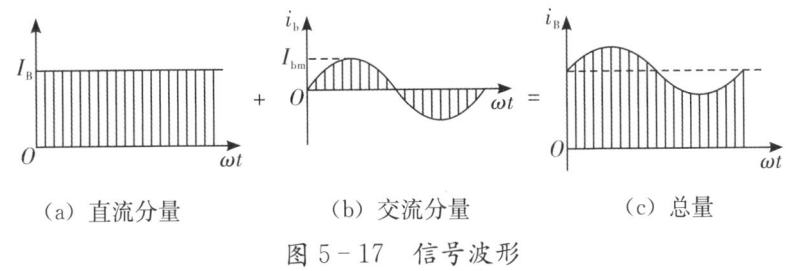

(a) 直流分量　　(b) 交流分量　　(c) 总量

图 5-17　信号波形

(1) 直流分量。图 5-17(a)所示的波形,用大写字母和大写脚标的符号,如 I_B 表示基极的直流电流。

(2) 交流分量。图 5-17 (b) 所示波形，用小写字母和小写脚标的符号，如 i_b 表示基极的交流电流。

(3) 总量。图 5-17 (c) 所示波形，是直流分量与交流分量之和，交流叠加在直流上，用小写字母和大写脚标的符号，如 $i_B = I_B + i_b$。

3. 放大电路中的直流通路和交流通路

在放大电路中既作用着直流电源电压 V_{CC}，又作用着交流信号电压 v_i，因此电路中既有直流分量又有交流分量。由于电路存在着电抗元件，如图 5-18 (a) 中的 C_1 和 C_2，因此，电路的直流通路和交流通路是不同的。

由于电容器具有隔离直流的作用，所以画直流通路时，电容 C_1、C_2 相当于开路，于是对于图 5-18 (a) 电路，它的直流通路如图 5-18 (b) 所示。

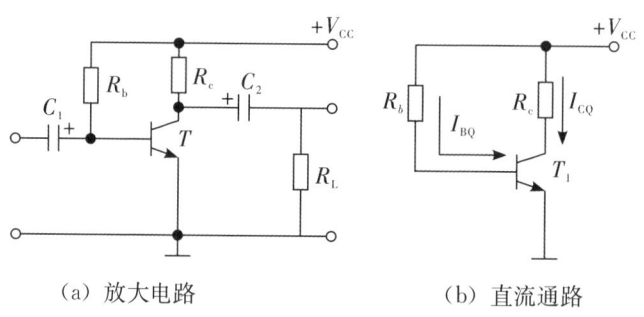

(a) 放大电路　　　　　(b) 直流通路

图 5-18　放大电路的直流通路

对于频率不是太低的交流信号来说，如图 5-19 (a) 所示，耦合电容 C_1、C_2 的容抗很小，一般可将它看成短路。另外，直流电源的内阻往往很小，交流电流通过它时，产生的交流压降可以忽略不计，因此 V_{CC} 端可以认为是交流零电位，于是可画出电路的交流通路如图 5-19 (b) 所示。

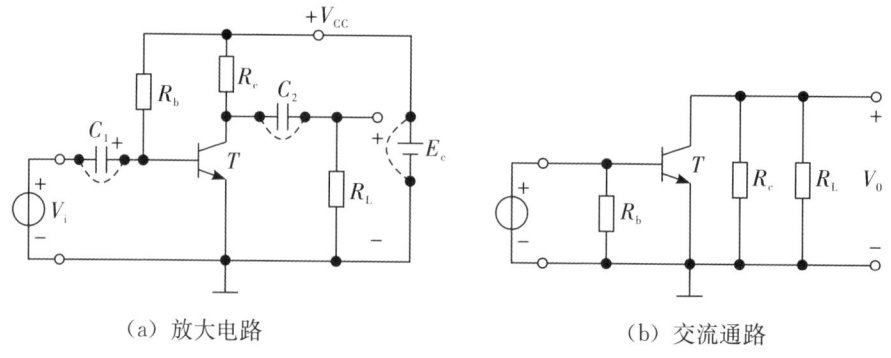

(a) 放大电路　　　　　(b) 交流通路

图 5-19　放大电路的交流通路

4. 放大器的静态工作点

放大电路在没有输入信号（$v_i=0$）时，如图 5-20（a）所示，称为静态。由于静态时电路中的电流和电压都是直流量，所以分析时只需要画出直流通路，如图 5-20（b）所示。静态工作点又称 Q 点，是指放大电路在静态时 I_B、V_{BE} 和 I_C、V_{CE} 的值，通常用 I_{BQ}、V_{BEQ} 和 I_{CQ}、V_{CEQ} 标示。由于其中 V_{BEQ} 值是 PN 结的导通压降（硅管约为 0.7 V；锗管约为 0.3 V），因此，在计算静态工作点时，可由基极通路先估算 I_{BQ} 值。有：

$$I_{BQ} = \frac{V_{CC} - V_{BEQ}}{R_b}$$

$$I_{CQ} = \beta I_{BQ}$$

$$V_{CEQ} = V_{CC} - I_{CQ}R_C$$

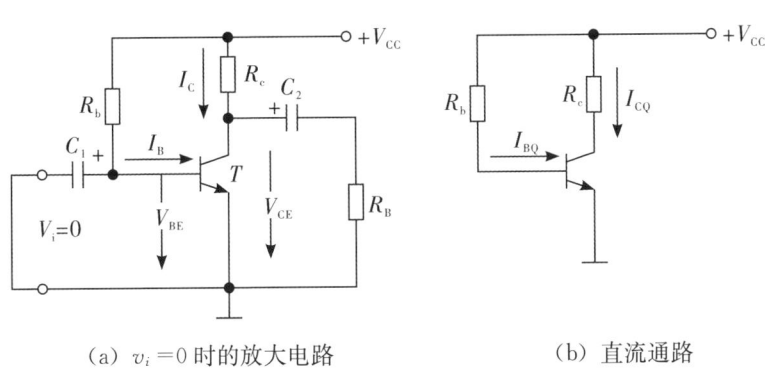

（a）$v_i=0$ 时的放大电路　　（b）直流通路

图 5-20　静态工作情况

5.3.2 放大电路的级间耦合

1. 级间耦合方式

放大电路之间的连接方式叫作级间耦合。常用的耦合方式有：阻容耦合、变压器耦合和直接耦合。

（1）阻容耦合方式

两级阻容耦合放大器如图 5-21 所示，其中每一级电路都是我们已熟悉的共射放大电路，两级之间是通过电容 C 耦合的。电容器具有"隔直"和"通交"的作用。因此，第一级的输出信号可以通过耦合电容传送到第二级，而各级的直流电路互不相通。这给分析静态工作点带来了方便，它还具有体积小、重量轻的优点。这些优点使它在级间耦合方式中得到广泛的应用。电容耦合方式不适合传送变化缓慢的信号，因为这类信号在通过耦合电容时会受到很大的衰减。至于直流信号，则根本不能传递。

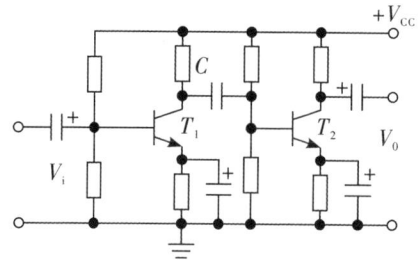

图5-21 阻容耦合方式

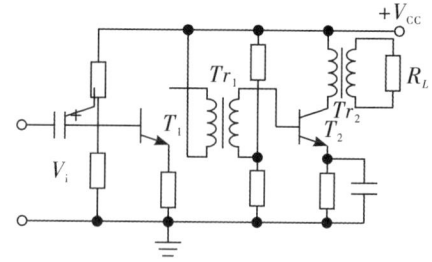

图5-22 变压器耦合方式

（2）变压器耦合方式

通过变压器实现级间耦合的放大电路如图5-22所示。变压器 T_{r1} 将第一级的输出信号电压变换成第二级的输入信号电压，变压器 T_{r2} 将第二级的输出信号电压变换成负载 R_L 所要求的电压。

变压器耦合的最大优点是能够进行阻抗变换，例如，通过变压器可以方便地将负载电阻变换成放大器所要求的最佳负载值。由于变压器对直流电量无变换作用，因此具有较好的隔直作用。变压器耦合的缺点是重量和体积都较大，价格高。

（3）直接耦合方式

这是一种不经过电抗元件，把前后级连接起来的电路，如图5-23所示。它不仅能放大交流信号，也能放大变化缓慢的或直流信号。但直接耦合使各级的直流电路互相沟通，各级的静态工作点是互相牵制的。直接耦合电路适宜于集成化产品，应用领域越来越广。

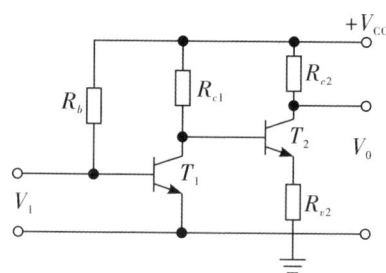

图5-23 直接耦合方式

2. 增益（放大倍数）的分贝表示法

在实际应用中，放大倍数又称为增益，它可以用倍数值来表示，也可以用分贝（dB）来表示。

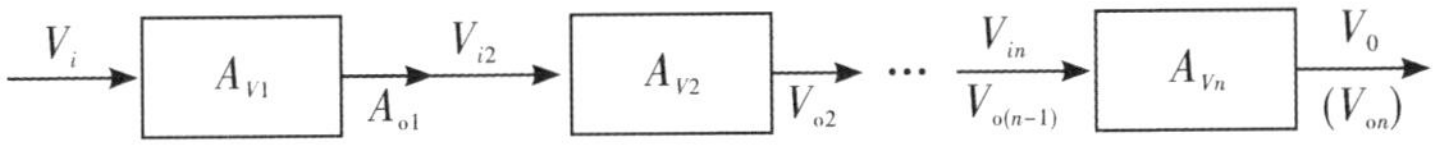

图 5-24 多级电压放大倍数

（1）多级电压放大倍数

在多级放大电路中，前一级的输出就是后一级的输入，如图 5-24 所示。因此，多数放大电路的电压放大倍数 A_u 等于各级电压放大倍数的乘积，有

$$A_u = \frac{V_o}{V_i} = \frac{V_{o1}}{V_i} \cdot \frac{V_{o2}}{V_{o1}} \cdots \cdots \frac{V_{on}}{V_{o(n-1)}} = A_{u1} \cdot A_{u2} \cdots \cdots A_{un}$$

式中 A_{u1} 是第一级电压放大倍数，A_{u2}，……，A_{un} 分别是各级的电压放大倍数。

（2）分贝表示法

如前所述，多级放大倍数为各单级放大倍数的连乘积。现有一个三级放大电路，每级放大倍数为 100，则三级的放大倍数为 1 000 000。级数再增多，所得数值更庞大，计算和表示都将很不方便。另一方面，在电子技术发展史上，放大器最初是用于通信设备中的，从声学理论可知，人耳对声音响度的感觉实际上并不是与声音功率成正比，而是符合数学上的对数规律。为了适应以上两个方面的要求，人们就取两个音响功率之比的对数为功率增益的单位，并称为"贝尔"（Bel）。实际应用时嫌"贝尔"单位太大，人们又取它的十分之一，即"分贝"（写为 dB），作为功率增益的单位。因此，功率增益用"分贝"表示的定义为：

$$A_P \text{（dB）} = 10 \lg \frac{P_o}{P_i}$$

电压增益用"分贝"表示的定义为：

$$A_V \text{（dB）} = 20 \lg \frac{V_o}{V_i}$$

值得指出，当输出量大于输入量时（称为增益），dB 值为正；当输出量小于输入量时（称为衰减），dB 值为负；当输出量等于输入量时为"0"dB。增益用分贝表示的优点在于，它可以将乘、除关系转化为对数的加、减关系，这样计算和使用都很方便。

5.4 振荡器

振荡器是不需要输入信号就能自动产生交流信号的电路，能自动地将直流电能转换成具有一定频率和一定振幅的交流电能，故又称为自激振荡电路。

5.4.1 振荡器的基本工作原理

1. 振荡器的基本组成

振荡器是在放大器的基础上将一部分输出信号回授给输入作为激励信号而工作的,它的基本组成包括放大电路(主网络)和回授电路(反馈网络)。它们构成一个闭环回路,如图 5-25 所示。

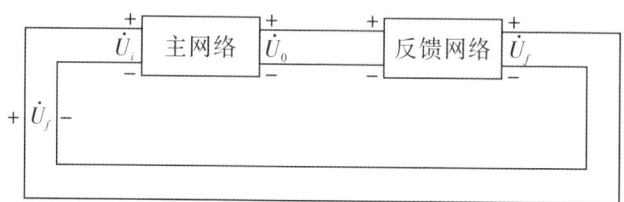

图 5-25 振荡器组成框图

2. 振荡器工作原理

我们结合具体电路来讨论振荡器是怎样工作的,如图 5-26 为一变压器耦合振荡器。当电路接通时,由于集电极电流从无到有的变化,或者由于外界条件的变化如温度等,使集电极回路产生了最初的微弱振荡电流,这个振荡电流经线圈 L_1、L_2 间的互感耦合,反馈到晶体管的基—射之间,作为放大电路最初的激励信号。激励信号经过电路的放大后,使集电极产生较大的交变电流,因而使回路中振荡增强,再经反馈,放大……如此不断循环,振荡便不断增强。但这个过程不会一直无限制地进行下去,由于放大器本身的非线性(即基极电流增大致使集电极无能力提供相应成比例的电流),当振荡进入非线性区域,放大倍数减小,使振荡有减弱的趋势,当使振荡增强和使振荡减弱的作用相等时,振荡的振幅便不再增大,而稳定在某一数值上,形成一等幅振荡。

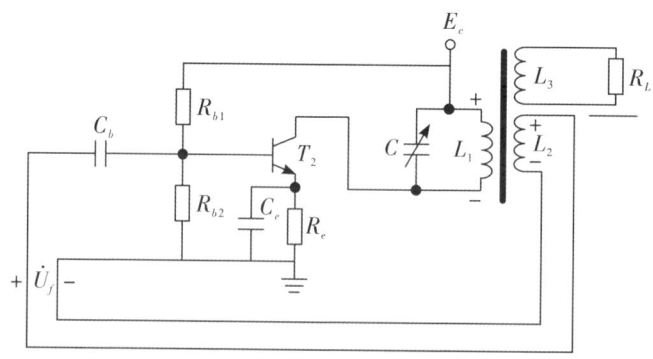

图 5-26 变压器耦合振荡器

为了使振荡是正弦波,即具有单一频率,在电路中必须具有一选频回路。图 5-26 中所示是共发射极电路,L_1C_1 组成的选频回路接在集电极(也可接在基极或发射极),故称共射调集振荡器,它的振荡频率 f 近似等于谐振回路的自然谐振频率 f_0,即

$$f \approx f_0 = \frac{1}{2\pi\sqrt{L_1C_1}}$$

要改变振荡器的振荡频率,可改变回路中 C_1 或 L_1 的大小,通常是通过改变电容来改变频率。

3. 维持振荡的条件

从上述产生振荡的物理过程可知,决定振荡器能否振荡的最根本条件,一方面使反馈电压 U_F(或电流 I_F)与原来的激励信号电压 U_{be}(或电流 I_b)大小相等,即 $U_F = U_{be}$(或 $I_F = I_b$),称为振幅平衡条件;另一方面,必须使 U_F 与原激励信号同相,即正反馈,称为相位平衡条件。只有具备这两个条件,振荡才能发生,否则,振荡不发生。

4. 谐振回路

谐振回路也称为振荡回路,由电感线圈和电容器组成,是无线电高频电路的基本部件。根据电感线圈、电容器和信号源连接方式的不同,谐振回路可分为串联和并联两种形式分别如图 5-27(a)、(b) 所示。图中画出的是最基本的单谐振回路的原理电路,实用中可以把两个或更多的单谐振回路相互连接构成耦合谐振回路,但不论简单或复杂谐振回路其作用是相同的。

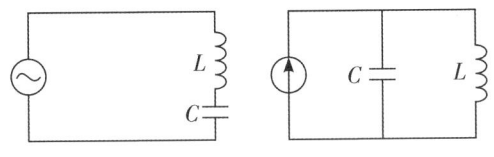

(a) 串联谐振回路　　　　(b) 并联谐振回路

图 5-27　谐振回路

谐振回路的主要特点是具有选频作用。在无线电技术中,经常需要从很多不同频率的正弦信号中选出某一频率范围的信号,如振荡器中要产生单一频率的振荡就要从起振过程中的若干个频率选取我们需要的频率;收音机、电视机的任务之一就是从很多不同频率的发射信号中选出我们需要的信号,这个选频作用可以由谐振回路来完成。

(1) 串联谐振回路

图 5-27(a) 是串联谐振回路的原理图,L 和 C 分别表示回路电感和电容,

电阻 R 表示 L 和 C 的损耗电阻。实际上由于电容 C 的损耗比电感线圈小很多，所以 R 近似等于线圈的损耗电阻。

对于串联谐振回路，其选频特性表现在当外加频率可调的正弦信号电压（保持电压幅度相同）时，在回路谐振频率 f_0 附近，回路电流 i 最大（即回路阻抗最小），而在离开频率 f_0 两边一定范围内，回路电流应尽量小（即回路阻抗尽可能大），串联谐振回路中电流 i 的幅值与频率 f 的关系曲线如图 5-28（b）。谐振频率 f_0 取决于电感 L 和电容 C 的值，即

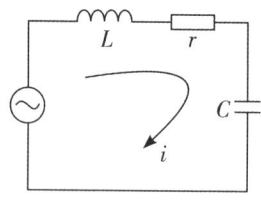 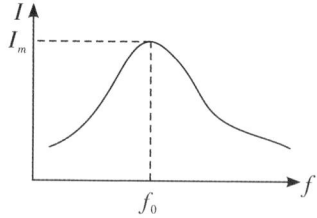

（a）串联谐振电路　　（b）串联谐振电路中的电流与频率关系曲线

图 5-28　串联谐振回路

$$f_0 = \frac{1}{2\pi\sqrt{LC}}$$

因此在振荡器中改变 L 或 C，可以调节振荡器所产生的正弦信号的频率，在接收机中则可改变所选信号的频率。实用中，由于电感 L 调整不易，通常都是用改变电容 C 的方法。

（2）并联谐振回路

在无线电技术中，用于选频最多的是并联谐振回路。因为信号源内阻一般很大，基本可看作恒流源。图 5-29（a）是并联谐振回路的原理图，电感线圈 L 的损耗电阻 r 以并联电阻 R_0 的形式出现，作用是相同的。

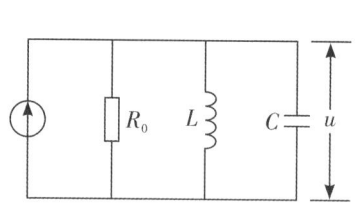 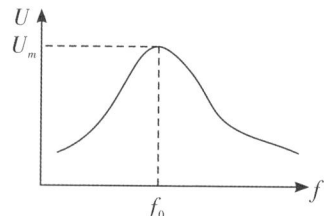

（a）并联谐振电路　　（b）并联谐振电路回路电压与频率关系曲线

图 5-29　并联谐振电路

对于并联谐振回路，其选频特性表现在当外加频率可调、幅度不变的正弦信号电流时，在回路谐振频率 f_0 附近，回路电压 U 最大（即回路阻抗最大），而在

离开频率 f_0 两边一定范围内，回路电压 U 应尽量小（即回路阻抗尽可能小）。并联谐振回路端电压（即输出电压）U 与频率 f 的关系曲线如图 5-29（b）。谐振频率 f_0 同样取决于 L 和 C，即

$$f_0 = \frac{1}{2\pi\sqrt{LC}}$$

并联回路谐振频率的调整方法和串联回路相同，如在收音机中，选台旋钮就是调整并联回路的电容量，使所希望接收的信号输出最大，而把不需要信号的输出压至最小。

在无线电高频设备中，谐振回路的应用非常广泛，利用它的选频特性除可在振荡器中产生单一频率的正弦振荡外，还可以构成各种调谐放大器。此外在调制、解调、变频等高频电路中也需用到谐振电路。

但是随着频率的提高，LC 回路的缺点越来越严重，主要是：①损耗增加，导致回路品质因数下降，频率选择性变坏；②尺寸变小导致储能减小，寄生参量影响变大，功率容量受到限制。因此在微波波段，由普通电感和电容组成的谐振回路对大功率微波系统已不再适用。

5. 谐振腔

谐振腔是具有储能和选频特性的微波谐振元件，在微波波段是用来代替 LC 回路作为微波振荡回路的。谐振腔的功能可以从"由 LC 回路到腔"的演化来理解，图 5-30 给出了逐步过渡的形象示意图。图中（a）是通常的 LC 回路，为了提高频率，必须减小 LC 的数值，办法是增大电容极间的距离和减少电感线圈的匝数，直到只剩下一匝，见图中（b）；再提高频率，可进一步减小 L，可以用很

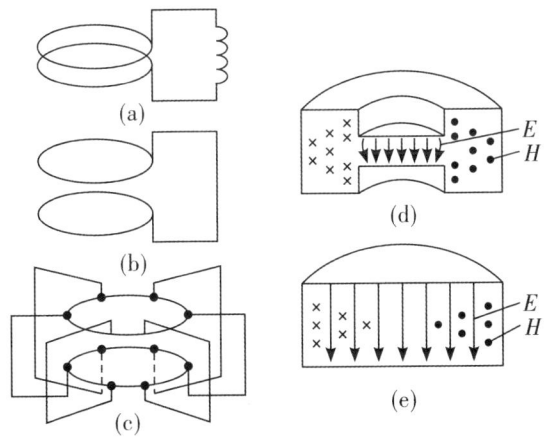

图 5-30 从 LC 回路到谐振的演化示意图

多单匝线圈并联起来,见图中(c);如果并联线圈的数目无限增多,连成一片,就得到了图中(d)所示重入式谐振腔,这种腔的电场基本集中于腔口(即原来的电容极板间),而磁场则大部分集中于环形部分(即原来的电感线圈中);再进一步提高频率,可将原来电容器极板距离再拉开,就形成了图中(e)所示的圆柱形腔,这种腔的电场和磁场已分布在整个腔内。

微波谐振腔有多种形式,一般说,任何为导体所包围的空腔,无论其形状如何,都可以作为谐振腔。但实际上常用腔的几何形状都是有规则的,如矩形腔、圆柱腔、同轴腔、孔－缝腔、缝腔,分别如图5-31的(a)、(b)、(c)、(e)所示。图(d)是多腔磁控管中用的部分敞开的谐振腔。

微波谐振腔和LC回路相似,有自身的谐振频率,波导谐振腔的谐振频率可以利用装在空腔壁上的金属螺钉或金属片调谐(相当于调电感)或通过改变空腔上部的波纹壁或调整空腔内的圆柱体调谐(相当于调电容)。

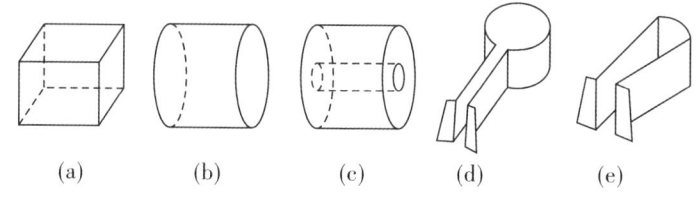

(a) 矩形腔　(b) 圆柱腔　(c) 同轴腔　(d) 孔－缝腔　(e) 缝腔

图 5-31　几种常用的规则谐振腔

同轴空腔的调谐也有调电感和调电容两种方法。如图5-32(a)所示,在空腔的闭路末端装以调谐活塞,移动活塞位置就可以改变空腔中同轴线的长度,即改变了电感,这就是电感调谐。

电容调谐的原理,如图5-32(b)所示。与同轴线内导体顶端相对的有一个活塞,移动活塞的位置,就改变了电容。

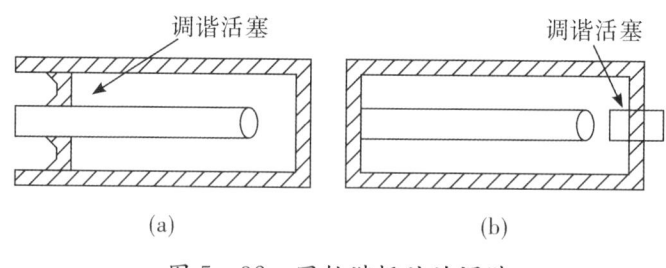

图 5-32　同轴谐振腔的调谐

5.4.2 常用振荡器

实际常用的 LC 振荡器除上面的变压器耦合振荡器，还有电感三点式、电容三点式、RC 振荡器、石英晶体振荡器电路。

1. 电感三点式振荡器

图 5-33 所示为电感三点式振荡器。晶体管和谐振回路 LC 构成放大电路，L_{23} 是回授线圈，电阻 R_{b1}，R_{b2} 和 R_e 组成分压式电流负反馈偏置电路，直流电源通过线圈加入，C_e 是高频旁路电容，C_b 是隔直流电容，对高频可看作是短路，故可以认为基极接在线圈的 3 端。线圈 2 端接电源 E_c 正极，通过电源接地，其高频等效电路如图 5-33（b）所示。

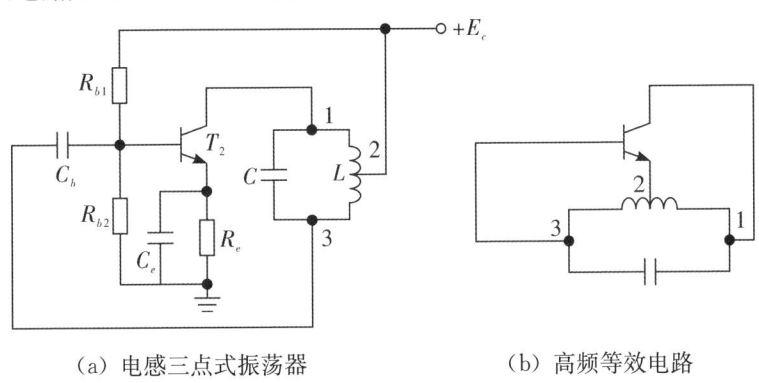

(a) 电感三点式振荡器　　(b) 高频等效电路

图 5-33　电感三点式振荡器

从图（b）可以看出，当基极电压为正且其值增大时，集电极电流也增大，这时，集电极交流电流的瞬时路径为：发射极→LC 回路→集电极。在回路两端产生压降，其瞬时极性是 2 点为正，1 点为负，经自耦变压器作用，使线圈 2、3 间产生电压，其瞬时极性 3 点为正、2 点为负。可见，线圈 L_{23} 的反馈电压与基极原输入电压的瞬时极性一致，故是正反馈，满足了相位平衡条件。

电感三点式振荡器的振荡频率基本上由振荡回路的总电感和电容 C 决定：

$$f \approx f_0 = \frac{1}{2\pi\sqrt{LC}}$$

改变回路参数 L 或 C 可改变振荡频率。如果 C 是可变电容，便可通过改变 C 来改变频率，振荡器的振幅平衡可以通过调节发射极中间抽头位置来实现。改变抽头 2 的位置，可以控制振幅的大小，抽头过低（2 点接近 3 点），反馈很弱，不易起振，抽头过高（2 点接近 1 点），虽反馈强，但因回路阻抗太小，也不易起振，通常取 $B = \dfrac{L_2 L_3}{L_2 + L_3} = \dfrac{1}{3}$ 左右为最好。电感三点式振荡器的优点是易起振、输出幅度也大，调节较方便。缺点是振荡频率的稳定性和振荡波形较差，因此，在应用中需进一步改进。

2. 电容三点式振荡器

图 5-34（a）所示为电容三点式振荡器，图（b）为其交流等效电路，与电感三点式比较，只是电容电感互相换了一下。只要发射极接在回路电容支路的中间点，而集电极和基极分别接于回路的两端，则电路即能满足相位平衡条件，为正反馈。

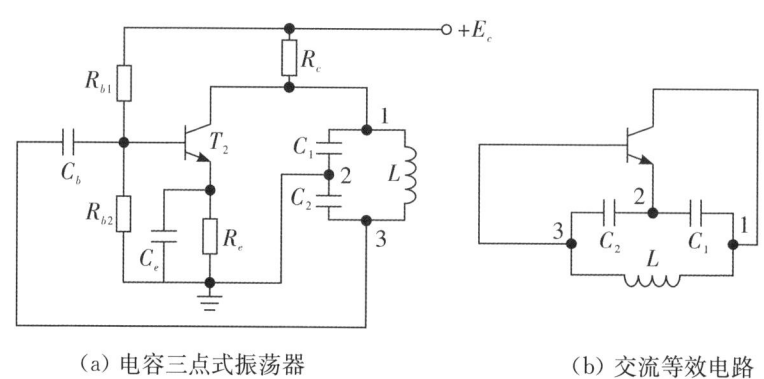

（a）电容三点式振荡器　　　　　　（b）交流等效电路

图 5-34　电容三点式振荡器

调节 C_1、C_2 比值的大小，即调节了反馈强弱，以满足振幅平衡条件，实现自激振荡。振荡频率

$$f \approx f_0 = \dfrac{1}{2\pi\sqrt{LC}} = \dfrac{1}{2\pi\sqrt{L \cdot \dfrac{C_1 \cdot C_2}{C_1 \cdot C_2}}}$$

与电感三点式振荡器相比较，电容三点式振荡器的特点是波形好，缺点是频率调节困难。

3. RC 振荡器

前面讲的振荡电路里都包含 LC 谐振电路，随着振荡频率的降低，LC 的数值就要增加，使电感的体积可能很大。为此，可利用电阻和电容组成的选频电路来代替 LC 谐振回路，在振荡器中起选频作用。

RC 振荡器的组成如图 5-35，它是由两级阻容耦合放大器和 RC 串并联选频网络构成的。RC 串并联网络构成的选频网络，当 $\omega = \omega_0 = 1/RC$ 时，网络的传输系数最大且网络的相移 φ 为零。

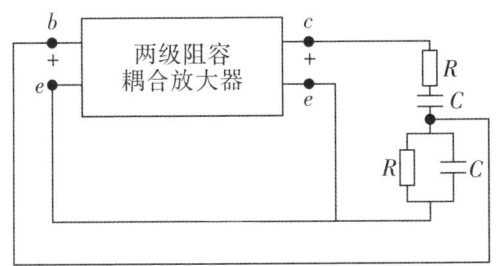

图 5-35　RC 振荡器的构成

串并联 RC 选频电路虽然具有选频作用，但不能直接用其代替 LC 谐振回路。因为 RC 选频电路不能像 LC 谐振回路那样可以方便地变更电压之间的相位关系，来满足振荡器的相位平衡条件。因此 RC 振荡器中采用两级放大器，使输出电压与输入电压同相，以满足振荡器的相位平衡条件。

图 5-36 是一个实际应用的 RC 振荡器，除两级阻容耦合放大器外，包括有 RC 选频电路和由 R_f、R_e 所组成的电压负反馈电路。两级放大器的输出经 RC 选频网络，取部分同相加到第一级放大器的基极，构成正反馈。

图 5-36 由分立元件构成的 RC 振荡器现多由集成运算放大器构成，图 5-37 是由集成运放构成的 RC 振荡电路，用集成运放 A 代替图 5-36 中的两级阻容耦合放大器，即把集成运放接成同相放大器。

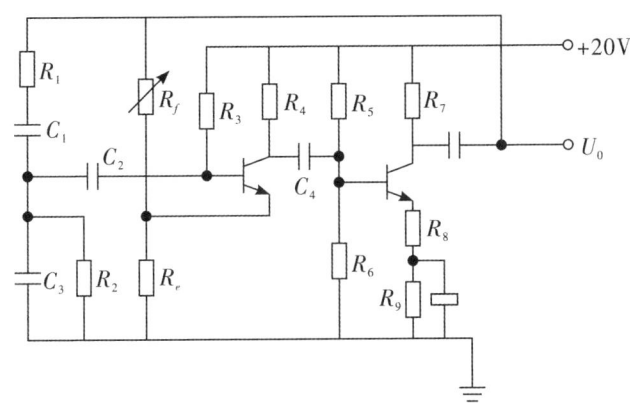

图 5-36　桥式 RC 振荡器

在谐振频率上，振荡器的环路增益为

$$G(f_0) = \frac{1}{3}\frac{R_t + R_1}{R_1}$$

选择合适的 R_t 和 R_1 值；使 $G>1$，就可满足振荡器的起振条件。

图中 R_t 为热敏电阻，具有负温度系数，即温度升高，电阻阻值减小。当振荡器刚起振时，因为振荡幅度小，流过 R_t 的电流小，所以 R_t 的温度最低，相应的阻值最大，因而集成运放的增益也最大，即 $G(f_0) > 1$，随着振荡振幅的增大流过 R_t 的电流增大，R_t 上消耗的功率增大，使 R_t 的温度上升，其阻值降低，集成运放增益相应减小，直到 $G(f_0) = 1$，振荡器进入平衡状态。由图 5-37(b) 从桥路看，振荡器的输出电压加到桥路的对角线 AD 端，并从另一对角线 BC 端取出电压加到集成运放的输入端。在 $f = f_0$ 时，桥路平衡，振荡器在此频率上产生等幅的正弦连续振荡。

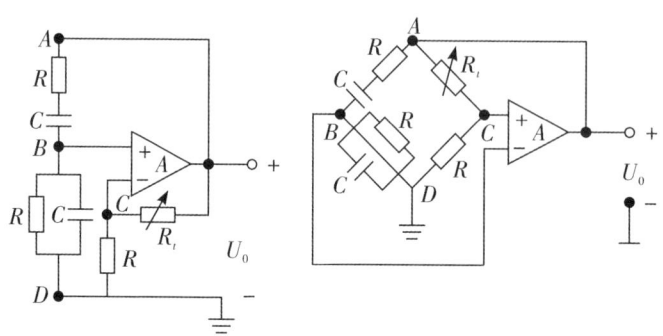

(a) 集成运放构成的电路　　　(b) 改画成文氏电桥形式的电路

图 5-37　文氏桥式振荡器

4. 石英晶体振荡器

振荡频率的稳定，是振荡器重要的技术指标。在 LC 振荡器中，尽管采用各种稳频措施，但其频率稳定度很难突破 10^{-5} 量级，其根本限制在于 LC 谐振回路的参数性能不理想。利用石英晶体谐振器代替一般 LC 谐振系统，可把频率稳定度很容易地做到 10^{-5}。

(1) 石英晶体的等效电路

石英晶体是硅石的一种，它的化学成分是二氧化硅，自然界中的石英是六角结晶体，把石英切成片叫作石英片。为了在电路中接入晶片，通常把它装置在支架上，引出接线，就构成了"石英谐振器"。图 5-38 是焊线式石英谐振器的结构，晶片两面敷有银层，好接引出线。一般低频、中频晶体采用焊接式，高频采用夹式。保护晶片的外壳目前广泛采用金属壳，其密封性能较好，体积也较小，低频晶体也有采用玻璃壳的。

石英晶片所以能做成谐振器，是基于它的压电效应和反压电效应。当机械力作用于晶片时，晶片两面将产生电荷；反之当在晶片两面加不同极性的电压时，晶片的几何尺寸将压缩或伸张。当高额交流电压加于晶片两端时，晶片将随交变信号的变化而产生机械振动。晶片几何尺寸和结构一定时，它本身具有一个固有的机械振动频率。当外加信号频率与晶片固有振动频率相等时，机械振动最强，电路里高频电流最大，产生谐振现象。

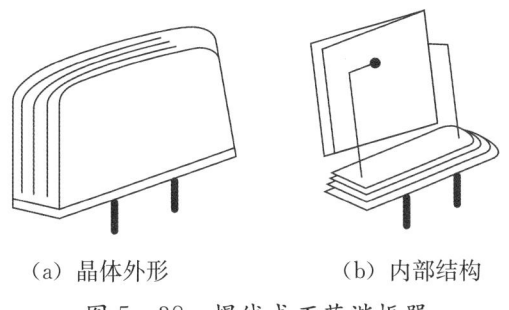

(a) 晶体外形　　　(b) 内部结构

图 5-38　焊线式石英谐振器

怎样把一块石英片的压电效应表示在振荡电路中呢？对比机械系统和电系统的性能可知，石英片的质量越大，相当于电路的电感量 L 越大；石英片的刚性越大，相当于电路的电容量 C 越大；石英片的摩擦损耗越大，相当于回路中的电阻 r 越大。因此，一块石英片可用一个串联谐振回路来表示，参数符号为 L_q、C_q、r_q，此外，在石英片两电极之间还存在一个静态电容 C_0（由晶体两面金属层及支架、引线等形成，即使石英片不振动，C_0 也存在）。图 5-39(a) 是石英谐振器的等效电路，(b) 是其符号，(c) 是石英晶体的电抗-频率特性曲线。频率低于 ω_S 和高于 ω_L 时，石英晶体呈电容性；频率高于 ω_S 低于 ω_L 时，石英晶体呈电感性，其中

$$\omega_S = \frac{1}{\sqrt{L_q \cdot C_q}},$$

$$\omega_L = \frac{1}{\sqrt{L_q \dfrac{C_0 \cdot C_q}{C_0 + C_q}}} = \frac{1}{\sqrt{L_q C_q}} \cdot \sqrt{\frac{C_0 + C_q}{C_0}} = \omega_S \cdot \sqrt{1 + \frac{C_q}{C_0}}$$

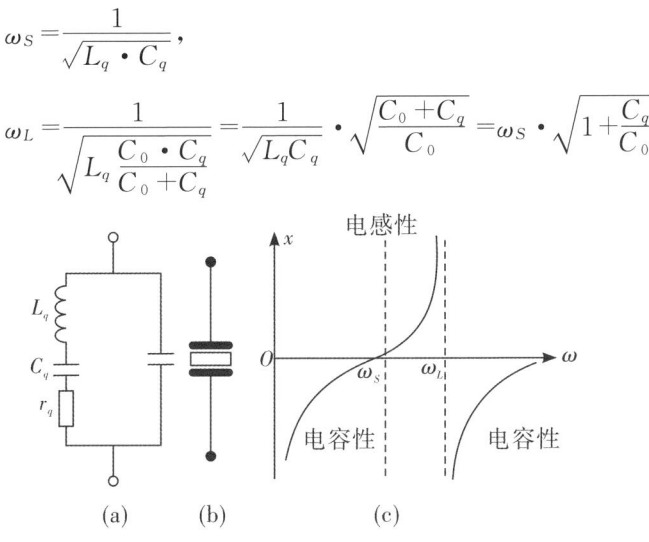

图 5-39　石英晶体等效电路及特性曲线

一般，C_0为几微法，C_q为$10^{-2}\sim 10^{-1}$微法，$C_0\gg C$，所以ω_L与ω_S相差极小。用石英晶体作振荡元件，可以工作于ω_L附近，也可以工作于ω_S附近。

（2）晶体振荡器

电容三点式晶体振荡器如图5-40所示，晶体呈现感性L，从而使振荡器构成电容三点式以满足相位平衡条件。因此晶体工作于ω_L和ω_S之间，在这个电路中，石英晶体以电感L的形式与电容C_1、C_2组成并联谐振回路。振荡器的振荡频率由这个谐振回路决定，即主要由石英晶体来决定。

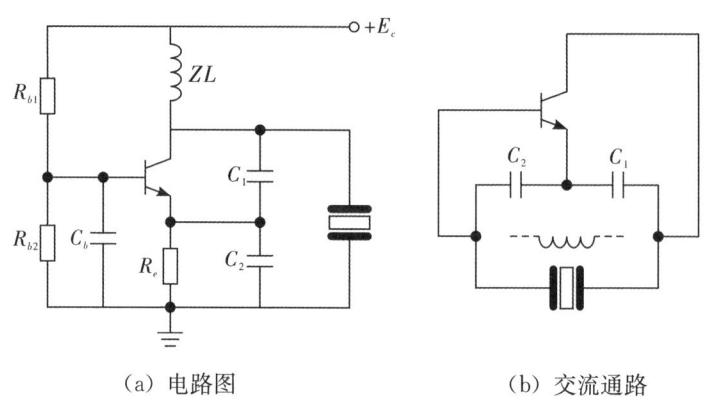

(a) 电路图　　　　(b) 交流通路

图5-40　电容三点式晶体振荡器

另外，晶体还可组成电感三点式，如图5-41。

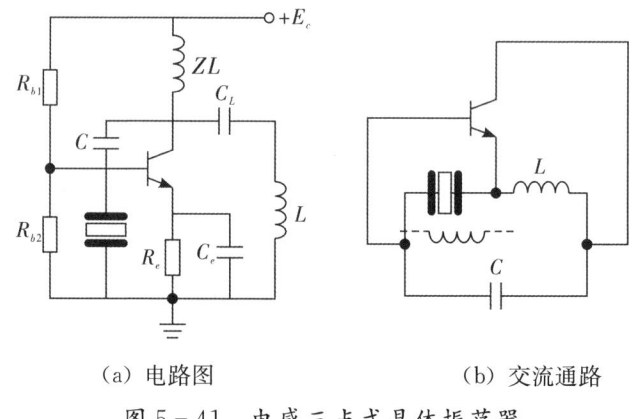

(a) 电路图　　　　(b) 交流通路

图5-41　电感三点式晶体振荡器

5.5 调制、解调与变频

5.5.1 调制器

所谓调制就是在传送信号的一方（发送端）将所要传送的信号（它的频率一般较低）"寄载"在高频振荡上，再由天线发射出去。这里高频振荡波就是携带信号的"运载工具"，所以叫作载波。所谓将信号"寄载"在高频振荡上，就是利用信号来控制高频振荡的某个参数，使这个参数随信号变化，这就是调制。调制的方式可分为连续波调制与脉冲调制两大类。连续波调制是用信号来控制载波的振幅、频率或相位，如广播、电视中都采用连续波调制。脉冲波调制是先用信号去控制脉冲波的振幅、宽度、位置等，然后再用已调脉冲对载波进行调制。脉冲调制的形式很多，有脉冲振幅、脉宽、脉冲编码调制等，如数字通信、雷达都采用的是脉冲调制体制。

1. 调幅

调幅是用低频信号控制高频振荡的振幅，使其振幅随低频信号的瞬时值而变化，以把低频信息寄载在高频振荡之上。

（1）调幅的基本概念

以调制信号是正弦波为例，调幅波的形成过程如图5-42所示。图中（a）

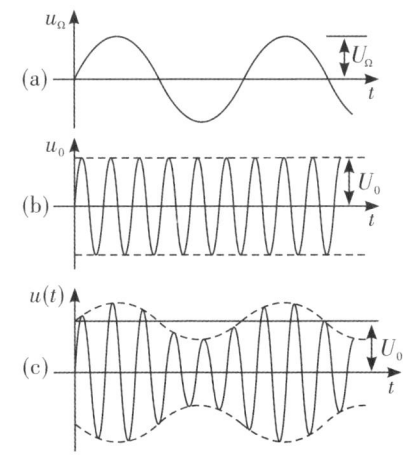

(a) 低频调制信号　(b) 载波　(c) 调幅波形

图 5-42　调幅的形成

是低频正弦信号波形;(b)是高频载波的波形;(c)是高频调幅信号的波形。由图可见,调幅波是载波振幅按照调制信号的大小成线性变化的高频振荡,我们把载波振幅的变化规律称为高频振荡的包络,它恰好反映了低频信号的变化规律。高频振荡的载波频率维持不变,也就是说,每一个高频波的周期是相等的,因而波形的疏密程度均匀一致,与未调制时的载波波形疏密程度相同。

(2)调幅的方法

调幅分低电平调幅和高电平调幅两种,这里仅介绍高电平调幅的方法。

(a)调幅原理

在一般发射机中,调幅都是在高频功率放大器中进行的。此时,高频功率放大器称为受调放大器,供给低频信号的低频放大器称为调幅器。由高功放的原理可知,如果将低频信号加在高频功率放大器某一极,就能控制输出信号脉冲的谐波振幅的大小。所以将低频信号电压加到高功放的某一电极或两个电极,就可实现调幅。

根据低频信号加到高功放电极的不同,实现调幅的方法可分为基极调幅、集电极调幅、发射极调幅等几种。

(b)基极调幅电路

基极调幅电路如图 5-43,B 是高频变压器。高频电压 u_0 通过变压器 B 加到基极,C_2 为高频旁路电容,Z_L 是低频扼流圈,C_4 为低频耦合电容,C_1 是低频旁路电容,C_3 是高频旁路电容,R_3 是稳定电阻。R_1 和 R_2 是直流分压偏置电阻,调整 R_1 和 R_2 等获得所需的偏置电流,使其工作在乙类(甲乙类或丙类)状态。

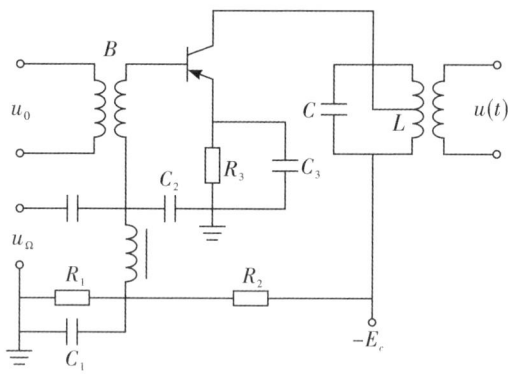

图 5-43 基极调幅电路

当基极仅有载波电压输入而没有低频电压输入时,放大器的集电极是高频等幅脉冲波。当把低频电压加到基极时,低频电压和外加直流偏置电压串联共同作用于基极,这时基极上有包括载波电压在内的三个电压作用,波形为一蛇形波。

基极调幅的理想化调制特性如图 5-44 所示,这时输出电流与输入电压关系曲线被直线化了。当基极作用着蛇形波电压后,其集电极电流脉冲将随低频调制电压的瞬时值而改变,集电极电流的基波振幅也随之变化。所以基极调幅时,虽然输入载波电压的振幅不变,但是由于基极偏置电压随低频电压而变化,从而使集电极电流脉冲的振幅也随低频调制电压来改变,这种脉冲电流称为调幅脉冲电流。调幅脉冲电流里也包含基波调幅信号电流,各次谐波调幅信号电流,低频信号电流和直流电流。若将放大器的集电极回路调谐于集电极电流的基波频率,则基波在回路上产生的电压也是调幅波,而其他谐波被滤除,这样回路可得到调幅波输出。

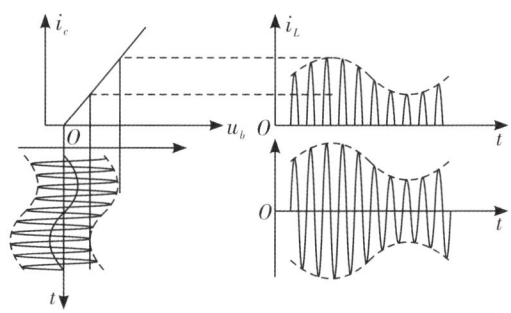

图 5-44 基极调幅特性曲线及波形

(c) 发射极调幅电路

晶体管如使用基极接地电路,则调幅往往使用发射极调制,其基本电路如图 5-45 所示,当发射极电流随着低频调制电压变化时,集电极电流也随着变化,达到调幅的目的,由于这种电路是基极接地,可使用的频率比发射极接地的电位高,但所需要的调制信号功率比基极调幅要大。由于发射极调幅电路和基极调幅电路工作原理极为相似,故不再详论。

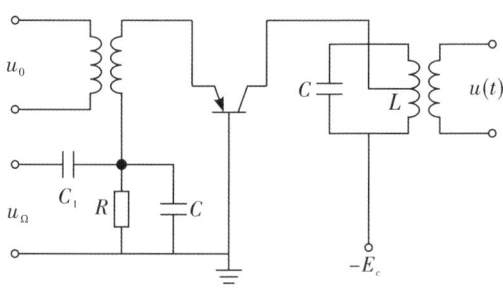

图 5-45 发射极调幅电路

(d) 集电极调幅电路

集电极调幅就是利用低频调制电压去改变受调放大器的集电极电压,使高频电流的振幅随着低频电压成比例地变化,进而达到调幅的目的。

集电极调幅电路如图 5-46 所示,在此电路中,各元件的作用与基极调幅作用略同,并且工作在乙类(或丙类)状态。所不同的主要是,低频调制信号不是从基极输入而是在集电极电路中与电源 E_c 串联作为集电极电源。

当载波电压经高频变压器 B_1 加到基极而低频电压没有输入时,集电极电压为直流,集电极电流为等幅脉冲波,集电极回路上的压降也是等幅波。当有低频调制电压经低频变压器 B_3 输入时,在低频变压器次级上的低频电压与电源电压相串联,加到管子的集电极,因此,集电极电压变成了脉动电压。由于集电极电压的变化,集电极电流也随之变化,使集电极电流变为调幅脉冲波。若将放大器的集电极回路调谐于集电极电流的基波频率,则基波电流在回路上产生的压降也是调幅波,集电极电流中的各次谐波、低频分量及直流分量均被回路滤除,这样回路就可得到调幅波输出。

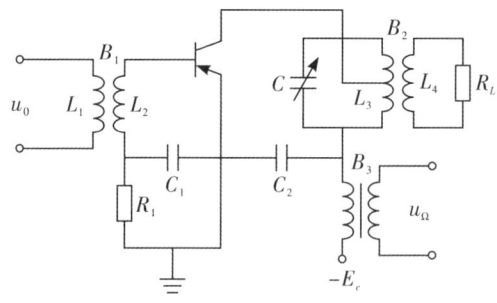

图 5-46 集电极调幅电路

2. 调频

(1) 调频的基本概念

我们知道,一个正弦信号应由三个参量来描述:振幅、频率和相位。无论改变载波信号的哪一个参量,都可以产生调制作用。由已调信号的频率的变化携带信息的调制方式,就是频率调制。图 5-47 是调频信号的波形,这是调制信号为连续波的情况,而图 5-48 是脉冲波调制。可以看出,已调信号的频率是受调制信号控制的。对于图 5-47 对应调制信号电压为最大值 t_1 时刻,调频信号的频率最高,而随着调制信号电压的改变,调频信号的频率相应地变化,在 t_3 时刻频率最低。在图 5-48 中,对应脉冲信号为高、低电平的两段时间,调频信号呈现两个不同的频率,但它们的幅度保持不变。

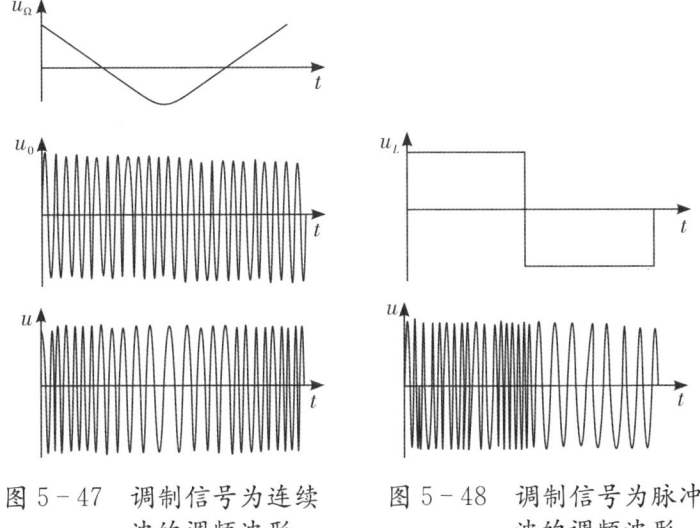

图 5-47 调制信号为连续波的调频波形　　图 5-48 调制信号为脉冲波的调频波形

(2) 调频的方法

实现调频的方法有两种：直接调频法与间接调频法。直接调频是利用调制信号去控制振荡器的工作状态，改变其振荡频率，以产生调频信号。如被控电路是 LC 振荡器，那么，由于它的振荡频率主要由振荡回路电感 L 与电容 C 的数值来决定，因而，以可变电容或可变电感元件作为振荡回路的一部分，用低频信号控制电抗元件参量改变，即可产生调频波。图 5-49 说明了这一过程的原理，我们仅介绍这种方法。

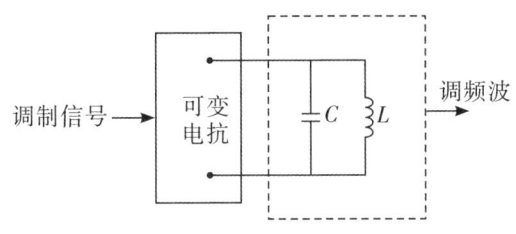

图 5-49　调频电路原理

(a) 变容二极管调频电路

变容二极管是利用半导体 PN 结的结电容随反向电压变化这一特性而制成的一种半导体二极管，它是一种电压控制可变电抗元件。把受调制信号控制的变容二极管接入载波振荡器的振荡回路，如图 5-50 所示，则振荡频率就受到调制信号的控制。适当选择变容二极管的特性和工作状态，可以使振荡频率的变化近似地与调制信号呈线性关系，这样就实现了调频。在图 5-50 中，虚线的左边是典型的正弦振荡器，右边是变容二极管电路。图中 C_C 是耦合电容，C_φ 是旁路电容，L_2 是高频扼流圈，阻止载波，但能让调制信号通过。

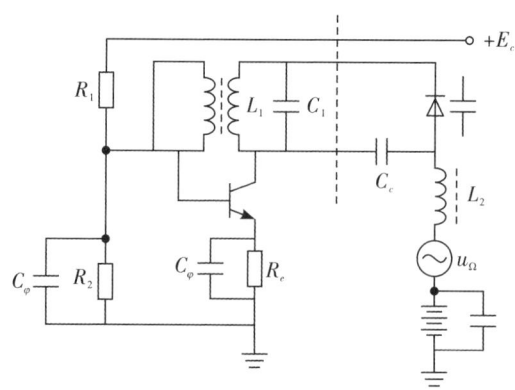

图 5-50　变容二极管调频电路

加在二极管上的反向偏压为：$U_r = U_{CC} - U + U_\Omega(t)$。当 U_r 随调制信号电压变化时，变容二极管的 PN 结电容随之改变，则振荡器谐振电路（由 L_1、C_1 和变容二极管 PN 结电容构成）的谐振频率随之改变，振荡器所产生的高频振荡电压的频率就随调制信号幅度而改变，从而输出调频波。

(b) 电抗管调频电路

电抗管调频法是利用晶体管电路产生等效电感或电容，使其大小随低频电压瞬时值而变化，将此晶体管并联在振荡回路两端，成为振荡回路的一部分，从而获得调频信号。完成这种可变电感或电容作用的晶体管，称为电抗管。图 5-51 是电抗管调频的原理电路，aa' 两点的左边是电抗管，它由一只普通晶体管和相移电路 Z_1 与 Z_2 组成，Z_1 与 Z_2 中一个是电阻，另一个是电容或电感。从 aa' 端向左看等效为一个可变电抗，低频调制信号从 cd 端引入，等效电抗受它的控制而改变。把电抗管并接到振荡回路两端，就可以得到调频波。

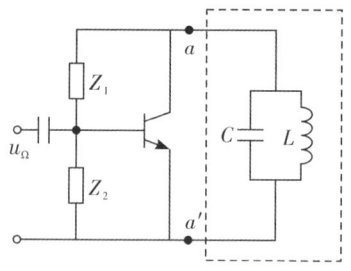

图 5-51　电抗管调频原理

5.5.2 解调器

接收机从高频已调信号中取出调制信号的过程称为解调（或检波），解调是调制的相反过程。调幅波的解调叫作振幅检波，一般简称为检波。调频波的解调叫作频率检波，一般简称为鉴频。

1. 检波器

检波器完成调幅信号的检波。检波器主要是利用非线性元件来变换高频调幅信号的频谱，使非线性元件的输出电流中出现低频信号的频率分量，然后利用检波器的负载滤除高频分量，从而获得低频信号。在超外差式接收机中检波器输入信号来自中频放大器，输入信号与输出信号的波形关系如图5-52。图（a）是高频等幅波，检波输出是直流信号；图（b）是单一正弦调幅波，输出是单一正弦波信号；图（c）是脉冲调幅波，检波输出是脉冲信号。

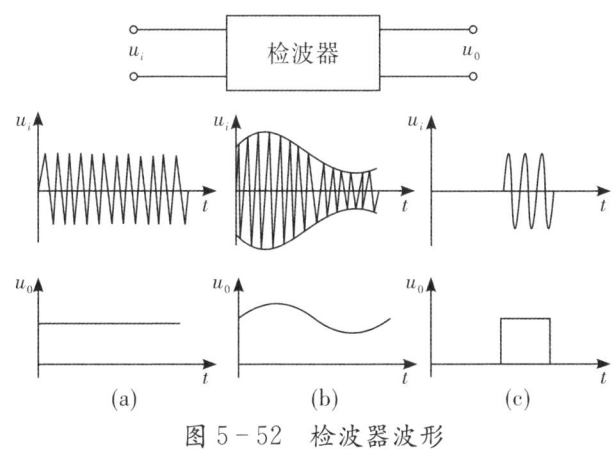

图 5-52 检波器波形

（1）二极管串联检波

半导体二极管串联检波器如图5-53所示，二极管D为检波元件，电阻R为检波器负载，它与输入信号呈串联关系，故称为二极管串联检波器。电容C为高频旁路电容，它对高频阻抗小，使电路近似短路，对音频具有极大的阻抗，使检波后的音频电流都流过负载电阻R而输出。

检波是应用二极管电流、电压关系的非线性来工作的。输入交流信号为正半周时，流经二极管的正向电流很大，输入交流信号为负半周时，流经二极管的反向电流极小，电流正负半周波形不对称。因此，有一平均电流分量，当输入信号为受音频调制的高频调幅电压时，平均电流中就含有音频电流成分，因此输出一音频交流电压，工作波形如图5-54。

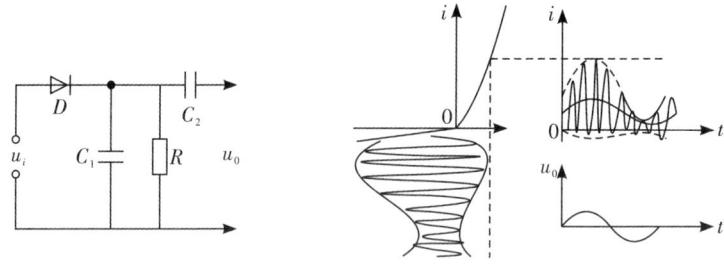

图 5-53 半导体二极管检波电路　　图 5-54 检波器工作波形

(2) 二极管并联检波器

二极管并联检波器的电路如图 5-55 所示，检波二极管 D 与负载电阻 R 对输入信号源来说是并联关系，故称并联检波器。它与串联检波器在电路形式上不同，但从实质上看，并联二极管检波电路同样具有完成检波作用的内在原因（二极管）和必要条件（检波负载），所以它同样能完成检波作用，其工作过程多少有区别。

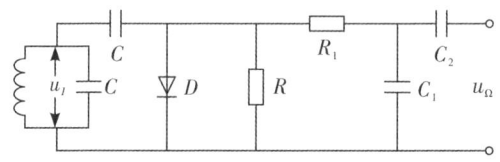

图 5-55 二极管并联检波器电路

二极管并联检波器的工作过程如下：

当高频信号电压输入时，同样，由于电容 C 对高频阻抗很小，使高频电压大部分加在二极管 D 两端，在高频信号电压正半周时，二极管 D 上所加的是正向电压，二极管导通，电容器被充电，电容器上的充电电压在很短的时间内就接近于高频电压峰值。电容器上电压 U_C 对二极管来说是个反向电压，所以当高频电压由最大值减小到小于 U_C 时，二极管就要截止，电容器 C 就要通过负载 R 放电，同样，放电的速度很慢。这样在电容器 C 两端就可得到随高频电压包络变化的电压 U_C，而负载电阻上的电压则包含有高频信号电压和电容上电压 U_C，即在负载电阻 R 上存在着高频、低频及直流分量。经高频滤波器 R_1、C_1 滤波后滤除了高频成分，再经 C_2 隔直流电容，最后便只有低频电压输出了。

(3) 乘积检波器

乘积检波器用于载波分量被抑制的双边带信号和单边带信号的解调。乘积检波器的原理方框图如图 5-56 所示。

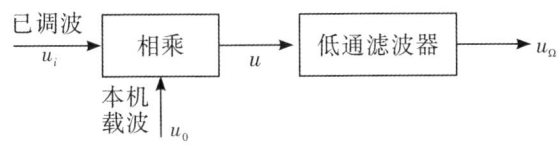

图 5-56 乘积检波器

它和前面所讲的二极管包络检波器最大的区别是在接收端必须有一个本机载波信号,本机载波信号与接收到的已调波相乘可以产生调制信号频率分量和其他谐波组合频率分量,经低通滤波器以后就可以还原出调制信号。

图 5-57(a)是环形乘积检波器的相乘器的原理电路,(b)是环形乘积检波器的实际电路,二极管构成的环形相乘器在变压器 B_1、B_2 的各中心抽头两边严格对称的条件下,四个二极管特性完全一致时,输出信号频率 ω_0 和输入信号频率 ω_1、ω_2 之间满足:

$$\omega_0 = -\omega_1 \pm \omega_2$$

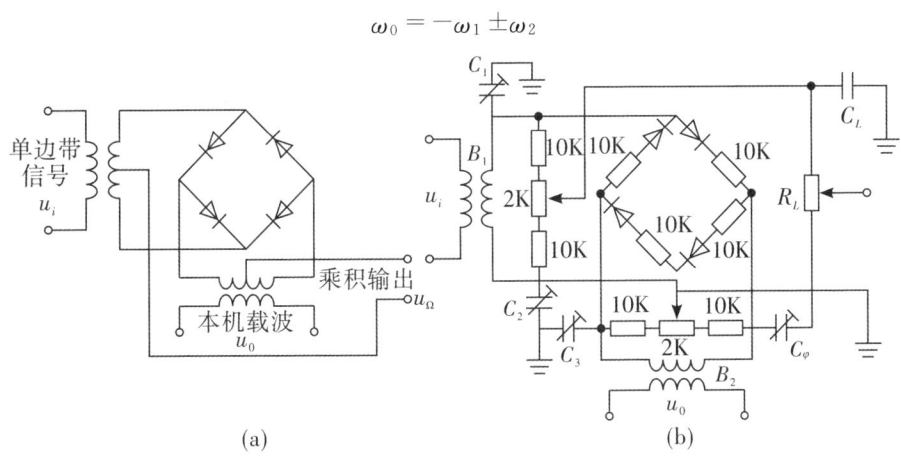

图 5-57 环形乘积检波器

所以这种环形乘积器可以做乘积调制器。令 $\omega_1 = \omega_C$(载波频率),$\omega_2 = \Omega$(调制信号频率),则输出信号频率 $\omega_0 = \omega_C \pm \Omega$,其中不包含载波频率,形成抑制载波双边带信号。

这种环形乘积器用于检波时,输入频率 $\omega_1 = \omega_S = \omega_C \pm \Omega$(已调抑制载波双边带信号或单边带信号频率),$\omega_2 = \omega_C$(载波频率),则输出信号频率 $\omega_0 = \omega_C \pm \Omega \pm \omega_C$(载波频率),就可得到低频信号。在图(b)的实际电路中,变压器 B_1、B_2 都跨接了两个 10 kΩ 电阻和一个 2 kΩ 的电位器。电位器的可动触点代替中间抽头,这样不仅使变压器工艺简化,并且通过调整电位器可保证 B_1、B_2 中心抽头严格对称。C_1、C_2、C_3、C_4 微调电容用于平衡分布电容的影响。二极管接入

$10\ k\Omega$ 电阻以改善二极管正向导通的非线性,R_L、C_L 构成滤除高频分量,获取低频信号的低通滤波器。

2. 鉴频器

调频信号的振幅是不变的,调幅信号的振幅是变化的,两者的情况不同,因此不能直接用调幅信号检波的方法进行调频信号的检波,而应当先将调频信号频率的变化变换为振幅的变化,然后使用调幅信号的检波方法来检波。

调频信号检波器又称频率检波器或称鉴频器,其组成如图 5-58,其中,振幅检波器用以对振幅变化的调频信号检波,一般为串联式二极管检波器。常用的鉴频器有单离谐式鉴频器、双离谐式鉴频器、相位鉴频器和比例鉴频器等。这里就应用较多的双离谐式鉴频器作一讨论。

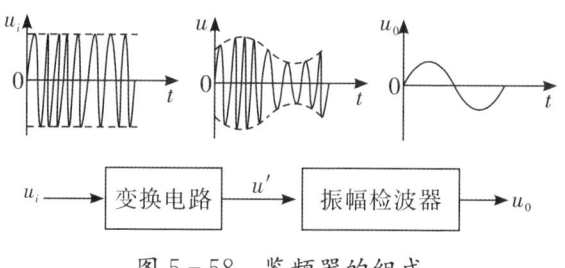

图 5-58 鉴频器的组成

双离谐式鉴频器又称参差调谐式鉴频器,它由两个单离谐式鉴频器组成,电路如图 5-59 (a) 所示,上下两部分电路是完全对称的,回路Ⅰ的固有频率 $f_{0\text{Ⅰ}}$ 为调频信号的载波频率,回路Ⅱ的固有频率为 $f_{0\text{Ⅱ}}$,则低于调频信号的载波频率。双离谐式鉴频器的工作波形如图 5-59 (b) 所示,当输入信号为载波频率时,由于回路Ⅰ和回路Ⅱ对载波频率的离谐程度相同,两回路输出的调频信号电压 U_1 和 U_2 的振幅相等,检波后在 R_1 和 R_2 上的电压大小相等,极性相反,输出为零。

当调频信号的频率较高时,回路Ⅰ逐渐接近谐振,回路Ⅱ远离谐振,这时电压 U_1 的振幅增大,电压 U_2 的振幅减小;反之,当调频信号的频率变低时,回路Ⅰ远离谐振,而回路Ⅱ逐渐接近谐振,故电压 U_1 的振幅减小,电压 U_2 的振幅增大,两个振幅变化的调频信号电压 U_1 和 U_2 分别加到二极管 D_1 和 D_2 上,经检波后在负载 R_1 和 R_2 上分别得到平均电压 U_3 和 U_4,在平均电压中包含有直流分量、低频基波分量和谐波分量。由于电路类似于推挽式连接,故 R_1 和 R_2 上的直流分量和低频偶次谐波分量互相抵消,低频基波分量和奇次谐波分量则相加,所以在电路对称时低频基波电压的大小比单管时增大一倍,直流分量及低频谐波分量则无输出。

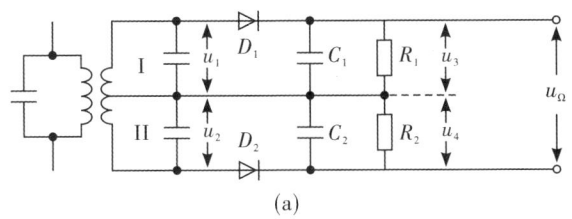

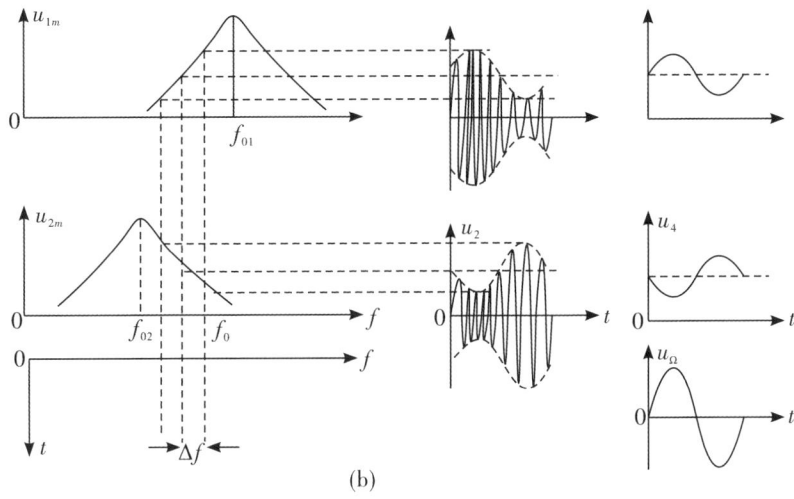

图 5-59 双离谐式鉴频器电路及工作波形

5.5.3 变频器

在无线电技术中经常需要将信号从某一频率变换成另一个频率，如在广播收音机中需要将载频变换成 465 千赫的中频，完成这种频率变换的电路就叫作变频器。经过频率变换后，调幅信号的调制参数和频谱结构应保持不变，信号载波频率变成中频频率，如图 5-60 所示。若输入信号是调频波，则经过变频后调制参数（调制频率和频率偏移）也应保持不变，仅使信号载波频率变成中频频率。需要指出，根据设备不同要求，经变频后输出的频率可以低于输入信号频率，也可以高于输入信号频率。

在一般的接收机中，变频的目的是提高灵敏度和选择性。把频率较高且不固定的高频信号变换成频率较低而且固定不变的中频信号。因为频率较低就能有效地避免自激便于提高放大倍数。频率固定了才能免去调谐的麻烦，并可将回路的调谐特性调整到理想状态，在提高选择性的同时又具有足够的通频带宽度。

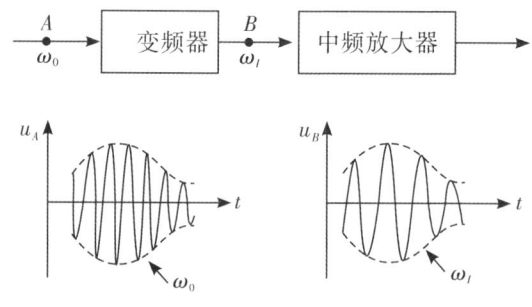

图 5-60 调幅信号变频

1. 鉴频器的构成和工作原理

变频器由非线性元件，选频电路和本机振荡器组成。其中前两者合起来又统称为混频器，所以变频器又可说是由混频器和本机振荡器两部分组成，如图 5-61所示，图中还画出了工作波形。本机振荡器产生高频等幅电压，它比输入高频信号强得多。

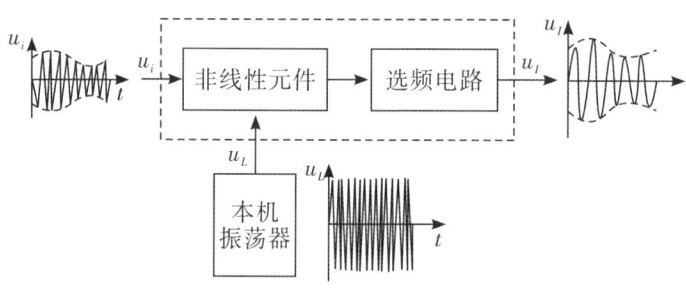

图 5-61 变频器的组成及工作波形

非线性元件可以是半导体二极管或晶体管，当高频信号电压和本振电压同时加到非线性元件上时，经非线性元件作用，便产生各种频率分量，其中含有我们所需要的一个差频（即中频信号）：$f_I = f_L - f_S$（或 $f_I = f_S - f_L$）。选频电路就是调谐回路（也可以是晶体或其他形式的滤波器），它将非线性元件输出的各种频率信号滤出其他成份而仅选出需要的差频（中频）信号。

目前，晶体变频器电路的形式比较多，有晶体二极管变频器、晶体三极管变频器、平衡变频器和环形变频器等。二极管变频器具有结构简单，噪声小等特点。

2. 二极管变频器

单管二极管变频器原理电路如图 5-62 所示，图中 D 为变频二极管，回路"Ⅱ"为输入回路，调谐于信号频率；回路"Ⅲ"为输出回路，调谐于中频。信号电压经回路"Ⅰ"耦合至回路"Ⅱ"。本机振荡电压经耦合也输至输入端,两电压合成后即得到一合成电压,如图(d)所示。合成电压包络变化的频率等于两个电压的频率之差,这一频率称为差拍频率。用 f_1 代表合成电压包络变化的频率,则 $f_1=f_L-f_S$。由此可见,当两个不同频率的电压合成时,合成电压的振幅按差拍频率变化,这种现象称为差拍(或叫作拍频)。由差拍得到的合成电压控制半导体二极管的工作,使电流呈脉冲状,如图(e)所示。脉冲电流中含有差额分量,经滤波后,高频不能输出,只有差额分量,即中频信号经回路"Ⅱ"输出,如图(f)所示。

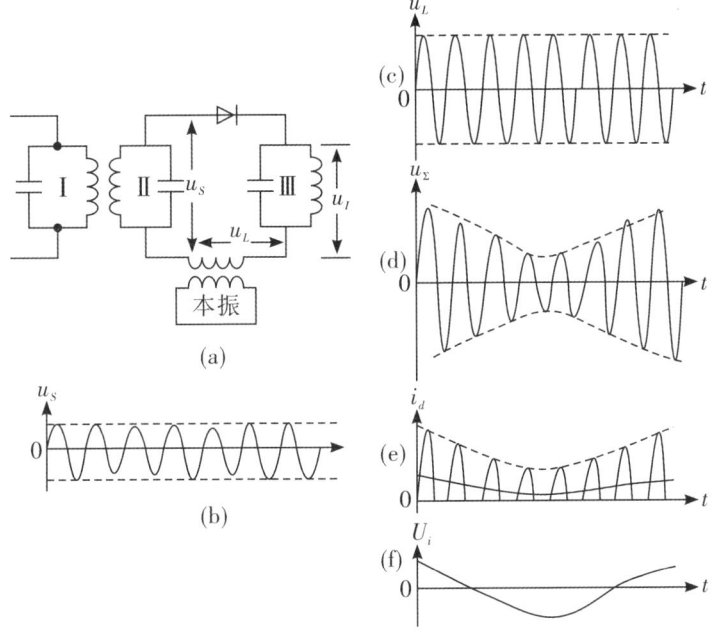

图 5-62 二极管变频器电路及工作波形

在以上的分析中,我们假定输入信号电压为等幅波。如信号电压为调幅波时,其变频过程也与上面分析的完全一样。

图 5-63(a)为输入的高频调幅信号波形,图(b)为本振信号波形,它的频率和信号频率不同(相差一个中频)。这样加在二极管输入端的高频电压为信号与本振的合成电压,合成电压的波形如图(c)所示,由波形看出,高频的包络频率为中频,而包络的振幅又按低频而变化。

与上面分析的结果一样,合成电压作用到二极管上,由于二极管的单向导电性、电流为一系列幅度变化的脉冲,电流的波形如图(d)所示。最后通过输出回路的选择作用,输出中频调幅电压 U_1,其频率为 f_L 与 f_S 二者之差。而振幅的变化规律与输入高频信号的振幅变化规律一样,即调制特性不变,其波形如图(e)所示。

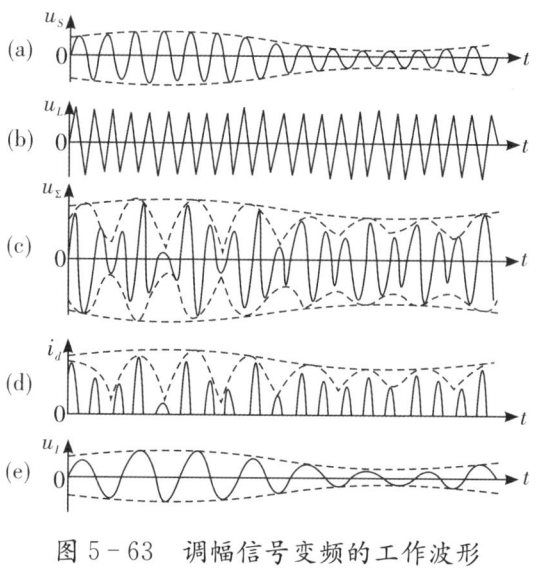

图 5-63 调幅信号变频的工作波形

3. 晶体管变频器

图 5-64 为双管变频器电路。这种晶体管变频器是应用最普遍的一种电路。图中 BG_1 组成的混频电路和 BG_2 组成的本振电路都属于共基调发本机振荡器,高频输入信号电压由 L_2 线圈加至 BG_1 管的基极,本振电压经耦合电容 CM 加至 BG_1 的发射极,这样,利用基极-发射极间的二极管的非线性特性,便得到了中频电流;再经 BG_1 的放大作用,就由 BG_1 集电极调谐回路输出一较大的中频信号。

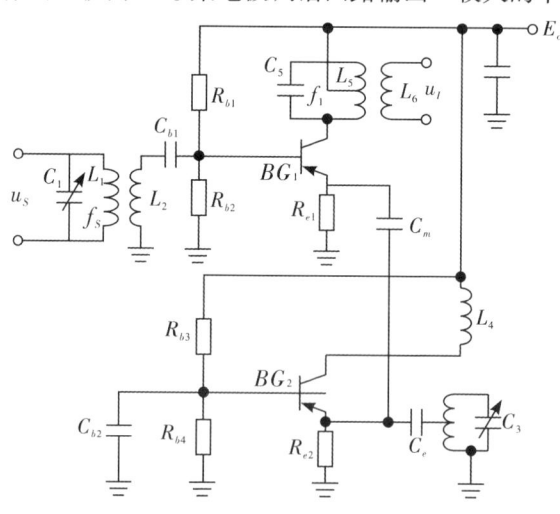

图 5-64 双管变频器电路

4. 平衡混频器与环形变频器

平衡变频器原理电路如图 5-65（a）所示，其等效电路如图 5-65（b）所示。平衡变频器是由两个结构完全相同的二极管变频器所组成，在电路结构上是上下完全对称的。本振电压加在变频器的公共支路中，因此本振信号电压 U_L 是大小相等且相位也相同地加在两个混频管 D_1、D_2 上的。高频信号电流流过输入变压器耦合到次级时，变成了大小相等的电压 U_S' 和 U_S''，其电压极性如图中所示，因此这两个电压加到混频管 D_1、D_2 上时，其相位是相反的。

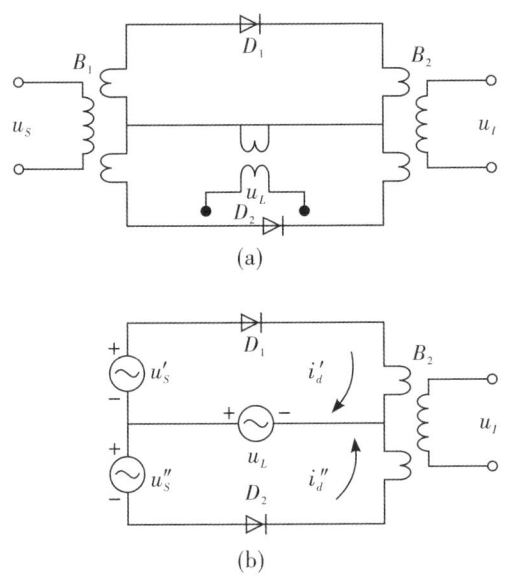

图 5-65 平衡变频器的原理电路及等效电路

平衡变频器的工作原理如下：先讨论中频电压输出的情况。由于本振电压是同相地加于两个混频管的两端，信号电压是反相地加于混频管的两端。因此，加于两管的差拍信号电压 U_Σ' 和 U_Σ'' 的中频包络也是反相的，如图 5-65 所示。但由于两管检波电流 i_d' 与 i_d''，通过输出变压器 B_2 初级线圈时的方向相反，即输出总电流为：

$$i = i_d' - i_d''$$

这样，就像推挽线路一样，凡是对两管相位相同的电流成分，在输出端均互相抵消。而相位相反的成分则互相叠加。因此，两管输出的中频电流互相叠加增大一倍，于是变压器 B_2 次级输出的中频电压也相应增大一倍，提高了变频器的输出，这是平衡变频器的一个优点。另外，平衡变频器具有抑制本振噪声及其他干扰的作用。

第六章　电子元器件的检测与选用

  电子装备的性能、质量和可靠性等指标，不仅决定于设计和生产，还与正确选用元器件有很大关系。因此，我们应该对组成电子装备的各种元器件有一定的认识和检测能力。目前，由于新材料、新工艺和新品种的研究开发，电子元器件发展很快，规格品种繁多，本章主要介绍最常用的电阻器、电容器、电感器、变压器、晶体管、机电元件和集成器件以及表面贴装器件的分类、技术参数、标注方法以及检测与选用等基本知识。

第六章 电子元器件的检测与选用

6.1 电抗元件概述

电抗元件包括电阻器（含电位器）、电容器和电感器（含变压器）。它们在电子产品中应用非常广泛，特别是电阻器和电容器，往往能占一台电子设备器件数量的50%以上，所以也称它们为三大基础元件。

6.1.1 电抗元件的标称值与偏差

工业上，为了商品化标准化生产的需要，电抗元件产品的规格是按特定数列提供的。考虑到技术上和经济上的合理性，目前主要采用 E 数列作为电抗元件规格。

所谓 E 数列是按通项公式

$$a_n = (\sqrt[E]{10})^{n-1} \quad (n = 1, 2, 3, \cdots)$$

E 取不同数值时，计算所得数值四舍五入取近似值，形成数值系列。当 E 取 6，12，24……所取得值构成的数列，分别称为 $E6$，$E12$，$E24$……系列。电抗元件的数值就是按此数列分布的，同时对应于不同的数列，允许偏差值也不同，数值分布越疏，偏差越大。常用 $E6$，$E12$，$E24$ 对应的偏差为 ±20%，±10%，±5%。详细见表 6-1。

表 6-1 常用电抗元件标称系列

允差	E24 ±5%	E12 ±10%	E6 ±20%	E24 ±5%	E12 ±10%	E6 ±20%
阻值系列	1.0	1.0	1.0	3.3	3.3	3.3
	1.1			3.6		
	1.2	1.2		3.9	3.9	
	1.3			4.3		
	1.5	1.5	1.5	4.7	4.7	4.7
	1.6			5.1		
	1.8	1.8		5.6	5.6	
	2.0			6.2		
	2.2	2.2	2.2	6.8	6.8	6.8
	2.4			7.5		
	2.7	2.7		8.2	8.2	
	3.0			9.1		

由表 6-1 可看出，同一数列中标称值的偏差极限是衔接或重叠的（有少数因取舍化整的缘故略有间隙），因此工厂生产的电抗元件都可归入某一标称值，使经济技术指标优化。

例如，在市场上买不到 50 kΩ 的电阻，26 μF 的电容与 5.9 mH 的电感等等，这时需要根据精度要求在相应系列中选择接近的规格，如果电路性能没有特殊要求，则一般尽可能选择普通系列规格。

精密电抗元件可用 $E48$（偏差 $\pm 2\%$），$E96$（偏差 $\pm 1\%$），$E192$（偏差 $\pm 0.5\%$）等系列，由于制造、筛选及测试成本增高，使用数量较少，这些元件价格要比常用系列高数倍至数十倍。

6.1.2 单位符号与偏差符号

将表 6-2 中的数列乘以 10^n（n 为正整数或负整数）就组成各种不同规格的电抗元件规格，为称呼和使用方便，通常采用标准字母代表倍数，电抗元件常用字符如表 6-2 所示。

表 6-2 电抗元件常用倍率符号

因 数	原 文	中 文	电 阻	电 容	电 感
10^{12}	T (tera)	太	TΩ		
10^9	G (giga)	吉	GΩ		
10^6	M (mega)	兆	MΩ		
10^3	K (Kilo)	千	kΩ		
10^{-3}	m (milli)	毫	mΩ	mF	mH
10^{-6}	μ (micro)	微		μF	μH
10^{-9}	n (nano)	纳		nF	nH
10^{-12}	p (pico)	皮		pF	

偏差也由标准符号代表，表 6-3 表示常用偏差符号与精度级数的对照。

表 6-3 常用电抗元件偏差符号

偏 差 百分数/%	±0.1	±0.25	±0.5	±1	±5	±10	±20	+20 −10	+30 −20	+50 −20	+80 −20	+100 0
字母代号	B	C	D	F	J	K	M			S	E	H
曾用符号				0	I	II	III	IV	V	VI		
备 注	精密元件				一般元件				适用于一部分电容			

6.1.3 电抗元件的标志方法

本小节主要介绍电抗元件的电阻值、电容值、电感值及其偏差的标志方法。电抗元件的标志方法主要有直标法、数码法、文字符号法和色码法。

1. 直接标志法

直接标志法简称直标法,是指在元件表面直接标志主要参数和技术性能的一种方法,其主要参数和性能指标的内容用阿拉伯数字(或罗马数字)标出。例如,电阻器读数识别如图6-1所示。(a)电阻值为510欧姆,允许误差为±5%,(b)电阻值为2.7千欧姆,允许误差为±5%。

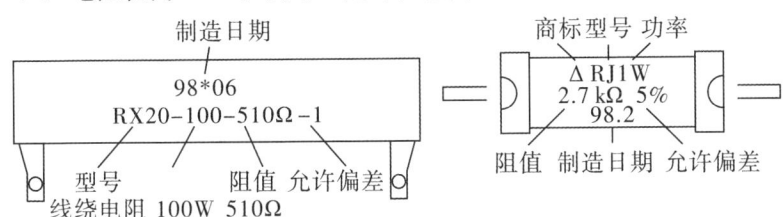

图6-1 直接标志法示例

直标法中可以用单位符号代替小数点,例如,$0.33\ \Omega$可标为$\Omega33$,$3.3\ k$可标为$3k3$,$2.2\ pF$可标志为$2p2$,$3.3\ F$可标志为$3F3$。

2. 数码法

数码法是指用三位有效数字标志标称值的一种方法。数码从左算起,第一、第二位为数字,表示电抗值的有效数字,第三位数字表示有效数字后面的零的个数,即前两位数乘以10^n($n=0\sim8$),当$n=9$时为特例,表示10^{-1}。例如电容器上标志的"103"表示容量为$10\times10^3\ pF=10^4\ pF=0.01\ \mu F$,又如电阻器上标志"229"表示阻值为$22\times10^{-1}\ \Omega=2.2\ \Omega$。电容单位为pF,电阻单位为$\Omega$,电感一般不用数码表示。

3. 色标法

色标法是指用不同颜色的色环在元件表面标志标称值和偏差的一种方法。最常用的是电阻及部分电容,电感也有用色码标志的。各种颜色对应的数字和对应的允许误差,见表6-4。

例如色环电阻器,标准的色环电阻器两侧的色环与两脚的距离是不同的,正确的读数方法应从距离小的那一侧读起。也就是说距离端头最近的色环表示的是第一位有效数字,剩下的按上面的表即可依次推出。

表6-4 电阻器（电容器、电感器）色标符号意义

颜色	有效数字 第一位	有效数字 第二位	倍乘数	允许误差/%
棕	1	1	10^1	±1
红	2	2	10^2	±2
橙	3	3	10^3	
黄	4	4	10^4	
绿	5	5	10^5	±0.5
蓝	6	6	10^6	±0.25
紫	7	7	10^7	±0.1
灰	8	8	10^8	
白	9	9	10^9	
黑	0	0	10^0	
金			10^{-1}	±5
银			10^{-2}	±10
无色				±20

固定电阻器的色环标志读数识别如图6-2所示，一般电阻器用两位有效数字表示，见图6-2（a）所示；精密电阻器用三位有效数字表示，见图6-2（b）所示。

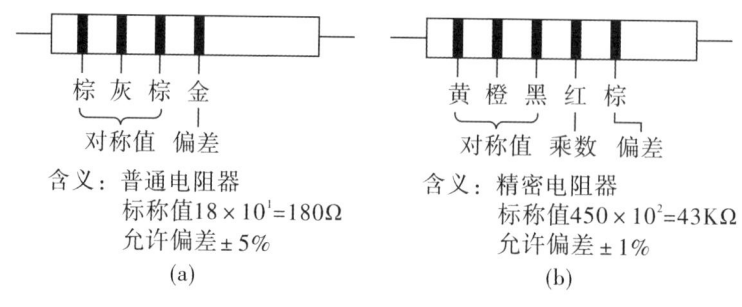

图6-2 固定电阻器色环标志读数识别

另外，用色环或色点还可以标志电容器和电感器，其优点是，颜色醒目，标志清晰，不褪色，从各个方向都能看清标称值和允许偏差，这样在安装、调试和检修电子装备时十分方便。因此，在国际上被广泛使用，目前国内的应用也十分普遍。

6.2 电阻器

电阻器是电子装备中使用最多的基本元件之一，在一台电子设备中，电阻器大约占元器件总数的40%。对维修人员来说，电阻器是经常接触和使用的重要元件。电阻器的种类繁多，一般可分为固定电阻器、可变电阻器和特种电阻器三大类，本节主要介绍固定电阻器。

6.2.1 固定电阻器的分类

为了适应不同电路和不同工作条件的需要，人们研制的固定电阻器品种规格很多，一般按制造材料、结构形状、引线及用途进行分类。具体分类方式如图6-3所示。

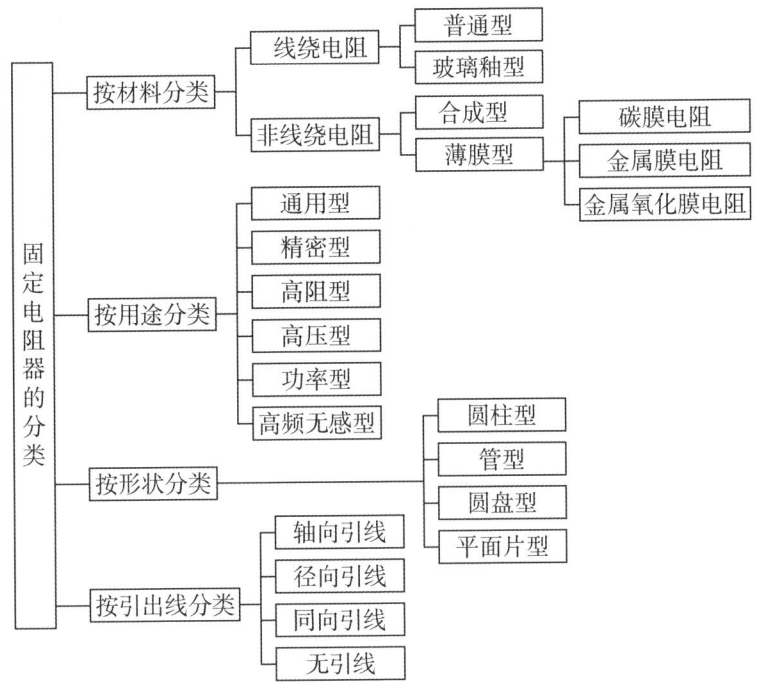

图6-3 固定电阻器的分类

固定电阻器的种类虽然很多，但常用的主要为RT型碳膜电阻、RJ型金属膜电阻、RX型线绕电阻和片装电阻。常用固定电阻器的外形及结构特点如表6-5所示。

表 6-5 常用电阻器的外形及结构特点

名　称	外　形	特　点	阻值及功率	应用
碳膜电阻（RT）		稳定，变电压和频率影响小，负温度系数，价廉	1Ω～10 MΩ 0.125～10 W	民用中低档消费电子产品
金属膜电阻（RJ）		耐热，稳定性及湿度系数均优于碳膜，体积小，精度可达0.05%～0.5%	1Ω～620 MΩ 0.125～5 W	要求较高的电子产品
合成膜电阻（RH）		宽阻值范围，耐压，可达35 kV，抗温性差，噪声大，稳定性差	10 Ω～10^6 MΩ 0.25～5 W	高压电器
线绕电阻（RX）		低噪声，高线性度，温度系数小，稳定，精度可达0.01%，工作温度达315 ℃	0.1 Ω～5MΩ 0.125～500 W	大功率，高稳定性，高温工作场合
金属氧化膜电阻（RY）		抗氧化性和热稳定优于金属膜，阻值范围小	1 Ω～200 kΩ 大功率的有25 W～50 kW	补充金属膜电阻大功率及低阻部分
玻璃釉电阻（RI）		耐高温，宽阻值，温度系数小，耐湿性好	5.1 Ω～200 MΩ 0.5～2 W 大功率的有5～500 W	高阻、低温度系数应用场合
合成实芯电阻（RS）		机械强度高，过载能力强，噪声高，分布参数大，稳定性差	470 Ω～22 MΩ 0.25～2 W	主要用于电力、电子等高压大电流领域
集成电阻（排阻）（BYW）		高精度、高稳定、低噪声、温度系数小，高频特性小	51 Ω～33 kΩ	计算机、仪器、仪表以及 A/D、D/A 等电路

除了上述介绍的常用电阻器外,还有一些特殊性能的电阻器。

(1) 熔断电阻器

熔断电阻(保险电阻)包括:金属皮膜保险电阻(FRN)、线绕型保险电阻(FKN)、水泥保险电阻等。熔断电阻制造技术高,因此熔断特性和冲激性能稳定。熔断电阻器的典型实物如图6-4所示。

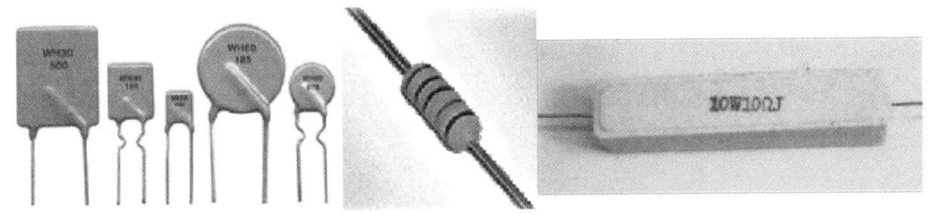

图6-4 熔断电阻器的典型实物

保险电阻兼备电阻器和保险丝的功能,在正常情况下具有普通电阻的电气特性,当电路发生故障或异常,伴随着电流不断升高并且升高的电流有可能损坏电路中的某些重要器件或贵重器件时,若电路中正确地安置了熔断电阻器,那么熔断电阻器就会在规定的时间内熔断,切断电流,从而达到保护其他元器件的目的。

(2) 热敏电阻器

热敏电阻是一种阻值随温度变化的元件,热敏电阻器是用热敏半导体材料经一定烧结工艺制成的。热敏电阻器根据随温度的变化规律不同又分为正温度系数热敏电阻(PTC)和负温度系数热敏电阻(NTC)。正温度系数热敏电阻的电阻值随温度的升高而增大;负温度系数热敏电阻的电阻值随温度的升高而减小。

根据热敏电阻阻值随温度变化的特性,热敏电阻常用作温度、控温、补偿、保护等电路中的感温元件。热敏电阻器的典型实物如图6-5所示。

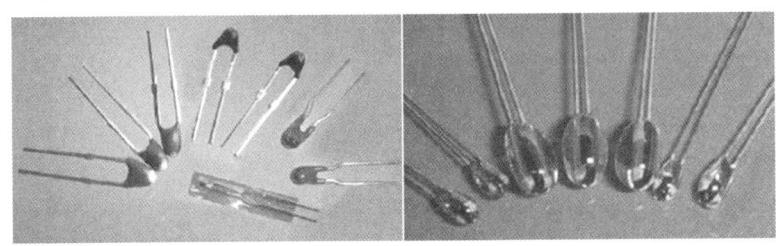

图6-5 热敏电阻器的典型实物

(3) 压敏电阻器

压敏电阻器是用碳化硅或氧化锌作为主要材料制成的半导体器件,对电压变化非常敏感。在一定温度和一定电压范围内，当外界电压增大时，阻值减小，外加电压增加到某一临界值时，其阻值急剧减小；反之，当外界电压减小时，阻值增大。压敏电阻具有温度系数小，范围宽（几伏至几万伏），耐冲击等特性。压敏电阻常用于开关、过压保护、消噪等电路中。压敏电阻器的典型实物如图6-6所示。

图6-6　压敏电阻器的典型实物

（4）湿敏电阻器

湿敏电阻是由感湿层、电极、绝缘体组成，湿敏电阻主要包括氯化锂湿敏电阻、碳湿敏电阻、氧化物湿敏电阻。氯化锂湿敏电阻随湿度上升而电阻减小，缺点为测试范围小，特性重复性差，受温度影响大。碳湿敏电阻缺点为低温灵敏度低，阻值受温度影响大，有老化特性，较少使用。氧化物湿敏电阻性能较优越，可长期使用，温度影响小，阻值与湿度变化呈线性关系。湿敏电阻器的典型实物如图6-7所示。

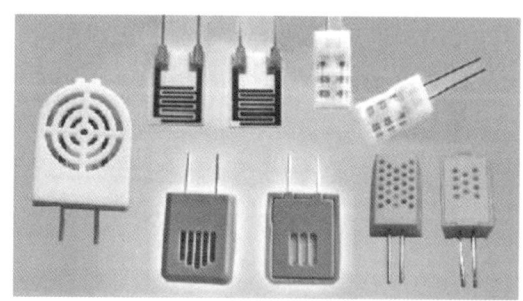

图6-7　湿敏电阻器的典型实物

（5）光敏电阻器

光敏电阻是用硫化铝和硫化铋等具有光电效应的半导体材料制成的电阻器。光敏电阻器的阻值受外界光线强弱的影响：当光线增强时，阻值减小；光线减弱时，阻值增大。根据光敏电阻的这一特点，它常应用于自动亮度控制电路、照度计、数码照相机、光电开关和光电报警器等电路中。光敏电阻器的典型实物如图 6-8 所示。

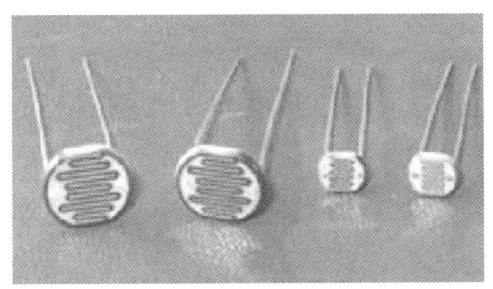

图 6-8 光敏电阻器的典型实物

(6) 气敏电阻器

气敏电阻是一种对特殊气体敏感的元件,利用某些半导体吸收某种气体后发生氧化还原反应的特性制成,其电阻值随被测气体的浓度和成分而变化。气敏电阻通常采用氧化锡(SnO_2)等金属氧化物材料制成。气敏电阻器广泛应用于各种可燃气体、有毒气体和烟雾等方面的检测,气敏电阻器的种类分为两类,N 型气敏电阻器和 P 型气敏电阻器。

N 型气敏电阻器:在检测到甲烷、一氧化碳、天然气、煤气、液化石油气、乙烷、氢气等气体时,其电阻值将减小。

P 型气敏电阻器:在检测到可燃气体时,其电阻值将增大;而在检测到氯气、二氧化氮等气体时,其电阻值将减小。

(7) 磁敏电阻器

磁敏电阻(又称磁控电阻器)是利用半导体材料的磁电阻效应(半导体材料的电阻随着磁场的增大而增大的现象叫作磁电阻效应)制成的,磁敏电阻器的阻值随磁场的变化而变化。磁敏电阻器多采用片形膜式封装结构,有两端、三端(内部有两只串联的磁敏电阻)之分。

磁敏电阻器一般用于磁场强度、漏磁、制磁的检测;在交流变换器、频率变换器、功率电压变换器、位移电压变换器等电路中作测控元件;还可用于接近开关、磁卡文字识别、磁电编码器、电动机测速等方面或制作磁敏传感器。

(8) 力敏电阻器

力敏电阻是利用半导体材料的压力电阻效应(压力电阻效应指半导体材料的电阻率随机械应力的变化而变化的效应)制成的,是一种阻值随压力变化而变化的电阻,国外称为压电电阻器。力敏电阻主要用于各种张力计、转矩计、加速度计、半导体传声器及各种压力传感器中。

力敏电阻主要有硅力敏电阻、硒碲合金力敏电阻等，相对而言，合金力敏电阻器灵敏度更高。

下面介绍电阻器的主要参数。

电阻器的主要参数很多，主要有标称阻值和允许误差（或叫精度等级）、额定功率、最高工作温度、极限工作电压、稳定性、噪声电动势、高频特性和温度系数等。在实际应用中，一般常考虑标称阻值、允许误差和额定功率三项参数。

（1）标称阻值

各个工厂生产的电阻器，均应符合国家规定的阻值系列，并将阻值标在电阻器上，电阻器的标称阻值对应为表 6-1。

以 E24 系列中的 1.5 为例，电阻器的标称阻值可以为 0.15 Ω（$n=-1$），1.5 Ω（$n=0$），15 Ω（$n=1$），150 Ω（$n=2$），1.5 kΩ（$n=3$），150 kΩ（$n=5$），1.5 MΩ（$n=6$），150 MΩ（$n=8$），

精密电阻器的标称阻值系列，除 E24、E12、E6 系列外，还有 E48、E96、E102 等系列。因我们很少使用，这里不赘述。另外一些非规格阻值（如 4 Ω、8 Ω）的电阻，因需求量较大，也有一些厂家生产。

（2）允许误差

工厂生产的电阻器阻值不可能与国家规定的标称值完全一致，两者之间多少总存在一定误差。对此，国家也作了规定，误差表示方法用字母来表示，其基本含义如表 6-3 所示，实例如图 6-2 所示。

如果你需要一只 29 Ω 的电阻，就可以选用 30 Ω 的成品电阻，这时的误差为 (30-29)/30=3.33% 仍在规定的误差 5% 以内。

（3）额定功率

电阻器的额定功率也叫作负荷功率。电阻实质上是吸收电能转换成热能的能量转换元件，消耗电能并使自身温度升高，其负荷能力取决于电阻长期稳定工作的允许发热温度。根据国标，不同类型的电阻有不同系列的额定功率。通常功率系列可以为 0.05~500 W 之间数十种规格。选择电阻功率，应使额定值高于在电路中的实际值 1.5~2 倍。

实际用的电阻器除体积较大的电阻外，并没有标出功率参数。由于额定功率主要取决于电阻体材料、几何尺寸和散热面积，因此同类型电阻可采用尺寸比较法确定功率。表 6-6 为几种常用电阻外形尺寸与功率对应关系。在实际电路图中也采用一定的符号来标志功率，如图 6-9 所示。

表 6-6　常用电阻器功率与外形尺寸

名　称	型　号	额定功率	外形尺寸/mm	
			最大直径	最大长度
超小型碳膜电阻	RT13	0.125	1.8	4.1
小型碳膜电阻	RTX	0.125	2.5	6.4
碳膜电阻	RT	0.25	5.5	18.5
碳膜电阻	RT	0.5	5.5	28.0
碳膜电阻	RT	1	7.2	30.5
碳膜电阻	RT	2	9.5	48.5
金属膜电阻	RJ	0.125	2.2	7.0
金属膜电阻	RJ	0.25	2.8	8.0
金属膜电阻	RJ	0.5	4.2	10.8
金属膜电阻	RJ	1	6.6	13.0
金属膜电阻	RJ	2	8.6	18.5

注：有些 RT 电阻的型号后标有 0.25、0.5 等数值，如 RT0.25、RT0.5 等，该数值亦指额定功率。

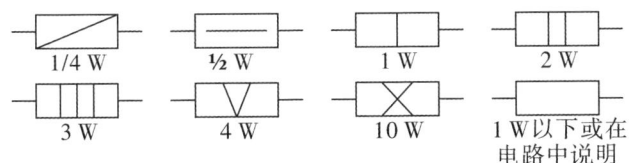

图 6-9　电阻器功率的标志

（4）温度系数

所有材料的电阻率，都随温度变化而变化，电阻的阻值同样如此，在衡量电阻温度稳定性时，使用温度系数：

$$a_r = \frac{R_2 - R_1}{R_1 (t_2 - t_1)}$$

式中，a_r 为电阻温度系数，单位为 $1/℃$。R_1 和 R_2 分别为温度 t_1 和 t_2 时的电阻值，单位为 Ω。

金属膜、合成膜等电阻，具有较小的温度系数，适当控制材料及加工工艺，可以制成温度稳定性高的电阻。

（5）噪声

噪声是产生于电阻中的一种不规则的电压起伏，包括热噪声和电流噪声两种。任何电阻都有热噪声,降低电阻的工作温度,可以减小热噪声。电流噪声与电阻内的微观结构有关,合金型无电流噪声,薄膜型较小,合成型最大。

(6) 极限电压

电阻两端电压增加到一定数值时,会发生电击穿现象,使电阻损坏。根据电阻的额定功率可计算电阻的额定电压:$U=\sqrt{P \cdot R}$,当额定电压升高到一定值不允许再增加时的电压为极限电压,它受电阻尺寸几何结构的限制。

一般常用电阻器功率与极限电压如下:

0.25 W   250 V

0.5 W   500 V

1~2 W   750 V

更高电压应选用高压型电阻器。

6.2.2 固定电阻器的测量

电阻器在使用前应进行测量,看其阻值与标称阻值是否相符,误差值是否在电阻器的标准误差之内。

用万用表测量电阻器时要注意:测量时手不能同时接触被测电阻的两个引脚,以免人体电阻影响测量的准确性。测量电路中的电阻时,必须将电阻器的一端从电路中断开,以防电路中的其他元件影响测量结果。测量电阻器的阻值时,应根据被测电阻值的大小选择合适的量程。因为万用表(指针式)的欧姆挡刻度线是非线性的,在欧姆挡的中间段,分度较细且准确,因此测量电阻时,尽可能将表针落在刻度盘的中间段,以提高测量精度。

用万用表测量电阻简单,但不精确,一般用来粗测,若需精确测量电阻值,需采用电桥法等。

1. 用万用表测量法

(1) 普通固定电阻器的检测

使用指针式万用表测量时,将两表笔(不分正负)分别与电阻的两端引脚相接即可测出实际电阻值,为了提高测量精度,应根据被测电阻标称值的大小来选择量程。由于欧姆挡刻度线是非线性的,它的中间一段分度较为精细,因此应使指针指示值尽可能落到刻度的中段位置,即全刻度起始的20%~80%弧度范围内,以使测量更准确。根据电阻误差等级不同,读数与标称阻值之间分别允许有±5%、±10%或±20%的误差。如不相符,超出误差范围,则说明该电阻值变值了。

注意：测试时，特别是在测几十千欧以上阻值的电阻时，手不要触及表笔和电阻的导电部分；被检测的电阻应从电路中焊下来，至少要焊开一个头，以免电路中的其他元件对测试产生影响，造成测量误差；色环电阻的阻值虽然能以色环标志来确定，但在使用时最好还是用万用表测试一下其实际阻值。

（2）熔断电阻器的检测

在电路中，当熔断电阻器熔断开路后，可根据经验作出判断：若发现熔断电阻器表面发黑或烧焦，可断定是其负荷过重，通过它的电流超过额定值很多倍所致；如果其表面无任何痕迹而开路，则表明流过的电流刚好等于或稍大于其额定熔断值。对于表面无任何痕迹的熔断电阻器好坏的判断，可借助万用表 R×1 挡来测量，为保证测量准确，应将熔断电阻器一端从电路上焊下。若测得的阻值为无穷大，则说明此熔断电阻器已失效开路，若测得的阻值与标称值相差甚远，表明电阻变值，也不宜再使用。在维修实践中发现，也有少数熔断电阻器在电路中被击穿短路的现象，检测时也应予以注意。熔断电阻器的检测如图 6-10 所示。

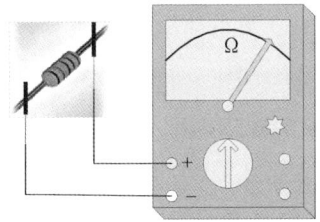 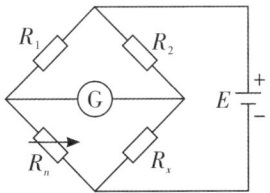

图 6-10 熔断电阻的检测　　图 6-11 电桥法测量电阻

2. 电桥法测量电阻

当对电阻值的测量精度要求很高时，可用电桥法进行测量。如图 6-11 所示，R_1、R_2 是固定电阻，称为比率臂，比例系数 $K=R_1/R_2$，可通过量程开关进行调节，R_n 为标准电阻称为标准臂，R_x 为被测电阻，G 为检流计。测量时接上被测电阻，接通电源，通过调节 R_n，使电桥平衡即检流计指示为 0，读出 R_n 的值，即可求得 R_x：

$$R_x = (R_1/R_2) \cdot R_n = K \cdot R_n$$

3. 伏安法测量电阻

伏安法是一种间接测量法，理论依据是欧姆定律，给被测电阻施加一定的电压，所加电压应不超过被测电阻的承受能力，然后用电压表和电流表分别测出被测电阻两端的电压和流过的电流，即可算出被测电阻的阻值。

6.2.3 固定电阻器的选用

1. 阻值和额定功率数必须满足要求

阻值的选用很容易满足,功率大小得到满足才是需要考虑的重要问题。在实际电路中要保证电阻器正常工作而不至烧坏,必须使它实际工作时所承受的功率不超过额定功率,为了使电阻器工作可靠,通常选用电阻器的额定功率要大于其实际承受功率1倍以上。选用功率型电阻器的额定功率都要高于电路实际要求功率2倍才行,否则很难保证电路正常工作。目前见到的大多数功率型电阻器为线绕电阻器。它具有许多优点:耐高温、热稳定性好、温度系数小、电流噪声小、功率大,能承受较大的负载等。线绕电阻器中有低噪声、耐热性好的功率型普通电阻器、精密电阻器和高精度高稳定电阻器。其额定功率通常为 $4\sim300$ W;阻值范围为几十欧到几十千欧;允许误差为 $0.005\%\sim2\%$。其缺点:相对体积较大、分布电容电感也较大,不能用在 2 MHz 以上的高频电路中;另外,线绕电阻器最大阻值不超过 100 kΩ。

2. 在高增益前置放大电路中,应选用噪声电动势小的电阻器

各种类型的电阻器都存在噪声电动势,有的噪声电动势较大,可达几十微伏,如合成碳膜电阻器和实心电阻器的噪声电动势就很大;有的电阻器噪声电动势很小,例如金属膜电阻器有的噪声电动势不大于 1 μV;有的类型高精密金属膜电阻器噪声电动势不大于 0.2 μV。高增益放大电路的作用是将输入的电信号放大数百倍以上,如电视机的高频头、调频收音机的调谐电路和寻呼机的变频级等都属于高增益放大电路。这些放大电路的输入端接收来的输入信号都非常微弱,仅在几微伏到几十微伏范围内。如果把这样微弱的信号输入到由其中有噪声电动势较大的电阻器等组成的高增益放大电路中进行放大时,信号和噪声都放大了。这样噪声将严重干扰有用信号,无法达到预期的效果。因此,在高增益放大电路中必须选用噪声电动势小的电阻器。

3. 根据电路工作频率选用不同类型的电阻器

任何一种电阻器都或多或少存在分布电感和分布电容,由于各种电阻器的结构和制造工艺不同,其分布参数也不相同。RX 型线绕电阻的分布参数都比较大,不适合在高频电路中工作,但在低频电路中工作影响不大,甚至可以忽略。这样,在低频(50 kHz 以下)电路中,就可以选用线绕电阻器。如电源中的分压电阻、放电电阻和大功率管的偏置电阻,都可以选用普通线绕电阻器。在高频电路中工作，要求电阻器的分布参数越小越好，这样电路的频率特性越好。所以，在高达数百兆赫的高频电路工作的电阻器，要选用 RT 型碳膜电阻器、RJ 型金属膜电阻器和 RY 型金属氧化膜电阻器。在超高频电路中，还可以选用 RTCP 型棒状超高频碳膜电阻器和 RTCP—Q 型纽扣式超高频碳膜电阻器。

4. 根据电路稳定性的要求选用不同温度系数的电阻器

电阻器在不同电路里的作用不同，在稳定性方面要求也不一样。有的电路对电阻器的阻值变化要求不严格，阻值变化大小，对电路工作影响不大。例如，在去耦电路中，即使选用的电阻器阻值有较大变化，对电路工作影响也并不大。类似这样的电路就可以选用温度系数较大的普通电阻器，如实芯类电阻器等。有的电路对温度稳定性要求较高，要求电路中工作的电阻器阻值变化很小才行。如稳压电源电路中的取样电阻器，阻值的变化将引起稳压电源输出电压不稳定；又如在直流放大器的电路中，为了减小放大器的零点漂移，选用稳定性高的电阻器等元件很重要，否则由于电阻器阻值的变化等将产生大的零点漂移。碳膜电阻器、金属膜电阻器、金属氧化膜电阻器、玻璃釉膜电阻器等温度系数都较小，温度稳定性好，很适合用于要求稳定性较高的电路中。线绕电阻器由于采用特殊的合金线绕制，它的温度系数极小，因此其阻值最为稳定，适合用于高稳定电路中。

值得指出的是，可以利用电阻器具有正（负）温度系数的特性去补偿电路中某些器件的热稳定性，以达到稳定工作的要求。例如，在甲乙类推挽功放电路中，常选用合适的负温度系数的热敏电阻与下偏置电阻并联，补偿功放管集电极电流随温度的变化，稳定功放管的静态工作点。

5. 根据工作环境条件选用电阻器

使用电阻的环境条件不同时，所选用的电阻器种类也不相同，有的电阻器用在环境温度较高或安装在靠近发热器件旁边的位置，一定要考虑选用耐高温的电阻器。如金属膜电阻器、金属氧化膜电阻器等，都能承受较高的环境温度（可在 125 ℃ 的高温条件下长期工作）；也有的电阻器使用在温、湿度都较大的环境中，这样应选用抗潮湿性能好的金属玻璃釉电阻器，不要选用抗潮性能差的合成膜电阻器。有的场合不仅温、湿度较大，而且有酸碱腐蚀的影响，这样应选用耐高温、抗潮性好、耐酸碱性强的金属氧化膜电阻器和金属玻璃釉电阻器。由于制作各种电阻器的材料和工艺不同，相同阻值和功率的电阻器体积不相同，在实际选用时，应根据空间结构和价格因素，综合考虑具体选择种类。

6. 应优先选用通用型电阻器

通用型电阻器种类多，如碳膜电阻、金属膜电阻、金属氧化膜电阻、金属玻璃釉电阻、实芯电阻、线绕电阻等。这些电阻规格齐全，阻值范围宽，精度包括±5%、±10%和±20%三级，功率为 0.1～10 W。再加上通用型电阻器每种规格的生产数量都较大，成本较低，价格就便宜，便于生产与维修。因此，只要通用型电阻器能满足电路的工作要求，就应优先选用通用型电阻器。如不能满足电路工作要求，才考虑精密型电阻器和其他特殊电阻器。

6.3 电位器

电位器是由一个电阻体和一个转动或者滑动系统组成的。在电子设备电路中，电位器的作用是调节分压、分流或用来作为调整或检测电路的变阻器。在无线电台、收音机或其他家用电器上常用来调节音量的大小。电位器在电路中如作为分压器，它是一个四端电子元件，当作为变阻器使用时，它是一个两端电子元件。电位器在电路中常用字母"RP"或"RW"表示。

6.3.1 电位器的分类

电位器的种类很多，按照不同的分类标准，有不同的电位器。按调节方式的不同，可分为接触式和非接触式两大类，接触式电位器是靠可动电刷和电阻体直接机械接触进行工作的。目前常用的电位器都属于这一类；非接触式电位器工作时没有直接接触的触点，如光电电位器和热敏电位器等，这类电位器在电子设备中极少见，这里不作介绍。

通常，电位器按照建造材料的不同分类，有膜式电位器、实芯式电位器和线绕式电位器三大类。如果按电位器阻值变化形式不同，可分为直线式、指数式、对数式以及其他函数式等。按是否带开关来分，有带开关和不带开关电位器两类。带开关的又有旋转式开关、推拉式开关、按键式开关等多种。如果按调节阻值的活动机构不同，可分为旋转式电位器和直滑式电位器两种。如果按组合形式不同，可分为单联电位器和多联电位器。

常用电位器的外形及基本参数如表 6-7 所示。

表 6-7 常用电位器的外形及基本参数

名 称	外 形	阻值范围、功率	特 点	应 用
合成膜电位器（WH）		100 Ω～4.7 MΩ 0.1 W～2 W	1. 阻值范围宽、分辨力高； 2. 寿命长、价廉； 3. 非线性、噪声大； 4. 温度系数大	民用中低档产品及一般仪器仪表电路，如 WH4,WH14, WH23 等
有机实芯电位器（WS）		100 Ω～4.7 MΩ 0.25 W～2 W 常见 0.5 W	1. 耐热、耐磨； 2. 体积小、过载能力强； 3. 温度系数、噪声大； 4. 耐湿性差、精度低，价格高于 WH	对可靠性，温度及过载能力要求较高的电路，如 W512, W23 等
线绕电位器（WX）		4.7 Ω～100 kΩ 0.25 W～25 W	1. 功率大，精度高； 2. 温度系数小，耐高温，稳定性好； 3. 分辨力低、耐磨性能差，高频性能差	高温，大功率电路及精密调节电路，常用 WXX5, WX8, WXD23 等
金属玻璃釉电位器（WI）		100 Ω～1 MΩ 0.25 W～0.75 W	1. 耐磨、耐湿热，强度系数小； 2. 分辨力、可靠性高，过载能力强； 3. 高频性能好； 4. 接触电阻电流噪声大	要求较高的各种电路及高频电路，常用 WI110, WIW21, WIW23 等
金属陶瓷微调电阻		20 Ω～2 MΩ 0.5 W～0.75 W	1. 阻值范围宽，体积小； 2. 温度系数小，稳定性好； 3. 分辨力高； 4. 机械寿命较短（<200 次）	各种要求较高的电路微调用，3323 单圈 0.5 W,3006 15 圈 0.75 W,3296 5 圈 0.5 W
数字电位器		1 kΩ、2 kΩ、10 kΩ、50 kΩ、100 kΩ 1 mW～16 mW 中心抽头电流<1 mA	长寿命，易数字化，输出为离散量	音视频设备，数字系统

6.3.2 电位器的主要参数

电位器的主要参数除了与电阻器相同的标称阻值、额定功率外，还有分辨率，滑动噪声，阻值变化率等。

(1) 分辨率

分辨率也称分辨力，是指电位器在电路工作中转动时输出的电压变动量与输出电压的比值。

(2) 滑动噪声

滑动噪声是指当电位器在外加电压的作用下，其接触点在电阻上滑动时，产生的电噪声，又称为电位器的动噪声。动噪声是滑动噪声的主要参数之一。

(3) 阻值变化率

阻值变化率指其阻值随滑动接触点旋转角度或滑动行程之间的变化关系。

6.3.3 电位器的测量

电位器的引线脚分别为"1""2""3"。检查电位器时，首先要转动旋柄，看看旋柄转动是否平滑，开关是否灵活，开关通、断时"喀哒"声是否清脆，并听一听电位器内部接触点和电阻体摩擦的声音，如有"沙沙"声，说明质量不好。

(1) 万用表测试

用万用表测试时，先根据被测电位器阻值的大小，选择好万用表的合适电阻挡位，然后可按下述方法进行检测。用万用表的欧姆挡测电位器的两固定端，其读数应为电位器的标称阻值，如万用表的指针不动或阻值相差很多，则表明该电位器已损坏。

检测电位器的活动臂与电阻片的接触是否良好。将电位器的转轴按逆时针方向旋至接近"关"位置，这时电阻值越小越好。再顺时针慢慢旋转轴柄，电阻值应逐渐增大，表头中的指针应平稳移动。当轴柄旋至极端位置，另一固定端时，阻值应接近电位器的标称值。如万用表的指针在电位器的轴柄转动过程中有跳动现象，说明活动触点有接触不良的故障。

(2) 用示波器测量电位器的噪声

如图 6-12 所示，给电位器两端加一适当的直流电源 E，E 的大小应不致造成电位器超功耗，最好用电池，因为电池没有纹波电压和噪声，让一恒定电流流过电位器，缓慢调节电位器的滑动端，在示波器的荧光屏上显示一条光滑的水平亮线，随着电位器滑动端的调节，水平亮线在垂直方向移动，若水平亮线上有不规则的毛刺出现，则表示有滑动噪声或静态噪声存在。

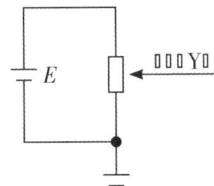

图 6-12 示波器测量电位器的噪声

6.3.4 电位器的选用

（1）根据使用要求选用电位器

选用电位器时，应根据应用电路的具体要求来选择电位器的电阻体材料、结构、类型、规格、调节方式。例如，大功率电路选用功率型线绕电位器；精密仪器等电路中应选用高精度线绕电位器、精密多圈电位器或金属玻璃釉电位器；中、高频电路可选用碳膜电位器；半导体收音机的音量调节兼电源开关可选用小型带旋转式开关的碳膜电位器；立体声音频放大器的音量控制可选用双联同轴电位器；音响系统的音调控制可选用直滑式电位器；电源电路的基准电压调节应选用微调电位器；通信设备和计算机中使用的电位器可选用贴片式多圈电位器或单圈电位器。

（2）合理选择电位器的电参数

根据设备和电路的要求选好电位器的类型和规格后，还要根据电路的要求合理选择电位器的电参数，包括额定功率、标称阻值、允许偏差、分辨率、最高工作电压、动噪声等。

（3）根据阻值变化规律选用电位器

各种电源电路中的电压调节、放大电路的工作点调节、电视机的副亮度调节及行、场扫描信号调节用电位器，均应使用直线式电位器。

音响器材中的音调控制用电位器应选用反转对数式（旧称指数式）电位器，音量控制用电位器可选用对数式电位器。

6.4 电容器

电容器也是组成电子设备的基本元件之一。在一台电子设备中,电容器的数量也占有相当大的比例,仅次于电阻。

6.4.1 电容器的分类

电容器的种类繁多,从结构上分,有固定电容器和可变电容器。其中可变电容器中还包括半可变电容器(即微调电容器)。表 6-8 为常用固定电容器的外形图及结构特点,表 6-9 为常用可变电容器的外形图及结构特点。

表 6-8 常用固定电容器

名 称	外 形	特 点	电容量 额定电压	应 用
聚酯(涤纶) 电容(CL)		体积小,容量大,耐热耐湿,稳定性差	470 pF～4 μF 63 V～630 V	对稳定性和损耗性要求不高的低频电路
聚苯乙烯 电容(CB)		稳定,低损耗,体积较大	10 pF～1 μF 100 V～30 kV	对稳定性和损耗要求较高的电路
聚丙烯 电容(CBB)		性能与聚苯相似但体积小,稳定性略差	1 000 pF～10 μF 63 V～2 000 V	代替大部分聚苯或云母电容,用于要求较高的电路
云母电容 (CY)		高稳定性,高可靠性,温度系数小	10 pF～0.1 μF 100 V～7 kV	高频振荡,脉冲等要求较高电路

表 6-8（续）

名　称	外　形	特　点	电容量 额定电压	应　用
高频瓷介 电容（CC）		高频损耗小，稳定性好	1 pF～6 800 pF 63 V～500 V	高频电路
低频瓷介 电容（CT）		体积小，价廉，损耗大，稳定性差	10 pF～4.7 μF 50 V～100 V	要求不高的低频电路
玻璃釉 电容（CI）		稳定性较好，损耗小，耐高温（200 ℃）	10 pF～0.1 μF 63 V～400 V	脉冲、耦合、旁路等电路
铝电解 电容（CD）		体积小，容量大，损耗大，漏电大	0.47～10 000 μF 6.3 V～450 V	电源滤波，低频耦合，去耦，旁路等
钽电解 电容（CA） 铌电解 电容（CN）		损耗、漏电小于铝电解电容	0.1 μF～1 000 μF 6.3 V～125 V	在要求高的电路中代替铝电解电容

表 6-9 常用可变电容器

名称		外形	特点	电容量调整范围	应用
可变电容器	空气介质		1. 损耗小，效率高；2. 可根据要求制成直线式、直线波长式、直线频率式及对数式等	100 pF ~1 500 pF	电子仪器，广播电视设备等
	薄膜介质		1. 体积小，重量轻；2. 损耗较空气介质的大	15 pF ~550 pF	通信、广播接收机等
微调电容器	薄膜介质		损耗较大，体积小	1 pF ~29 pF	收录机、电子仪器等电路作电路补偿
	陶瓷介质	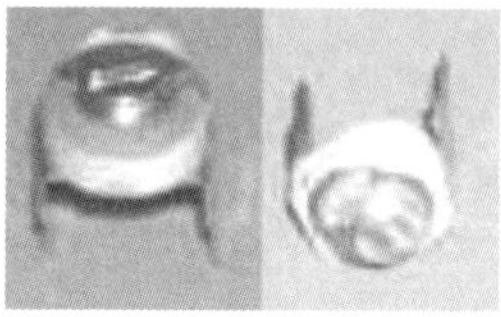	损耗较小，体积较小	0.3 pF ~22 pF	精密调谐的高频振荡回路

由于电容器的性能和具体用途与两极板间的绝缘介质有着密切的关系，所以通常都是按介质材料对电容器进行分类。一般常用的介质有：云母、陶瓷、空气、有机薄膜、电解液和玻璃釉等。

6.4.2 固定电容器的主要参数

（1）标称容量和允许误差

电容是电容器储存电荷的能力（容量），常用的单位是 pF、μF、F。电容器上标有的电容数是电容器的标称容量。电容器的标称容量和它的实际容量会有误差。常用固定电容允许误差的等级与常用固定电容的标称容量系列如表6-10所示。

表6-10 常用固定电容器的标称容量系列

电容类别	允许误差	容量范围	标称容量系列
纸介电容、金属化纸介电容、纸膜复合介质电容、低频（有极性）有机薄膜介质电容	5% ±10% ±20%	100 pF~1 μF 1 μF~100 μF	1.0, 1.5, 2.2, 3.3, 4.7, 6.8 1, 2, 4, 6, 8, 10, 15, 20, 30, 50, 60, 80, 100
高频（无极性）有机薄膜介质电容、瓷介电容、玻璃釉电容、云母电容	5%	1pF~1 μF	1.1, 1.2, 1.3, 1.5, 1.6, 1.8, 2.0 2.4, 2.7, 3.0, 3.3, 3.6, 3.9, 4.3 4.7, 5.1, 5.6, 6.2, 6.8, 7.5, 8.2, 9.1
	10%		1.0, 1.2, 1.5, 1.8, 2.2, 2.7 3.3, 3.9, 4.7, 5.6, 6.8, 8.2
	20%		1.0, 1.5, 2.2, 3.3, 4.7, 6.8
铝、钽、铌、钛电解电容	10% ±20% +50%~20% +100%~10%	1~1 000 000 μF	1.0, 1.5, 2.2, 3.3, 4.7, 6.8 （容量单位 μF）

一般电容器上都直接写出其容量，也有用数字来标志容量的。通常容量小于10 000 pF，用pF做单位；大于10 000 pF，用μF做单位；为了简便起见，大于100 pF而小于1 μF的电容常常不注单位。通常没有小数点的，它的单位是pF；有小数点的，它的单位是μF。

（2）绝缘电阻

由于电容两极之间的介质不是绝对的绝缘体，它的电阻不是无穷大，而是一个有限的数值，一般在1 000 MΩ以上，电容两极之间的电阻叫作绝缘电阻，或者叫作漏电电阻，绝缘电阻的大小是额定工作电压下的直流电压与通过电容的漏电电流的比值。绝缘电阻越小，漏电越严重。电容漏电会引起能量损耗，这种损耗不仅影响电容的寿命，而且会影响电路的正常工作。因此，电容的绝缘电阻越大越好。

(3) 介质损耗

电容器在电场作用下消耗的能量,通常用损耗功率和电容器的无功功率之比,即损耗角的正切值表示。损耗角越大,电容器的损耗越大,损耗角大的电容不适于高频条件下工作。

(4) 频率特性

频率特性是电容器的电参数随电场频率而变化的特性。在高频条件下工作的电容器,由于介电常数在高频时比低频时小,电容量也相应减小,损耗也随频率的升高而增加。另外,在高频工作时,电容器的分布参数,如极片电阻、引线和极片间的电阻、极片的自身电感、引线电感等,都会影响电容器的性能。所有这些,使得电容器的使用频率受到限制。不同品种的电容器,最高使用频率不同。例如,小型云母电容器的使用频率在 250 MHz 以内;圆片型瓷介电容器为 300 MHz;圆管型瓷介电容器为 200 MHz;圆盘型瓷介电容器可达 3000 MHz;小型纸介电容器为 80 MHz;中型纸介电容器只有 8 MHz。

(5) 额定工作电压

额定工作电压是指电容器在电路中能够长期稳定、可靠工作,所承受的最大直流电压,又称耐压。对于结构、介质、容量相同的电容器,耐压越高,体积越大。

(6) 温度系数

温度系数是指在一定温度范围内,温度每变化 1 ℃,电容量的相对变化值。电容器的温度系数越小越好。

6.4.3 固定电容器简单测量

所谓简单测量是指对电容器能否储存电荷的大概测量,也即充放电性能的测量。其容量的大小只能根据电阻挡位和指针偏转角度来简单估计。这是电子维修中最常采用的测量方法。

1. 万用表欧姆挡位的选择

电容器常见的故障是击穿、漏电、内部开路和失效等。击穿将造成短路漏电会增大损耗;开路使电容器失去储存功能;失效常表现为容量下降。利用万用表的"Ω挡"检测电容器,是根据电容器的充放电原理进行的。对于容量不同的电容器应选择不同的挡位进行测量。根据经验,测量时一般按表 6-11 选择挡位。

表 6-11 测量挡位选择

容量类型	容量范围	挡位选择
小容量电容器	5 000 pF 以下	R×10 kΩ
	0.02 μF	
	0.033 μF	
	0.1 μF	
	0.33 μF	
中等容量电容器	4.7 μF	R×1 kΩ
	10 μF	
	22 μF	
	47 μF	
	100 μF	
大容量电容器	470 μF	R×10 Ω
	1 000 μF	
	2 200 μF	
	3 300 μF	
	3 300 μF	

大于 4 700 pF 的电容器选 R×1 Ω 挡测量（注：测量大容量电容器时，表内电池要用较新的，减小内阻和充电时间）。此外，在选 R×10 kΩ 时，因表内电压较高，测试时不可超过被测电容器的耐压值。

2. 500 pF 以上电容器（含电解电容）的测量

（1）容量、性能的判断

如图 6-13 所示，根据容量大小选好挡位，注意，此时万用表既是电容器的充电电源又是电容器充放电的监视器。当将两表笔与电容器两电板相接触时，指针先向右边偏转一个角度（表示表内电池对电容器充电），然后很快向左边返回"∞"位置（表示对电容器充电完毕，所以电容器的电阻逐渐变大）。交换表笔再碰电极一下，指针向右摆动一下后复原，并且这一次向右摆动的幅度应比前一次大（因电容器上原已充电，交换表笔后便改变了充电电源的极性，电容器要先放电后充电，所以指针偏转角度较前次大）。如果测量大容量电容时，在交换表笔再测之前，应该把电容器的两脚相碰一下，使前一次测量中被充上的电荷释放掉，以避免因放电电流大而致使指针摆动时被打弯。

被测电容器的容量的简单判断，可根据测量时指针摆动角度的大小来确定。

如果电容量越大,则指针摆动角度越大;相反,电容量越小时,则指针摆动角度越小。利用这一特点,可以大致比较两个或两个以上电容器容量的大小。

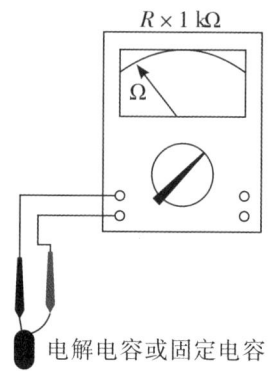

图 6-13 容量、性能的判断

被测电容器性能的判断,对于小容量电容器来说,分五种情况考虑:

(a) 测试时指针摆动一下后很快返回"∞"位置,说明该电容器是好的。

(b) 指针摆动一下后回不到"∞"位置,而指示在某一电阻数值上,说明该电容器绝缘介质漏电,这个电阻就是它的漏电电阻,一般表现为容量下降,即所谓的低效。正常的小容量电容器的漏电电阻是很大的,为几十兆欧至几百兆欧,若小于几兆欧就不能使用了。

(c) 指针不摆动,仍在"∞"处,说明该电容器有可能内部开路,有可能因容量太小(小于 5 000 pF)而充放电不明显所致。

(d) 指针摆动到"0"位置上不返回,说明该电容器已击穿短路。

(e) 指针摆动到刻度中间某一位置后不动了,交换表笔再测时也同样指示在前一次位置上,如同测量一只电阻一样,说明该电容器已失效,相当于一只电阻。

对于测量中等容量以上的电容器来说,不能完全用上述标准进行判断。因为容量越大的电容器漏电越大。就是说对于一只正常的大电容器,在规定的"Ω"挡位测量时指针一般不可能返回到"∞"位置,这是与上述 0 点不尽相同的地方。所以在测量时要注意区别,其余几点是相同的,可作为判断的依据。

(2) 电容器漏电的测量

电容器漏电是绝对的,不漏电是相对的,但当漏电太大甚至击穿短路就不能再用了。电容器的漏电越小越好,即绝缘电阻(漏电电阻)越大越好。

用万用表 R×1 kΩ 挡或 R×10 kΩ 挡可以测量电容器的漏电。测试前必须将表头进行调零,并且测试时两手不可并于电容器的两脚上,否则会有较大的测量误差。如图6-14所示,若指针是先向右方向($R\to 0$)摆动一下,然后逐步返回到$R\to\infty$的方向,则说明该电容器漏电很小;若指针回不到"∞"处,而是指示在中间某一电阻数值上,这个数值便是该电容器的漏电电阻,说明电容器的漏电较大。一般电容器的漏电电阻如果小于几兆欧,漏电严重,便不能使用。如果被测电容器的容量在5 000 pF以上,万用表仍在R×10 kΩ挡测试时,指针仍不摆动,与没有接电容器时一样,说明该被测电容器内部已开路,如果是电解电容器,说明其内部的电解质已干涸,不能使用。

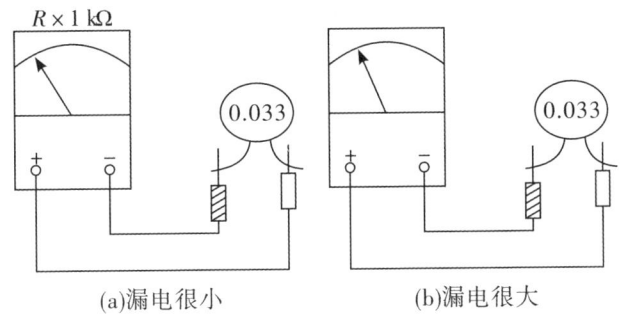

(a)漏电很小　　　　　　(b)漏电很大

图6-14　电容漏电的测量

用耳机和电池可以检查大容量电容的漏电。电路如图6-15所示。当耳机和电容器与电池接触时,电池经耳机对电容器充电,耳机中便会有"喀"的响声,如果再多接触几次,听不到"喀"声,说明电容器是正常的,这是因为电容器充电已经等于外加电源电压,无充电电流经过耳机,可见该电容器漏电很小。如果每碰一下(或等一会再碰一下)均有"喀"声,说明电容器有漏电。如果第一次碰时就没有"喀"声,可调换方向再碰一下,如仍无"喀"声,说明该电容器已开路。

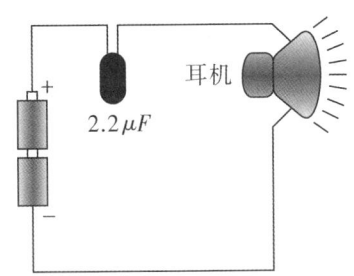

图6-15　用耳机和电池检查大容量电容的漏电

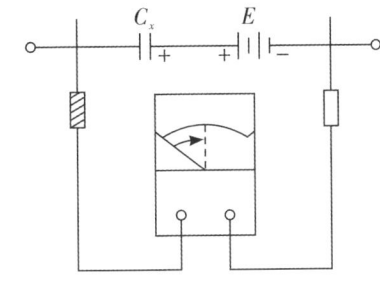

图6-16　用万用表电流挡测漏电电解电容器正、负极性的判断

用万用表电流挡也可以测量电解电容器的漏电。电路如图6-16所示,万用

表置I×1 mA（或50 μA）挡，C_x为被测电解电容器，E为不超过C_x耐压的测试电源。测量前先算出被测电容器的允许漏电电流，按下式计算：

$$I_m = KC_xE + M \text{（mA）}$$

其中，I_m（mA）为电解允许漏电电流；

K为常数（+20 ℃时，$K=1$；+60 ℃时，$K=3$）；

C_x（μF）为被测试电容器标称容量；

E（V）为直流工作电压；

M为常数（$C_x < 5$ μF时$M=0.2$；$C_x = 5 \sim 50$ μF时$M=0.1$；$C_x > 50$ μF时$M=0$）。

将测量后的漏电电流与计算出的允许漏电电流比较，要求漏电电流越小越好，不得超过允许漏电电流。

电解电容器内部结构如图6-17所示，它的介质是一层极薄的附着在金属极板上的氧化膜。氧化膜如同晶体二极管一样，具有单向导电的性质，不过其正极引线类似于N型半导体，负极引线相当于P型半导体。因此在将电解电容器接入电路使用时，应将它的正极接引线。

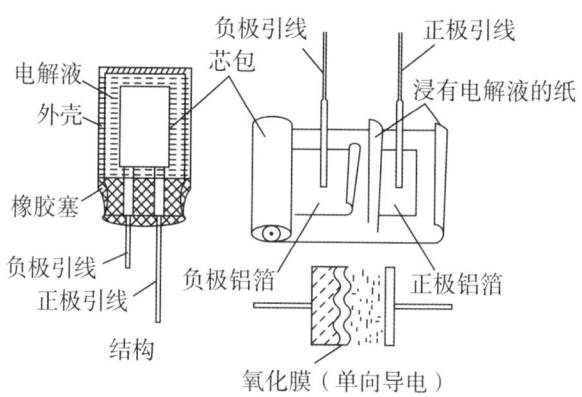

图6-17 电解电容器内部结构

在电位高的地方，负极引线接电位低的地方，这样相当给电容器加了一个反向电压，其漏电电流小，而漏电电阻大；反之，如果将正端接低电位，负端接高电位，即相当加了一个正偏电压，则电容器的漏电电流较大，而漏电电阻较小。这样会导致电容过热或击穿漏液，严重时会引起电容爆炸。所以为了防止使用中出错，通常都在电解电容器上标明其正极（+）或负极（-）。

但是由于各种原因，致使电解电容器上"+" "-"极性的标志模糊不清时，使用之前必须弄清其"+" "-"极性后才可以接入电路，对此，可根据电解电容器正向漏电电阻大于反向漏电电阻的特点，用万用表的欧姆挡进行判断。具体判别方法是：先任意测量一下电容器的漏电电阻，记住其大小，如图 6-18 所示。然后将电容器两脚相碰短路放电后，再交换表笔测一下，读出大致漏电电阻。根据两次测量出的漏电电阻进行比较，以阻值较大的那一次为准，黑表笔所接的那一端即为电解电容器的正极，另一端是负极。也就是说 A 脚为正、B 脚为负。

如果经两次测量后还比较不出漏电电阻大小和区别极性的话，可进行多次测量来判断。一般情况是，如果挡位选得太低时，两个阻值较接近且较大，这时要更换到较高挡位测量，直到两个电阻有明显区别为止。

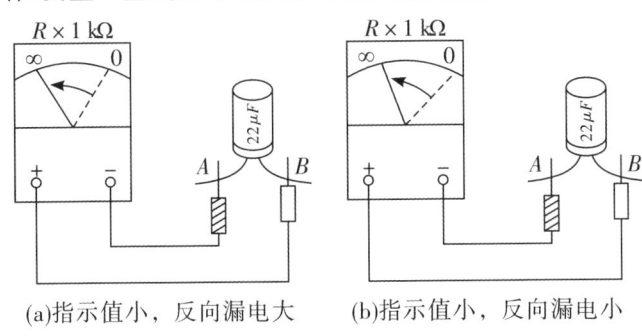

图 6-18　正、负极性的判断

6.4.4　固定电容器的选用

电容器在电器及电子设备中使用的品种型号和数量比较多，选好、用好电容器，对确保设备的性能与质量非常重要。

1. 电容器选用的基本思路

（1）选用电容器时，首先要满足电路对电容器主要参数的要求

在选用电容器时，首先要了解其电容量能否满足要求。电容器的容量和允许偏差一般均标志在电容器上，初步选好电容量后，还要用万用电表、交流阻抗电桥和电阻电容测量仪进行测量。其次，选用的电容器的额定工作电压要符合电路要求。电路选用了额定电压低于电路工作电压的电容器，就会使电容器损坏，严重时会造成整个电子设备不能正常工作或损坏。再者，优先选用绝缘电阻大，介质损耗小，漏电电流小的电容器。因为绝缘电阻大的电容器，其漏电电流也小。电子设备用漏电电流大的电容器，不仅会降低电路的某些性能，也会使电容器的功率损耗加大；电容器的损耗在许多情况下会影响电路的性能。有些电路，比

如，振荡电路、中频回路、滤波电路等，要求损耗要尽量小，这可以改善电的性能。有些电路，如晶体管收音机的输入回路、本振回路等应选用温度系数小的电容器；因电容器的温度系数越大，容量变化也越大，使电路工作不稳定。

另外，在选用高频电路的电容器时，要考虑电容器的频率特性。因电容器在高频应用时，电容量、介电常数随频率的增大而减小，其损耗增加。所以，在选用混频电路、中放电路及振荡电路的电容器时要考虑其高频特性。高频性能较好的电容器有云母电容器和 CC1 型、CC2 型、CC11 型等瓷介电容器，它们具有工作频率高，电容量受外界条件影响较小等优点。这些电容器适合彩色电视机的滤波电路，调谐等电路选用。

电容器的选用不仅要考虑上述电容的电性参数，还要考虑使用环境条件、电子设备电路特点、体积（外形尺寸）以及成本等情况。

(2) 选用电容器时，要选用符合电路要求的类型

什么电路，什么情况下选用什么类型的电容器，要仔细选择。比如，收音机、录音机的电源滤波电路、去耦电路，可选用电解电容器。因为这些电路对电容器的要求不高。只要电器体积允许，可选用铝电解电容器。在低频耦合、旁路电路中，选用纸介和电解电器。在中频电路中可选金属化纸介和有机薄膜电容器。在高频电路中，应选用 CC 型瓷介电容器、云母电容器。在高压电路中可选用 CC81 型等高压瓷介电容器、云母电容器等。调谐电路中可选用小型密封可变电容器、空气介质电容器等。要求可靠性高、稳定性高的电路，可选用云母电容器、独石瓷介电容器等。

(3) 选用电容器时，还要考虑电容器的外表面和形状

各类电容器均有多种形状，有管形的、筒形的、圆片形的、方形的、柱形的等。选用时也要根据实际情况来选择电容器的形状，同时还要注意选用外表面光滑、完整无残缺、标志清楚、引线不松动的电容器。

2. 各类电容器的具体选用方法

(1) 电解电容器的选用

电解电容器的种类和型号也很多，有铝电解电容、钽电解电容；有固体电解质电容器、有液体电解质电容器等，其型号更是繁多。铅电解电容器就有 CD03、CD15 等普通型的 CD03HU、CD29H 等耐高压型的电解电容器；钽电解电容器有 CA70 型、CA76 型、CA42 型、CA35 型、CAK35 型等。在直流或脉动电路中，可选用 CD282 型、CD15 型 CD03LL 型（小型）、CD03HU 型（耐高压型）等；在电视机反馈电路和扫描电路中可选用 CD03HS 型电容器；在电视机校正

电路中，可选用 CD7-S 型电容等。选用这些电容器时，要注意电压范围（额定工作电压）。额定工作电压通常指直流值，如果在脉动电路中，脉动直流的最大值应不超过额定值；如果在交流电流电路中，交流电压最大值应不超过额定值。

在选用铝电解电容器时，应尽量选用绝缘电阻大、损耗小的电容。如果对可靠性、稳定性、损耗性要求较高的电路，可选用钽电解电容，它比铝电解电容器的绝缘电阻大，漏电电流小，损耗更低。

在各种旁路、耦合电路、电源滤波电路、高稳定性混频电路中，可选用 CA42H 型环氧树脂包封钽电解电容器。其使用环境温度为 $-55\ ℃\sim+125\ ℃$；标称容量为 $0.1\sim680\ \mu F$；允许偏差为 $\pm 1\%$、$\pm 20\%$；漏电电流为 $0.05\ \mu A$；损耗角正切为小于 10%。在通信、高精密电子设备的电路中，可选用 GCA30 型非固体钽电解电容器。

(2) 瓷介电容器的选用

瓷介电容器是用陶瓷材料为介质制成的，它的显著优点是耐高温性、耐腐蚀性好，稳定性、绝缘性好，可以制成高压电容器。瓷介电容器的型号很多，选用时，要注意选择合适的型号。比如，高功率型电容器有 CCG11 型瓶形瓷介电容器、CCG20 型棱管形瓷介电容器，其额定功率为 $2.5\sim20\ kW$ 或 $0.6\sim3.5\ kW$。在耦合和旁路电路中，可选用这种型号的电容器。CCG8 型板形高功率电容器，额定功率为 $6\sim48\ kW$。在高频电子设备的耦合、滤波、反馈电路中使用的电容，可选用 CCG5 型筒形高功率瓷介电容器。

又如，高频型电容器有 CC10 型、CC11 型瓷介电容器等；低频型有 CT1 型、CT2 型瓷介电容器等。对印制线路旁路，可选用 CT1 型和 CT2 型电容器。高压型有 CT1B（DD10）型、CC81A 型、CT87 型等瓷介电容器；还有高压低频型电容器等。选用瓷介电容器时，除了注意选用适合的型号，还要注意标称容量和精度，额定电压和绝缘电阻大小的选择。

(3) 有机薄膜电容器的选用

该类电容器的型号不少，仅聚丙烯薄膜电容器 CBB 系列，有 CBB60 型、CBB61 型、CBB62 型等；聚苯乙烯薄膜电容器有 CB10 型、CB11 型、CB14 型薄膜电容器等；还有涤纶电容器（聚苯电容器）等型号系列。我们在选用时，要特别注意各品种、各型号电容器的性能特点。如涤纶电容器的介电常数较大、耐热性好，工作温度最高可达 $130\ ℃$。在电子设备的退耦、旁路、隔直流等电路中，可选用这种电容器。但在高频电路中不宜选用此种电容器。

聚苯乙烯电容器具有绝缘电阻大（一般可达 $10\ 000\ M\Omega$，有的达 $20\ 000\ M\Omega$），稳定性好，损耗小等特点。CB10 型、CB11 型聚苯乙烯薄膜电容器可选用于电视机、收录机的耦合、滤波、旁路电路等。但它用在高频电路时，损耗太大，绝缘电阻也明显下降，所以在高频电路，不宜选用聚苯乙烯电容器。同时，这类电容器使用温度范围不大（$-40\ ℃\sim+70\ ℃$）最高温度上限为$+75\ ℃$，选用和安装时也要注意。CB14 型聚苯乙烯电容为精密型，绝缘电阻很大，在精密设备和电子计算机中可选用这种类型的电容器。CB80 为高压型聚苯乙烯电容器，额定工作电压为 $10\sim30\ kV$。在家用电器等电子设备的滤波、倍压直流脉动电路中，可选用此型号电容器。

聚丙烯电容器的绝缘电阻大，高频特性好，电容器容量和损耗在很大范围内与频率和温度变化关系很小。它的耐温性好，机械性能比聚苯乙烯电容器好。在电视机的高频电路中，可选用它作积分电容。在交流电路单相电动机的启动电路中，在电风扇、抽油烟机等小型家电电路中，可选用 CBB61 型金属化聚丙烯电容器。CBB60 型、CBB65 型金属化聚丙乙烯电容器，可选用作空调器、电冰箱、洗衣机电动机启动和运转电路的电容器。CBB60、CBB65 型电容器的额定电压为 $250\sim500\ V$；绝缘电阻，极间 $\geqslant 10\ 000\ MΩ$，极壳 $\geqslant 5\ 000\ MΩ$。CBB62 型金属化聚丙乙烯电容器为阻燃环氧树脂包封，容量稳定性好，温度系数小。可选用于要求损耗小的电子设备的直流或脉动电路的电容器。

6.4.5　可调电容器

可调电容器广泛应用于收音机、电视机中，常用的可调电容器的外形如图 6-19 所示。

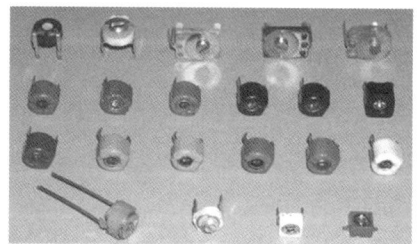

图 6-19　可调电容器

（1）可变电容器的测量

可变（半可变）电容器的容量较小，用万用表较难测量，这里的测量主要是指动片与定片之间有无短路和引出片是否良好。测量方法如图 6-20 所示。将万用表置最高挡 $R×10\ kΩ$，两表笔分别与电容器的定片和动片相连，看指针是否摆动；如无摆动，再来回旋动转轴，看指针是否仍停在"∞"处不动，如不动则说明被测电容器是好的。如果指针偏向"0"位或中间某一数值上，则说明被测电容器发生碰片短路或受潮，应修复或替换。另外，还要测量动片、定片与各自的引出焊片之间的电阻，此时万用表置 $R×1\ \Omega$ 挡，看是否松动导致接触不良，正常时接触电阻应近为零，如果有阻值或指针有跳跃现象，就有问题。

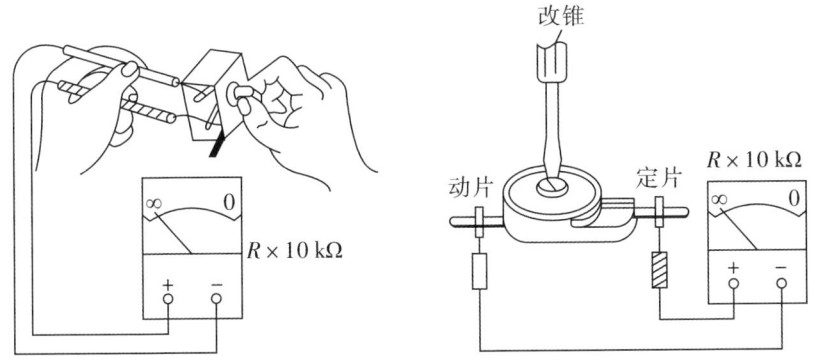

图 6-20　可调电容的测量

(2) 可调电容器的选用

可变电容器有空气介质和固体介质的可变电容器，它们又都有单联和双联（多联）之分。双联可变电容器又有等容双联（两个联的容量始终相等）和差容双联（旋转的任一角度上两联的容量总是不相等）之分。单波段小型收音机电路可选用差容双联可变电容器；外差式收音机的调谐电路可选用双联可变电容器。调频晶体管收音机、收录机的调谐电路，可选用 CBM403BF 等密封固体四联可变电容器。

微调电容器也称半可调电容器，它的类型有云母微调电容器、瓷介微调电容器、拉线微调电容器、短波专用微调电容器、薄膜微调电容器等。微调电容器的容量很小，其值一般在 2~40 pF 之间可调，调整后固定在某个值。在收音机、收录机和音响设备的输入调谐回路、振荡回路中用的电容器可选用微调电容器。小型圆片状瓷微调电容器有 CCW31 型、CCW3-2 型、CCW3-3 型、CCW7 型、CCW1 型等。在家用电器和其他电子设备电路中作频率精确调整和温度补偿使用时，可选用这种类型的微调电容器。在电子设备的调频电路中作补偿使用时，可选用 CWG-2，CWG-4-9 薄膜介质微调电容器。用作短波调谐微调用时，可选用 CWG-X-3 型短波用微调电容器，CCW7-2 型、CCW12-3 型瓷微调电容器的使用温度为-25 ℃~+85 ℃，此类型电容器可选用作电子电路中的温度补偿和频率精调。

6.5 电感器

电感线圈是由导线一圈靠一圈地绕在绝缘管上,导线彼此互相绝缘,而绝缘管可以是空心的,也可以包含铁芯或磁粉芯,简称电感。用 L 表示,单位有亨[利](H)、毫亨(mH)、微亨(μH),$1\text{ H}=10^3\text{ mH}=10\ \mu\text{H}$。

电感器是在电路中产生电感作用的元件,电感器是一种储能元件,在电路中有阻交流、通直流的作用,可以在交流电路中起阻流、降压、负载等作用,与电容器配合可用于调谐、振荡、耦合、滤波、分频等电路中。

电感器一般由骨架、绕组、屏蔽罩、封装材料、磁芯或铁芯等组成。

骨架泛指绕制线圈的支架。一些体积较大的固定式电感器或可调式电感器(如振荡线圈、阻流圈等),大多数是将漆包线(或纱包线)环绕在骨架上,再将磁芯或铜芯、铁芯等装入骨架的"内腔",以提高其电感量。骨架通常是采用塑料、胶木、陶瓷制成,根据实际需要可以制成不同的形状。绕组是指具有规定功能的一组线圈,它是电感器的基本组成部分。

6.5.1 电感器的分类

电感器的种类很多,而且分类方法也不一样。尽管各种电感线圈都具有不同的特点和用途,但它们大都是用漆包线、纱包线、镀银裸铜线,绕在绝缘骨架上、铁芯或磁芯上构成,而且圈与圈之间要彼此绝缘。为适应各种用途的需要,电感线圈做成各式各样的形状。

(1) 按形式分类

(a) 固定电感:具有固定不变电感量的电感器。通常指电感量较小的小型电感器。

(b) 可变电感:电感量可在一定范围内进行调节的电感器。电感量的调节,通常是通过调节磁芯(磁棒)在线圈中的位置实现的。

(2) 按导磁体性质分类

(a) 空心线圈:空心线圈可以制成各种形状和外形如图 6-21 (a) 所示。最常用的是圆柱形线圈。

(b) 铁氧体芯线圈:铁氧体是一种由不导电的金属氧化物制成的铁磁材料。

用铁氧体做磁芯的线圈称铁氧体心线圈。其图形符号和外形如图 6-21（b）所示。

（c）铁芯线圈：铁芯即用硅钢片叠片成的芯子。铁芯线圈由一个绕组和一个芯子组成，其图形符号和外形如图 6-21（d）所示。

（d）铜芯线圈：铜芯线圈在超短波范围应用较多，利用旋动铜芯在线圈中位置来改变电感量，这种调整比较方便、耐用，电视机中的独立微调高频头，其频率微调线圈多用铜芯线圈，见图 6-21（e）。

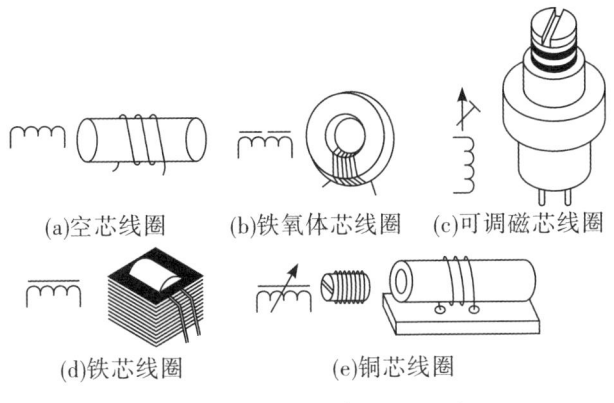

(a)空芯线圈　(b)铁氧体芯线圈　(c)可调磁芯线圈

(d)铁芯线圈　　　(e)铜芯线圈

图 6-21　各型电感线圈的外形

（3）按工作性质分类：可以分为天线线圈、振荡线圈、扼流线圈、陷波线圈、偏转线圈。

（4）按绕线结构分类：可分为单层线圈、多层线圈、蜂房式线圈。

单层线圈是用绝缘导线一圈挨一圈地绕在纸筒或胶木骨架上。如晶体管收音机中波天线线圈。蜂房式绕制的线圈的平面不与旋转面平行，而是相交成一定的角度。而其旋转一周，导线来回弯折的次数，常称为折点数。蜂房式绕法的优点是体积小，分布容小，而且电感量大。蜂房式线圈都是利用蜂房绕线机来绕制，折点越多，分布电容越小。

6.5.2　电感线圈的主要参数

（1）电感量及误差

电感量表示线圈本身固有特性，与通过它的电流大小无关。电感量的大小与线圈圈数、线圈线径、线制方法以及芯子介质材料有关。线圈圈数越多，电感量越大；线圈内有铁芯、磁芯的电感量要比同样的空心线圈的电感量大得多。

在没有非线性导体物质存在的条件下，一个载流线圈的磁通与线圈中电流成正比。其比例常数常称自感系数，用 L 表示，简称电感。即：$L=\dfrac{\psi}{I}$。电感的基本单位是亨利（H），常用的有毫亨（mH）、微亨（μH）、纳亨（nH）。

同电阻器、电容器一样，商品电感器的标称电感量也有一定误差。常用电感器误差在5%～20%之间。一般固定电感器误差为Ⅰ级、Ⅱ级、Ⅲ级，分别表示误差为±5%、±10%、±20%。精度要求较高的振荡线圈，其误差为±0.2%～±0.5%。

（2）感抗 X_L

电感线圈对交流电流阻碍作用的大小称感抗 X_L，单位是欧姆。它与电感量 L 和交流电频率 f 的关系为

$$X_L = 2\pi f L$$

（3）品质因数（Q 值）

电感线圈的品质因数定义为

$$Q = \frac{X_L}{R} = \frac{2\pi f L}{R}$$

式中：f 为电路工作频率；L 为线圈的电感量；R 为线圈的总损耗电阻（包括直流电阻、高频电阻及介质损耗电阻）。Q 值反映线圈损耗的大小，Q 值越高，损耗功率越小，电路效率越高，选择性越好。一般谐振电路要求 Q 值高。

（4）额定电流

线圈中允许通过的最大电流，主要对高频扼流圈和大功率的谐振线圈而言。额定电流大小与绕制线圈的线径粗细有关。国产色码电感器通常用在电感器体上印刷字母的方法来表示最大直流工作电流，字母 A、B、C、D、E 分别表示最大工作电流为 50 mA、150 mA、300 mA、700 mA、1600 mA。

（5）分布电容

由于线圈每两圈（或每两层）导线可以看成是电容器的两块金属片，导线之间的绝缘材料相当于绝缘介质，即相当于一个很小的电容，这一电容称为线圈的分布电容。线圈的匝与匝间、线圈与屏蔽罩间、线圈与底板间都存在分布电容。

分布电容的存在使线圈的 Q 值下降，稳定性变差，因此线圈的分布电容越小越好。为减小电感线圈的分布电容，可采用线径较细的导线绕制线圈，或采用减小线圈骨架的直径，以及采用间绕或蜂房绕等方法来解决。

（6）稳定性

线圈产生几何变形，温度变化引起的固有电容和漏电损耗增加，都会影响电感的稳定性。

6.5.3 电感线圈的检测与修理

要测量电感线圈的电感量和品质因数，需要专门仪器，如电桥、高频 Q 表等，而且测量步骤较为复杂。在内场一般修理工作中，多不进行这种测量，仅进行线圈的通断检查。

线圈的通断检查，可以用万用电表的电阻挡进行。一般高频线圈直流电阻值很小，接近于零；低频扼流圈阻值较大，常有十几欧；如果阻值无穷大，说明线圈断路。

电感器的常见故障主要有断路（端点或内部）、局部短路和 Q 值降低。在航空电子设备修理中，对于端点断路故障可采用焊接断路点的方法恢复。对于其他故障，如果有性能符合要求的电感器备件，应将电感器更换；在没有备件的情况下，只要修理后的电感器性能能够达到技术指标，也可进行以下修理。

（1）烘烤电感器

将 Q 值降低的电感器置于烘箱中烘烤，一般烘箱温度设置在 40 ℃～50 ℃，烘烤数小时，可起到提高电感线圈 Q 值和变压器绝缘阻抗的作用。

（2）进行镀金、镀银处理

将镀层脱落严重的电感线圈处理后，重新镀金或镀银。

（3）重新绕制电感器绕组

拆掉内部断路或局部短路的电感器绕组，采用相同规格的线型按原格式绕制，使绕组达到规定的指标。

在维修中，应注意以下几个问题：

（a）对带有抽头的电感器，应注意其标志，以免在维修安装时弄错；

（b）对带屏蔽罩的电感器，应防止线圈间或引线与金属屏蔽罩之间的短路；

（c）一些特殊用途的电感器应保持其清洁，使抽头与电感体接触良好，比如对单边带电台天线调谐器中的主调电感；

（d）电子设备中有些电感器往往经过特殊处理，比如镀金、镀银等，对于这类电感器，不可随意损坏镀层，当镀层脱落严重时应更换。

6.5.4 电感线圈的选用

电感线圈应用广泛，如 LC 滤波电路、调谐放大电路、振荡电路、均衡电路、去耦电路等都会用到电感线圈。电感线圈只有一部分如阻流圈、低频阻流圈、振荡线圈和 LC 固定电感线圈等是标准件，绝大多数的电感线圈是非标准件，往往要根据实际需要，自行制作。

1. 电感线圈的绕制

在实际使用过程中，有相当数量品种的电感线圈是非标准件，都是根据需要有针对性地进行绕制。自行绕制时要注意以下四点：

（1）根据线路需要，选定绕制方法

在绕制空心电感线圈时，要依据电路的要求，电感量的大小以及线圈骨架直径的大小，确定绕制方法。间绕式线圈适合在高频和超高频电路中使用，在圈数为 3~5 圈时，可不用骨架，就能具有较好的特性，Q 值较高，可达 150~400，稳定性也高。单层密绕式线圈适用于短波、中波回路中，其 Q 值可达 150~250，并具有较高的稳定性。

（2）根据线圈载流量和机械强度，选用适当的导线线圈不宜用过细的导线绕制，以免增加线圈电阻，使 Q 降低。同时，导线过细，其载流量和机械强度都较小，容易烧断或碰断线。所以，在确保线圈的载流量和机械强度的前提下，要选用适当的导线绕制。

（3）绕制线圈抽头应有明显标志

（4）根据线圈的频率特点选用不同材料的铁芯

工作频率不同的线圈，有不同的特点。在音频段工作的电感线圈，通常采用硅钢片或坡莫合金为磁芯材料。低频用铁氧体作为磁芯材料，其电感量较大，可高达几亨到几十亨。在几十万赫到几兆赫之间，如中波广播段的线圈，一般采用铁氧体芯，并用多股绝缘线绕制。频率高于几兆赫时，线圈采用高频铁氧体作为磁芯，也常用空心线圈。此情况不宜用多股绝缘线，而宜采用单股粗镀银线绕制。在 100 MHz 以上时，一般已不能用铁氧体芯，只能用空心线圈；如要作微调，可用铜芯。使用于高频电路的阻流圈，除了电感量和额定电流应满足电路要求外，还必须注意其分布电容不宜过大。

2. 提高线圈的 Q 值的措施

品质因数 Q 是反映线圈质量的重要参数，提高线圈的 Q 值，可以说是绕制线圈要注意的重点之一。那么，如何提高绕制线圈的 Q 值呢？

（1）根据工作频率，选用线圈的导线

工作于低频段的电感线圈，一般采用漆包线等带绝缘的导线绕制。工作频率高于几万赫，而低于 2 MHz 的电路中，采用多股绝缘的导线绕制线圈，这样可有效增加导体的表面积，从而可以克服集肤效应的影响，使 Q 值比相同截面积的单根导线绕制的高30%～50%。在频率高于2 MHz的电路中，电感线圈应采用单根粗导线绕制，导线的直径一般为0.3～1.5 mm。采用间绕的电感线圈，常用镀银铜线绕制，以增加导线表面的导电性。这时不宜选用多股导线绕制，因为多股绝缘线在频率很高时，线圈绝缘介质将引起额外的损耗，其效果还不如单根的导线好。

(2) 选用优质的线圈骨架，减少介质损耗

在频率较高的场合，如短波波段，因为普通的线圈骨架其介质损耗显著增加，因此，应选用高频介质材料，如高频瓷、聚四氟乙烯、聚苯乙烯等作为骨架，并采用间绕法绕制。

(3) 选择合理的线圈尺寸，可减少损耗

外径一定的单层线圈（直径20～30 mm），当绕组长度L与外径D的比值$L/D=0.7$时，其损耗最小，外径一定的多层线圈$L/D=0.2\sim0.5$，当$t/D=0.25\sim0.1$时，其损耗最小。绕组厚度t、绕组长度L和外径D之间满足$3t+2L=D$的情况下，损耗也最小。采用屏蔽罩的线圈，其$L/D=0.8\sim1.2$时最佳。

(4) 选用合理屏蔽罩的直径

用屏蔽罩，会增加线圈的损耗，使Q值降低，因此屏蔽罩的尺寸不宜过小。然而屏蔽罩的尺寸过大，会增大体积，因而要合理选用屏蔽罩的直径尺寸。当屏蔽罩的直径D_S与线圈直径D之比满足$D_S/D=1.6\sim2.5$时，Q值降低不大于10%。

(5) 采用磁芯可使线圈圈数显著减少

线圈中采用磁芯，减少了线圈的圈数，不仅减少了线圈的电阻，还有利于Q值的提高，而且缩小了线圈的体积。

(6) 线圈直径适当选大些，利于减小损耗

在可能的情况下，线圈直径选得大一些，有利于减小线圈的损耗。一般接收机，单层线圈直径取12～30 mm；多层线圈取6～13 mm，但从体积考虑，也不宜超过20～25 mm。

(7) 减小绕制线圈的分布电容

尽量采用无骨架方式绕制线圈，或者绕制在凸筋式骨架上的线圈，能减小分布电容15%～20%；分段绕法能减小多层线圈分布电容的1/3～1/2。对于多层线圈来说，直径D越小，绕组长度L越小或绕组厚度t越大，则分布电容越小。经过浸渍和封涂后的线圈，其分布电容将增大20%～30%。

总之，绕制线圈应把提高Q值，降低损耗作为考虑的重点。

3. 线圈使用、安装要注意的问题

任何电子设备中的电子元器件安装板，都是工程技术人员根据使用的各种元器件的性能特点，精心安排、全面布局、合理设计出来的。作为线圈的使用及安装者，应注意以下五个问题。

(1) 安装位置应符合设计要求

线圈的安装位置与其他元器件的相对位置要符合设计的规定，否则将会影响整机的正常工作。例如，简单的半导体收音机中的高频阻流圈与磁性天线的位置要适当安排合理，天线线圈与振荡线圈应相互垂直，这就避免了相互耦合的影响。

(2) 在安装前，要进行外观检查

使用前，应检查线圈的结构是否牢固，线匝是否有松动和松脱现象，引线接地有无松动，磁芯旋转是否灵活，有无滑扣等。

(3) 线圈在使用过程需要微调的，应考虑微调方法

有些线圈在使用过程中，需要进行微调，依靠改变线圈圈数又很不方便，因此，选用时应考虑到微调的方法。例如单层线圈可采用移开靠端点的数圈线圈的方法，即预先在线圈的一端绕上 3~4 圈，在微调时，移动其位置就可以改变电感量。这种调节方法可以实现微调 ±2%~±3% 的电感量。应用在短波和超短波回路中的线圈，常留出半圈作微调，移开或折转这半圈使电感量发生变化，实现微调。多层分段线圈的微调，可以移动一个分段的相对距离来实现，可移动分段的圈数应为总圈数的 20%~30%。这种微调的范围可达 10%~15%。具有磁芯的线圈，可以通过调节磁芯在线圈管中的位置，实现线圈电感量的微调。

(4) 使用线圈应注意保持原线圈的电感量

线圈在使用中，不要随便改变线圈的形状、大小和线圈间的距离，否则会影响线圈原来的电感量。尤其是频率越高，即圈数越少的线圈。所以，目前在电机中采用的高频线圈，一般用高频蜡或其他介质材料进行密封固定。另外，应注意在维修中，不要随便改变或调整原线圈的位置，以免导致失谐故障。

(5) 可调线圈的安装应便于调整

可调线圈应安装在机器上易于调节的位置，以便调整线圈的电感量达到最佳的工作状态。

6.6 变压器

利用两个线圈的互感原理制作,在电路中起传输交流电电信号和起变换前后级阻抗作用的元件称作变压器,变压器一般由初级线圈、次级线圈两部分组成。变压器在电路中通常用字母"B"表示。如图 6-22 所示。

图 6-22 变压器

6.6.1 变压器的分类

变压器的分类是根据变压器用在不同的频率范围而分为低频、中频和高频三类。低频变压器有铁芯,中频和高频变压器一般是空气或用特制的铁粉芯。

(1) 低频变压器

低频变压器又分为音频变压器和电源变压器,是实现阻抗匹配和电压变换的元件。

音频变压器在电路中的作用主要是传输音频信号和使前后级电路阻抗匹配。一般包括输入、输出变压器和输送变压器。其中输入变压器是使接收机推动级的输出阻抗与功率放大级的输入阻抗相适应;输出变压器及输送变压器是使功率放大级的输出阻抗相适应,当前后级电路阻抗匹配时,输出的音频信号最大,而失真最小。

电源变压器在电路中的主要作用是改变电源电压。表 6-12 是几种常用电源变压器的特性及应用。

(2) 中频变压器(中周)

中频变压器又称中周变压器,简称中周。在收音机和电视机中,中频变压器与电容器配合,谐振在电路所特定的中频频率上,起选频和耦合作用。

表 6-12 常用电源变压器

类 型	外 形	主要特点	应 用
E 型		结构简单，价格低，效率较低	各种民用电器及小型仪器设备
C 型		效率高于 E 型，制造成本较高	工业电器及电子仪器设备
R 型		漏磁小，体积小，损耗低，寿命长，噪声低，重量轻，干扰小，效率高	要求较高的电器设备及数字设备
开关型		用铁氧体磁芯，工作频率高，体积小，效率高	开关电源及各种电源变换

中频变压器有调容式和调感式两种，目前新式的中频变压器都是调感式的，即通过调线圈中的铁粉芯来改变线圈的电感量。

中频变压器一般由磁芯线圈支架，底座和屏蔽外壳组成，如图 6-23 所示，调节磁芯在线圈中位置可以改变电感量，使电路在特定频率谐振。

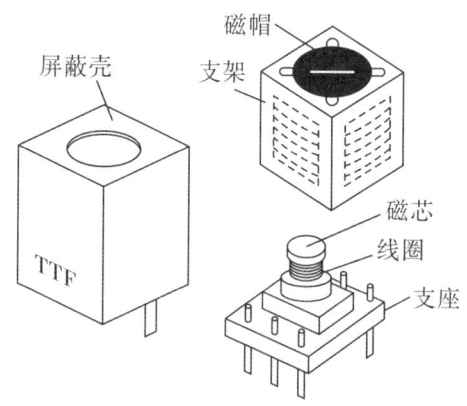

图 6-23 中频变压器结构

(3) 高频变压器

收音机里所用的振荡线圈、高频放大器的负载回路和天线线圈都是高频变压器，因为这些线圈是用在高频电路中，所以电感量可以很小，高频变压器多为空气芯的，也有加铁粉芯的，这种变压器又叫作耦合线圈或调谐线圈。

6.6.2 变压器的主要特征参数

(1) 变压比（或变阻比）

变压比是变压器初级电压（阻抗）与次级电压（阻抗）的比值。通常变压比直接标出电压变换值，如 220 V/10 V；变阻比则以比值表示，如 3∶1 表示初次级阻抗比为 3∶1。

(2) 额定功率

额定功率是变压器在指定频率和电压下能长期连续工作，而不超过规定温升的输出功率，用伏安表示，习惯称瓦或千瓦。电子产品中变压器功率一般都在数百瓦以下。

(3) 效率

效率是输出功率与输入功率之比。一般变压器的效率与设计参数、材料、制造工艺及功率有关。通常 20 W 以下的变压器效率为 70%~80%，而 100 W 以上变压器可达 95% 以上。

(4) 空载电流

变压器在工作电压下次级空载时初级线圈流过的电流称为空载电流。一般不超过额定电流的 10%，设计、制作良好的变压器空载电流可小于 5%。空载电流大的变压器损耗大、效率低。

(5) 绝缘电阻和抗电强度

变压器线圈之间、线圈与铁芯之间以及引线之间绝缘与抗电强度，指的是在规定时间内（如 1 分钟）变压器可承受的电压，它是变压器特别是电源变压器安全工作的重要参数。不同工作电压、不同使用条件和要求的变压器对绝缘电阻和抗电强度要求不同。常用的小型电源变压器绝缘电阻不小于 500 MΩ，抗电强度大于 2 000 V。

6.6.3 变压器的检测

(1) 测直流电阻

测量变压器各绕组的直流电阻，可以使用电感器通断测量的方法，从而判别绕组线圈是否短路或断路。测量时，万用表选至 R×1 Ω 或 R×10 Ω 欧姆挡。

首先根据被测绕组的线径、圈数，从漆包线的参数表中查出相应的电阻值，与测出的直流电阻进行比较，接近者为正常；如果测出的电阻值无穷大，表示绕组已断路。

（2）测绝缘电阻

变压器的各绕组之间、绕组与铁芯之间应互相绝缘。对于电源变压器，其绝缘电阻应大于 1 000 MΩ；对于音频变压器，绝缘电阻应大于 100 MΩ。

（3）测次级电压

对于电源变压器，还需测其次级输出电压。在变压器的初级，接上额定交流电压（一般都为 50 Hz、220 V 市电），用万用表的交流电压挡分别测变压器次级各绕组的输出电压。各绕组的电压值一般应与设计的电压值相差±5%。

（4）测绕组平衡

对于有中心抽头的变压器，要测其以中心抽头为界的两绕组的平衡情况。测绕组平衡用测次级电压的方法。如果被测绕组是变压器的次级，可先在变压器的初级接上交流电源（电源变压器直接接 220 V 市电，其他变压器用低压电源或音频信号），万用表分别测抽头前、后两绕组的电压。若测得的电压相等，则抽头绕组的平衡良好；如果被测的是变压器的初级，则分别把交流电源接于初级的抽头前、后两绕组上，用万用表测该变压器次级的输出电压，若两次测得的电压相等，则初级抽头绕组的平衡良好。

6.6.4 变压器的选用

变压器的种类、型号很多，在选用变压器时要注意三点：①要根据不同的使用目的选用不同类型的变压器；②要根据电子设备具体电路要求选好变压器的性能参数；③要注意对其重要参数的检测和对变压器质量好坏的判别。

下面具体介绍常用的几种变压器的选用。

1. 电源变压器的选用

（1）选用变压器时，要检查变压器的性能和质量

首先检查电源变压器输出是否正常。将电源变压器初级线圈加上 220 V 交流电，用万用表交流电压挡测其输出电压值，如果输出正常，说明变压器正常；如无输出电压，说明变压器线圈有开路；如输出电压偏大或偏小，其变压器线圈有短路现象。

然后检查变压器的绝缘情况,对电源变压器的绝缘电阻可用摇表检测,电源变压器的绝缘电阻的大小,与变压器的功率和工作电压有关,功率越大,工作电压越高,对其绝缘电阻的要求也越高。对工作电压很高的电源变压器,其绝缘电阻应大于 1 000 MΩ,在一般情况下,绝缘电阻应不低于 450 MΩ。如果电源变压器的绝缘电阻明显降低,与要求值相差较大,则不能选用。

(2) 电子设备中使用电源变压器时,一般应加静电屏蔽层

因电源变压器初级线圈直接与交流 220V 电源相接,交流电中各种高频信号和其他干扰信号就可能通过电源变压器窜入到电子设备内部,干扰电子电路正常工作,静电屏蔽是在初级、次级线圈之间用铝箔、铜箔或漆包线缠绕一层,并将其中一端接地来实现屏蔽,使从市电进变压器初级线圈的干扰信号通过静电屏蔽直接入地。

(3) 使用电源变压器时,首先要了解变压器各线圈接线端的位置和作用

电源变压器多数是将其输出电压值、负载阻抗直接标在次级线圈旁边,使用时正确连好各线圈接线端即可。如果各接线端标志不清楚或脱落时,可根据线圈出头的位置、导线粗细来判别,也可以通电测量各接线端的电压来判断。

(4) 选用电源变压器时,要对变压器进行检查

先检查变压器外观,看变压器表面是否破损,线圈引线有否断线、脱焊,铁芯及绝缘材料是否完好紧固,外层绝缘介质的颜色是否正常。外观检查的同时,可通电触摸一下铁芯外部的温度是否正常。这样,可以估计初级空载电流。当变压器的空载电流正常以后,接着可对变压器的变化比进行测试。

电源变压器安装必须坚固,不能有松动,以防止在搬运过程中因振动而脱落,加电后引起不必要的损失

2. 输出、输入变压器的选用

输出变压器主要用于收录机、音响设备等的功率放大级的末级和负载之间,用以使功放末级和扬声器之间得到最佳阻抗匹配。输入变压器主要用于收音机、录音机和音响设备等的低放和功放之间,可使级与级之间的阻抗匹配和相位变换。

选用输出、输入变压器时,也要选用绝缘性能好的变压器。对晶体管收音机用的输入、输出变压器,可用 150 V 摇表测其绝缘电阻应大于 100 MΩ;对功率较大的、工作电压较高的音响设备用输出、输入变压器其绝缘电阻应大于 500 MΩ。

晶体管收音机中用的输出、输入变压器的外形相似,大多体积相同,一旦标

志脱落，直观很难判断清楚，此时可根据其线圈直流电阻进行区别。一般来说，输入变压器两组线圈的直流电阻较大，初级多为几百欧，次级多为 $100\sim200\ \Omega$；而输出变压器初级为几十到上百欧，次级为零点几欧到几欧。由此也可知道，不管是输入变压器，还是输出变压器，凡是直流电阻大的是初级，直流电阻小的是次级。对于推挽输入、输出变压器，根据抽头的个数可以方便地区别其初、次级。

3. 中频变压器的选用

中频变压器不仅能变换电压、电流及阻抗，而且由于它还具有谐振于某一固定频率的特性，因此能选择出某一频率的信号。

(1) 选用中频变压器时，要注意配套选用

例如，收音机的单调谐中频变压器一套三只每只特性不一样。如果换用中频变压器，最好配用原来用的型号和序号的。为了区别级数和序号，通常中频变压器的磁芯顶部均涂有颜色，以表示属于那一级。例如，TTF1－1型（白色）、TTF1－2型（红色）、TTF1－3型（绿色）分别表示第一级，第二级和第三级。选用时不能随便调换。

(2) 在选择和使用中频变压器前，可对其各线圈进行检测

因中频变压器圈数比较少，很少发生匝与匝之间的短路现象。所以，可用一般万用表测量各线圈通不通，有无断路即可。为了更可靠些，还可以测一下各线圈与外壳之间是否碰线。

4. 行输出变压器的选用

行输出变压器也称行逆程变压器，它是电视机中行扫描电路专用的变压器。

选择使用行输出变压器前，首先要检查行输出变压器外观是否紧固无损，引线是否完好，有无松脱；选用型号是否符合要求，然后检测主要参数。

其主要参数有阳极高压、视放电压、聚焦电压、行电流是否正常。行输出变压器因高压线圈的电压比较大，易出现线圈局部短路，所以阳极高压不正常的变压器不宜选用。对于黑白电视机上用的分立式行输出变压器，可通过检测高压线圈的绕组阻值来判别其好坏。如果其阻值与正常值相差较大，可判定其行输出变压器该线圈有局部故障，对于彩色电视机上用的行输出变压器可通过测逆程脉冲电压值来判定行输出变压器的好坏。

用专用的测试仪判定行输出变压器局部击穿短路情况。当被测行输出变压器接入测试仪器电路后，若变压器有局部短路，变压器线圈产生的感应电流被短路部分消耗，仪器会给出相应指示。

6.7 半导体分立器件

半导体分立器件包括二极管、三极管及半导体特殊器件。尽管近年来由于集成电路的发展使它退出相当多的应用领域,但受频率、功率等因素制约,分立器件仍然是电子元器件家族中不可缺少的成员。部分半导体分立器件的典型实物如图 6-24 所示。

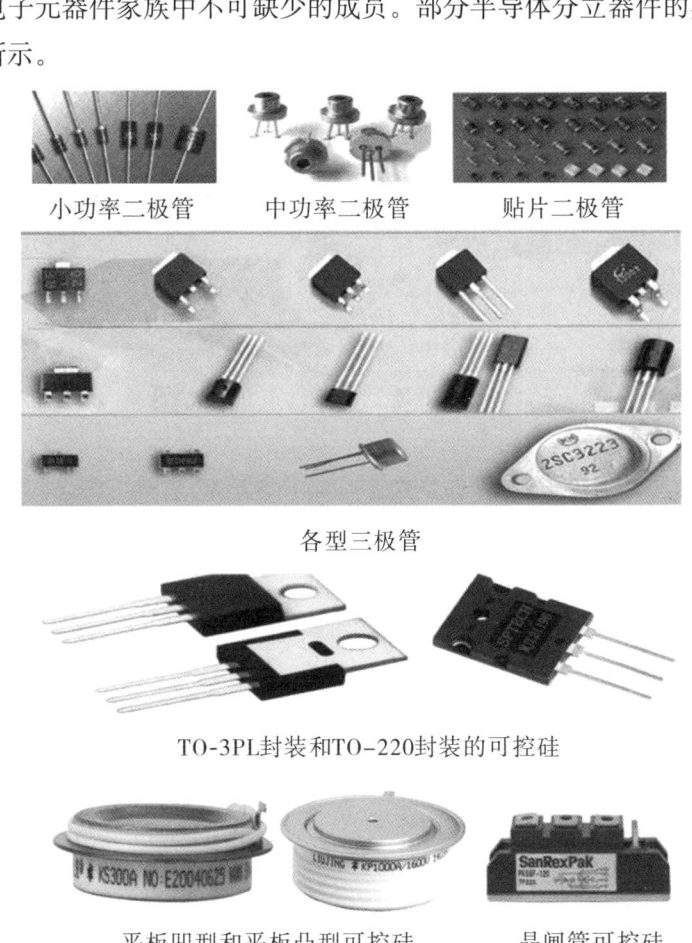

小功率二极管　　中功率二极管　　贴片二极管

各型三极管

TO-3PL封装和TO-220封装的可控硅

平板凹型和平板凸型可控硅　　晶闸管可控硅

螺栓型和陶瓷型可控硅　　贴片可控硅

图 6-24　半导体分立器件的典型实物图

6.7.1 半导体分立器件的分类

半导体分类方法很多,按半导体材料可分为锗管和硅管,按制造工艺、结构可分为点接触型、面结型、平面型以及三重扩散(TB)、多层外延(ME)、金属半导体(MS)等类型。按封装则有金属封装、陶瓷封装、塑料封装及玻璃封装等。

通常二极管以应用领域分类;三极管以功率、频率分类;晶闸管以特性分类;而场效应管则以结构特点分类,具体分类情况如表6-13所示。

表6-13 半导体分立器件的分类

半导体二极管	普通二极管		普通二极管、检波二极管、稳压二极管、恒流二极管、开关二极管
	特殊二极管		微波二极管、SBD、变容二极管、雪崩管、TD管 PIN、TVP管等
	敏感二极管		光敏、温敏、压敏、磁敏等
双极型晶体管	锗管		高频小功率管(合金型、扩散型)、低频大功率管(合金型、扩散型)
	硅管		低频大功率管、大功率高压管(扩散型、扩散台面型、外延型) 高频小功率管、超高频小功率管、高速开关管(外延平面工艺) 低噪声管、微波低噪声管、超β管(外延平面工艺、薄外延、钝化) 高频大功率管、微波功率管(外延平面型、覆盖式、网状结构) 专用器件:单结晶体管、可编程序单结晶体管
晶闸管	单向晶闸管		单向晶闸管、高频(快速)晶闸管
	双向晶闸管		
	可关断晶闸管		
	特殊晶闸管		正(反)向阻断管、逆导管等
场效应晶体管	结型	硅管	N沟道(外延平面型)、P沟道(双扩散型)
		硅管	隐埋栅、V沟道(微波大功率)
		砷化镓	肖特基势垒栅(微波低噪声、微波大功率)
	MOS(硅)	耗尽型	N沟道、P沟道
		增强型	N沟道、P沟道

6.7.2 常用半导体器件的检测

1. 晶体二极管的检测

(1) 普通二极管的测量

(a) 检测小功率二极管

将万用表置于 R×100 或 R×1 k 挡,黑表笔接二极管正极,红表笔接二极管负极,阻值一般应在 100~500 Ω 之间,黑、红表笔互换时阻值应在几百千欧以上。如果测量结果正反向阻值均很小,接近于零,说明该管子内部击穿;反之,如果正反向阻值均极大,说明该管子内部已断路。如果不知道二极管的极性,也可用上述方法进行判别。测量中,万用表显示阻值很小时,表示二极管处于正向连接,这时,黑表笔所接的一端为二极管的正极,另一端为负极。如果万用表显示阻值很大,则红表笔相连的一端为正极,另一端为负极。需要注意的是:如果使用数字式万用表测量,表笔颜色所对应的二极管极性正好与上述情况相反。

(b) 检测中、大功率二极管

将万用表置于 R×1 或 R×10 挡,其测量方法与测量小功率二极管相同。

(c) 检测高压二极管

直接用万用表一般无法确定高压二极管的极性和好坏。测量前,先在万用表的正、负端接一只硅 NPN 型三极管(如 3DG 或 3DK),构成简单的放大器,见图 6-25,万用表 R×10 k 挡。被测高压二极管正极正向接入 A、B 两点时(即二极管负极接 A 点,正极接 B 点),由于高压二极管反向电阻较大,A、B 两点仍相当于开路,万用表指针不偏转,说明二极管反向截止。

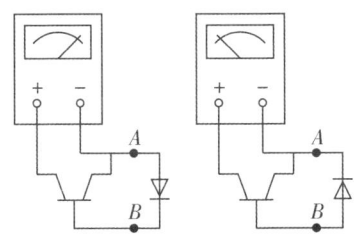

图 6-25 高压二极管检测线路连接图

用上述方法也能很方便地判别极性不明的高压二极管的正、负极性。

如果二极管正向和反向接入 A、B 两点时,指针均偏转或不动(要保证接触良好),说明该高压二极管已损坏。

（2）稳压二极管的测量

判断稳压管是否断路或击穿损坏，可直接用万用表的低电阻挡（R×100）测量，测量方法与普通二极管的测量方法相同。

稳压二极管的稳压特性，可用晶体管图示仪测试，也可按图 6-26 所示的方法进行简易测试（须注意：直流电源电压应满足测试二极管稳压值的需要）。调整可变电阻，使加在稳压二极管上的电压逐渐升高，当升高到某一电压值 V_Z 之后，稳压二极管上的电压便不再升高了，表明稳压良好，否则稳压二极管已损坏。

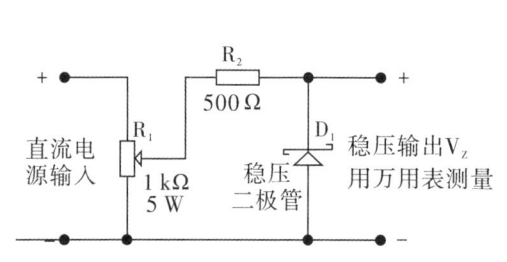

图 6-26 稳压二极管检测线路连接图

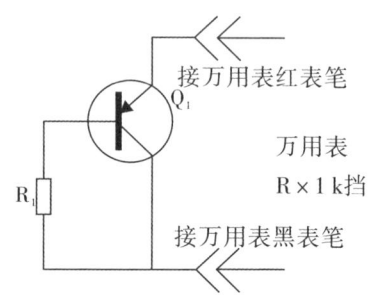

图 6-27 用万用表判别三极管 c、e 极线路连接图

2. 晶体三极管的检测

晶体三极管在电子线路中被广泛地应用，检测时应根据实际情况而定，如果方便拆卸，可进行独立检测，如果拆卸不便可进行在线检测。

（1）独立检测

对三极管进行检测，主要是判别其类型，区分电极以及判断管子的好坏。可分两步实施。

（a）基极和管型的判别

将万用表置于 R×100 或 R×1 k 挡，假设三极管某一管脚为基极，黑表笔接到假定的基极管脚上，红表笔先后接触另外两个管脚，如果测得的电阻值都很大（或都很小），而对换表笔（即红笔接 b，黑笔接 c、e）测得两个阻值又都很小（或都很大），则假设的基极是正确的。否则，应重新假设基极，重复上述步骤。

基极确定后，用黑表笔接基极，红表笔分别接另外两极，若测得的电阻都很小，则该管为 NPN 型，若测得的电阻都很大，则为 PNP 型。

（b）集电极和发射极的判别

在判别出管型和基极 b 的基础上，若为 PNP 型管子，任意假定另外两极 c、e，在 c、b 间接电阻 R（约 100 kΩ），将万用表置于 R×1 k 挡，红表笔接 c，黑表笔接 e，测得的阻值记录下来，如图 6-27 所示；再另外假定 c、e 两极，在 c、b 间接电阻 R，红表笔接 c，黑表笔接 e，测得的阻值记录下来；比较两次测量结果，测得阻值小的一次为假定正确，阻值大的假定不正确（若 NPN 管，则红表笔接 e，黑表笔接 c）。

同时，此法可判断管子的放大能力（接入和断开 R，比较万用表指示的大小，相差较大时表明放大能力强，二者相当时表明管子放大能力很差）。

(2) 在线测量

晶体管电路多采用印制电路板装配，元器件安装密度较大，晶体管拆卸比较麻烦，在维修工作中较多地通过在线测量进行判断。

在线测量的手段有两种，一是利用万用表测量三极管外围各元器件的阻值，来判断晶体管及其外围电路的好坏；二是采用晶体管在线测试仪对晶体管进行测试。如图 6-28 所示，是一种实用的晶体管在线测试仪电路。

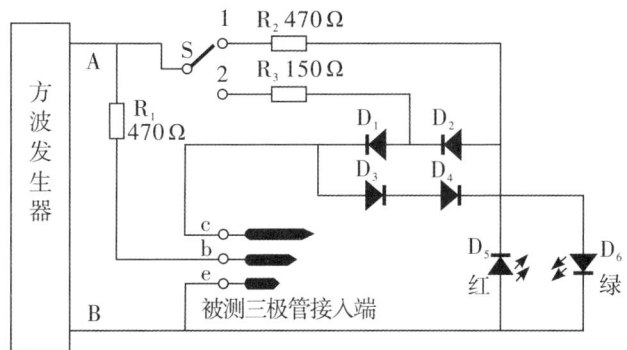

图 6-28 晶体管在线测试仪电路

图 6-28 中，由方波发生器的 A、B 输出端输出极性相反、频率为 2.5 kHz 的方波电压，使测试电路得到极性定时改变的电源电压。在未接被测管时，两只发光二极管 D_5 和 D_6 通过 R_3 获得方波电压而交替闪光。接上好的 PNP 管后，当 A 端为正、B 端为负时，被测管不工作，此时 D_6 发光；当 A 端为负、B 端为正时，被测管基极通过 R_1 获得正向偏置电压而导通，管子的 c、e 极间压降很小，使 D_5 的两端电压下降到不足以使它发光，故 D_5 不亮。这样，随着方波的不断变化，D_6 相应发出绿光，而 D_5 始终不亮。若被测管为好的 PNP 型管，则情况正好相反，D_5 发出红光，而 D_6 始终不亮。若被测管是坏的，则不论是 PNP 还是 NPN 型管，当它们的 be 结断路或 c、e 结断路时，D_5 和 D_6 均发光。当它们的 c、e 结短路时，VL_1 和 VL_2 均不发光。电路中 D_1～D_4 二极管的作用是防止误测，其原理可自行分析。此外，测试仪还可用于在线测试二极管（此时将开关 S 置于

"2"位置,被测二极管接 c、e 之间),若二极管开路,则两只 VL 均发光;若二极管短路,则两只 VL 均不发光;正常时,应有一只发光管闪亮。)

3. 场效应管的检测

(1) 绝缘栅型(MOS)场效应管的检测

绝缘栅型(MOS)场效应管输入阻抗极高,在出厂时有 3 个电极:s(源极)、d(漏极)和 g(栅极),有些管子还有一个屏蔽极(在使用中接地)。MOS 管三个电极一般都用金属纸(如锡箔纸)包住而使其短路,以防外来感应电动势将栅极击穿,所以这类场效应管不宜用万用表测量,需要测试其性能时应使用晶体管图示仪。

(2) 结型场效应管的检测

结型场效应管无上述情况,可以用万用表判别其管脚和管子性能的优劣。

(a) 管脚判别

场效应管有 3 个管脚,分别为漏极(d)、栅极(g)和源极(s)。这 3 个电极可以和普通晶体三极管的 3 个电极大致对应:漏极(d)对应于集电极(c),栅极(g)对应于基极(b),源极(s)对应于发射极(e)。

栅极(g)的确定:将万用表拨至 R×1 k 挡,用黑表笔接触管子的一脚,而红表笔分别放在另外两只管脚上。根据结型场效应管的结构,如果两次测得的电阻都很小,则黑表笔所接的管脚是栅极,这是 N 沟道场效应管;如果测得的电阻较大,可将红、黑表笔对调后重测,如果两次测得的电阻都很小,则红表笔接的管脚是栅极,这是 P 沟道场效应管。对于结型场效应管,由于源、漏极是对应的,可以互换,因此这两脚中任一脚都可以作为源极或漏极。

(b) 结型场效应管优劣判别

把万用表置于 R×100 或 R×1 k 挡,红、黑表笔分别交替接 s 和 d,两次测得的数值均应很小。随后把红表笔接 s 或 d,黑表笔接 g,对 N 沟道场效应管,电阻应很小;对 P 沟道场效应管电阻应很大。再交换表笔,即黑表笔接 s 或 d,红表笔接 g,测得的数值相反。若测量结果 g 和 s、d 间的电阻都很小,说明管子已击穿;g 和 d、s 正反向都不通,说明管子控制栅极已断路。这两种情况的场效应管均不能使用。

4. 可控硅(SCR)的检测

可控硅(Silicon Controlled Rectifier)又名晶闸管,是一种大功率的半导体器件,从研究成功到现在仅有 30 多年的时间,是一种新型的可控整流元件。这里我们只介绍普通可控硅的检测方法。

普通可控硅三个电极的形状区别很大，从外形上即可区分出来，也可用万用表 R×100 或 R×1 k 挡检测，测任意两脚的正反向电阻，根据正反向电阻值的大小和各极间特性即可区分各电极，如图 6-29 所示。

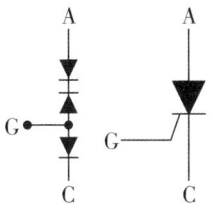

内部结构　电路符号

图 6-29　普通可控硅

（1）右侧为可控硅电路符号，左侧为可控硅内部结构，共由三个 PN 结组成。

（2）G 和 C 之间有一个 PN 结，若其正反向电阻有明显的差别，则说明该 PN 结是好的，假设其正向电阻为 RGC。若正反向电阻皆为无穷大，说明极间断路；若正反向电阻都为零，说明极间短路。

（3）G 和 A 之间有两个 PN 结反向串联，其正反向电阻均很大，假设其正向电阻为 RGA，若正反向电阻都为零，说明极间短路。

（4）A 和 C 之间有三个 PN 结反向串联，其电阻值（RAC）接近无穷大，若正反向电阻都为零，说明极间短路。

（5）各级间阻值关系为：RAC＞RGA＞RGC，据此可判断管子的三个电极以及管子的好坏。

5. 半导体器件检测注意事项

（1）利用指针式万用表检测中小功率晶体管时，切不可使用 R×1 或 R×10 k 挡位。因为 R×1 挡位的电流较大，R×10 k 挡位的电压较高，容易烧坏晶体管。

（2）用不同的电阻挡测量晶体管的正向或反电阻时，其阻值不同。因为晶体管是一个非线性器件，加在晶体管上的电压与流过晶体管的电流不成正比，电压越高，电流越大，电阻越小。

（3）不能用数字万用表的电阻挡检测二极管、三极管以及集成电路。因为数字万用表的电阻挡一般用电阻和二极管分压后，取二极管的导通电压（约 0.55 V）作为测试电压，这样经测试回路的电路电阻后加在被测端的电压不足以使半导体器件导通。因此，很多数字万用表专门设有检测二极管、三极管的挡位。

6.7.3 常用半导体器件的选用

1. 晶体二极管的选用

(1) 二极管选用的基本思路

(a) 首先要根据具体电路的要求选用不同类型、不同特性的二极管。二极管的种类多，同一种类型的二极管又有不同型号或不同系列。如在电路中作检波用时，就要选用检波二极管，并且要注意不同型号的管子的参数和特性差异。在电路中作电子调谐用，可选用变容二极管和开关二极管。电源稳压等稳压电路就要选用稳压管，并注意稳压值的选用。另外，在一些特殊电路中，还要选用发光极管、光电二极管、磁敏二极管等。

(b) 在选好二极管类型的基础上，要选好二极管的各项主要技术参数，使其符合电路具体要求。并且要留有一定的余量。

(c) 根据电路的要求和机箱或电路板的尺寸，选好二极管的外形、尺寸和封装形式。

(2) 各类型二极管的具体选用

(a) 检波二极管的选用

检波二极管的作用是从调制波中取出低频信号成分（包络线）。检波二极管的正向电阻在 200~900Ω 较好，反向电阻则是越大越好。选用检波二极管时，要选择工作频率满足要求，结电容小，反向电流小的二极管，但主要考虑的是工作频率。按频率的要求选用，2AP1~2AP8 型适用于 150 MHz 以下；2AP9、2AP10 型适用于 100 MHz 以下；2AP31A 型适用于 400 MHz 以下；2AP32 型适用于 2 000 MHz 以下等。晶体管收音机的检波电路可选用 2AP9、2AP10 型二极管，它的工作频率可达 100 MHz、结电容小于 1 pF，适合作小信号检波。

(b) 稳压二极管的选用

稳压二极管是工作在反向击穿状态下的，使管子两端电压基本不变的一种特殊二极管。稳压管的稳压值离散性很大，即使同一厂家同一型号产品其稳定电压值也不完全一样，因此，对要求较高的电路选用前对稳压值应进行测量。

使用稳压管时应注意，二极管的反向电流不能无限增大，否则会导致二极管的过热损坏。因此，稳压管在电路中一般需串联限流电阻。在选用稳压管时，如需要稳压值较大的管子，可用几只稳压值低的管子串联使用；当需要稳压值较低的管子而又买不到时，可以用普通硅二极管正向导通代替稳压管用。

(c) 整流二极管的选用

在选用整流二极管前,要先了解整流电路的输入电压、输出电流、整流电路的形式及各项参数值等,然后根据电路的具体要求选用合适的整流二极管。在串联型电源电路中可选用一般的整流二极管,只要有足够大的整流电流和反向工作电压就可以选用。在低压整流电路中,应选用正向电压小的整流二极管。特别要注意的是,在选用彩色电视机行扫描电路中整流二极管时,除了考虑最高反向电压、最大整流电流、最大功耗等参数外,还要重点考虑二极管的开关时,不能用普通整流二极管。一般可选用 FR-200、FR-206 以及 FR-300~307 系列整流管,它们的开关时间小于 $0.85~\mu s$。在开关型稳压电源中,应选用反向恢复时间短的快速恢复整流二极管。可选用 PFR 150~157 系列,其反向恢复时间为 $0.85~\mu s$。

(d) 变容二极管的选用

变容二极管的导电特性与检波二极管相似,但结构却不同,其结电容随反偏电压而变化。为获得较大的结电容和较宽的可变范围,变容二极管多用面接触型和台面型结构。变容二极管主要用于电子调谐电路;也作为压控可变电容在振荡电路中使用。

选用变容二极管时,要注意结电容和电容变化范围。使用变容二极管时,通常采用电感或大电阻作隔离,避免变容二极管的直流控制电压与振荡电路直流供电系统之间的相互影响。

选择合适的直流反偏电压,通常选用反向偏压小、相对容量变化大的变容二极管。

(e) 开关二极管的选用

开关二极管是利用 PN 结的单向导性,在电路中对电流进行控制来实现对电路的开关控制。开关二极管最重要的参数是开关时间,按时间通常分高速开关二极管、中速开关二极管和低速开关二极管,按功率大小分大功率开关二极管和小功率开关二极管。硅开关二极管的开关时间比锗开关二极管短,只有几个纳秒。开关二极管常用于开关电路、限幅电路、检波电路等。

例如,在收音机、电视机及其他电子设备的开关电路及检波电路中,常选用 2CK、2AK 系列小功率二极管。2CK 系列为硅平面开关二极管,常用作高速开关;2AK 系列为点接触锗二极管,常用于中速开关电路。

(f) 发光二极管的选用

可见发光二极管有砷化镓、磷化镓和磷砷化镓发光二极管,它们具有体积小、工作电压低、亮度高、寿命长、视角大等特点，广泛用于电子设备的显示或指示中。

选用和使用发光二极管，首先要根据电路及空间情况选择发光二极管尺寸及发光颜色。其次，要注意判别正负极性。对全塑封的发光管电极引线较长的是正极，较短的是负极；对于有金属管座的发光管，靠近突起的是正极。最后，使用和调整发光二极管工作点时，要使它的工作电流不能超过规定值。对大功率的砷化镓发光二极管，使用时应加散热片。

红外发光二极管可选用作光电控制电路的光源，另外还可把小功率的红外发光管和硅光电二极管组装在一起，制成光电开关器件，在电路中做隔离式开关用。红外发光二极管有很好的抗干扰作用。使用变色和三色发光二极管时，要注意管脚排列，并要串接限流电阻，焊接时要注意散热，焊接时间不要过长。

（3）二极管使用的注意事项

（a）二极管的极限参数有最高反向电压、最大整流电流、最大正向电流等，使用二极管时，不允许超过这些极限值。否则二极管就会被击穿、损坏。因此，从可靠性角度考虑，在使用二极管时，对其额定参数要留有余量。

（b）在维修代换二极管时，最好选用同型号，同规格的二极管。要替代的话必须满足重要的极限参数要求，且留有余量。锗管和硅管在特性上有差别，一般不能互相代换。

（c）对一些特殊用途的二极管，使用时，除了注意共性的方面还要特别注意特殊性方面。比如激光二极管是特殊的发光器件，发出的激光能伤害眼睛，所以，操作时不要顺其光轴观看，确保人身安全。

（4）二极管的代换

（a）检波二极管的代换

检波二极管损坏后，若无同型号二极管更换时，也可以选用半导体材料相同，主要参数相近的二极管来代换。也可用损坏了一个 PN 结的锗材料高频晶体管来代用。

（b）整流二极管的代换

整流二极管损坏后，可以用同型号的整流二极管或参数相似的其他型号整流二极管代换。通常，高耐压值（反向电压）的整流二极管可以代换低耐压值的整流二极管，而低耐压值的整流二极管不能代换高耐压值的整流二极管。整流电流值高的二极管可以代换整流电流值低的二极管，而整流电流值低的二极管则不能代换整流电流值高的二极管。

(c) 稳压二极管的代换

稳压二极管损坏后,应采用同型号稳压二极管或电参数相同的稳压二极管来代换。可以用具有相同稳定电压值的高耗散功率稳压二极管来代换耗散功率低的稳压二极管,但不能用耗散功率低的稳压二极管来代换耗散功率高的稳压二极管。例如 0.5 W、6.2 V 的稳压二极管可以用 1 W、6.2 V 稳压二极管代换。

(d) 开关二极管的代换

开关二极管损坏后,应用同型号的开关二极管更换或用与其主要参数相同的其他型号的开关二极管来代换。高速开关二极管可以代换普通开关二极管,反向击穿电压高的开关二极管可以替换反向击穿电压低的开关二极管。

(e) 变容二极管的代换

变容二极管损坏后,应更换与原型号相同的变容二极管或用其主要参数相同(尤其是结电容范围应相同或相近)的其他型号的变容二极管来代换。

2. 选用晶体三极管的基本思路

晶体三极管的种类繁多,有普通晶体三极管、光敏三极管、光电三极管、复合管、开关晶体三极管、磁敏三极管等,功能用途差别大,因此,三极管的选择和使用的范围很宽。在选用晶体三极管时,要根据电路的具体要求选用不同类型,然后再选好各项主要技术参数,选好外形尺寸和封装形式等。

(1) 根据具体电路要求,选用不同类型晶体三极管

电器和电子设备的种类很多,电路更是千差万别,比如电视机的高放和变频电路要求噪声小,应选用噪声系数小的高频三极管,如 3DG100C 型、3DG84D 型 NPN 硅高频低噪声三极管等。其噪声系数 NF≤4 dB~3DG84C 型管的特征频率 fT≥400 MHz~3DG84D 型管的 fT≥600 MHz。电视机的中放电路不但要求噪声小,而且要求有良好的自动音频控制功能,考虑两方面因素,可选 3DG201 型、3DG80 型、3CG21C 型三极管等。它们的噪声系数较小,自动增益高。功放电路、电源调整电路可选用 3DA581 型、3DD104E 型三极管等。视频放大电路可选用 3DG27D 型、3DA83B 型、3DA93B 型三极管等。行输出电路可选用 3DA581、3DA58H 型三极管等。

在低频功率放大电路中,可选用低频大功率管或低频小功率管,如 3DD205 型、3CD010A~D 型低频功率三极管。

电视机的开关电源电路可选用大功率开关三极管;数字电路、驱动电路可选用小功率开关三极管;在家用电器、通信设备的光控电路中,可选用光敏三极管、光电三极管等。

（2）根据三极管的主要参数进行选用

选好三极管种类、型号后，再看晶体三极管的各项参数是否符合电路要求。譬如，在收音机的变频电路中，选用的晶体管的参数应尽量满足下述条件：

(a) 特征频率要高，一般要选用特征频率比电路的工作频率高 3 倍以上。

(b) β 值在 40~80，过高容易引起自激。

(c) 集电极结电容 C 要小，以提高频率的灵敏度。

(d) 高频噪声系数应尽可能小些，以提高灵敏度。3DG8 型，3DG80 型三极管的噪声系数都小于 5 dB，有的更小。

(e) 集电极反向电流要小，一般应小于 10 μA。

对不同用途的三极管，还要特别注意那些要求比较严格的参数。如选用开关管除了前述的主要参数外，应要求有较快的开关速度和较好的开关特性。选用光敏（电）三极管时，除了选择最高工作电压、集电极最大电流、最大允许耗散功率等参数外，还要注意暗电流和光电流以及光谱响应范围等特殊参数。在选用高频低噪声三极管时，其技术参数有很多项，其主要特性参数有正向增益自动控制、噪声系数、特征频率等。另外，还要注意达林顿管、敏感三极管等特殊三极管参数的选用。

（3）要判别三极管的好坏和极性

在使用之前还要用简单的方法判别一下三极管的好坏和极性。选用的三极管如果型号标志清楚，可以通过查看晶体管手册了解管子的极性和参数。当管子标志不清楚时，就要先判别选用管是 PNP 型或是 NPN 型。

判别三极管的好坏。只要检查一下三极管各 PN 结是否损坏，就可以判断三极管是否损坏。可用万用表测量其发射结、集电结的正向电阻和反向电阻来判定。

（4）选用合适的外形尺寸和封装形式

晶体三极管的封装主要有：金属封装型，塑料封装型、陶瓷封装型等。晶体三极管的外形主要有：方形、圆型、芝麻型、微型、片状等。在选用晶体管时，要根据整机的尺寸和价格，合理选用三极管的尺寸和封装形式。一般金属封装型的尺寸大些，价格贵些，塑封型管小巧价格便宜。微型塑封小功率三极管体积很小，采用平面接触低温焊接工艺，简化了装配，可使整机小型化。

（5）晶体三极管的使用常识

为了确保晶体管的使用安全，提高整机的可靠性要求，最好对晶体管的极限参数降额使用。普通型三极管，功率可降低 30% 使用，电流和电压也要适当降额使用；特殊用途三极管可根据具体情况，降额使用。

在高频电路中使用的晶体三极管应采用适当措施防止自激。印制电路板布线应注意输入、输出端隔离，接地点应集中于一点。接入电路中的晶体三极管脚应尽量短些。

大功率三极管在功率驱动电路中使用时一定要加散热片；中小功率三极管用作功率驱动时也要采用适当的散热措施。

在电路中使用对管时，为防止对管的参数不完全一致，应采用补偿元件和平衡调节措施。另外，为防止管脚之间的相碰和便于识别电极，管脚之间可采用绝缘措施，如套上塑料套管。

3. 场效应管的选用

（1）场效应管的选用注意事项

（a）使用场效应管时，不能超过其耗散功率、最大漏源电压和电流等参数的极限值。

（b）根据电路具体要求选择型号及重要参数，并且要留有余量。

（c）在运输、贮藏时，要注意防静电。

（2）场效应管的使用注意事项

为了安全使用场效应管，在线路的设计中不能超过管的耗散功率，最大漏源电压、最大栅源电压和最大电流等参数的极限值。

各类型场效应管在使用时，都要严格按要求偏置接入电路中，要遵守场效应管偏置的极性。如结型场效应管栅源漏极之间是 PN 结，N 沟道管栅极不能加正偏压；P 沟道管栅极不能加负偏压等等。

MOS 场效应管由于输入阻抗极高，所以在运输、贮藏中必须将引出脚短路，要用金属屏蔽包装，以防止外来感应电势将栅极击穿。尤其要注意，不能将 MOS 场效应管放入塑料盒子内，保存时最好放在金属盒内，同时也要注意管子的防潮。

为了防止场效应管栅极感应击穿，要求一切测试仪器、工作台、电烙铁、线路本身都必须有良好的接地；管脚在焊接时，先焊源极；在连入电路之前，管子的全部引线端保持互相短接状态，焊接完后再把短接材料去掉；从元器件架上取下管子时，应以适当的方式确保人体接地（如采用接地环等）；当然，如果能采用先进的气热型电烙铁，焊接场效应管是比较方便的，并且确保安全；在未关断电源时，绝对不可以把管插入电路或从电路中拔出。以上安全措施在使用场效应管时必须要注意。

在安装场效应管时，注意安装的位置要尽量避免靠近发热元件；为了防止管子振动，有必要将管壳体紧固起来；管脚引线弯曲时，应当在大于根部尺寸 5 mm 处进行，以防止弯断管脚和引起漏气等。对于功率型场效应管，要有良好的散热条件。因为功率型场效应管在高负荷条件下工作，必须设计足够的散热器，确保壳体温度不超过额定值，使器件长期稳定可靠地工作。总之，确保场效应管安全使用，要注意的事项是多种多样，采取的安全措施也是各种各样，这就要求专业技术人员，都要从自己的实际情况出发，采取切实可行的办法，安全有效地用好场效应管。

4. 可控硅（SCR）的选用

（1）选择晶闸管的类型

晶闸管的类型有多种，应根据应用电路的具体要求合理选用。

若用于交流电压控制、可控整流、交流调压、逆变电源、开关电源保护电路等，可选用普通晶闸管；

若用于交流开关、交流调压、交流电动机线性调速、灯具线性调光及固态继电器、固态接触器等电路中，应选用双向晶闸管；

若用于交流电动机变频调速、斩波器、逆变电源及各种电子开关电路等，可选用门极关断晶闸管；

若用于锯齿波发生器、长时间延时器、过电压保护器及大功率晶体管触发电路等，可选用 BTG 晶闸管；

若用于电磁灶、电子镇流器、超声波电路、超导磁能储存系统及开关电源等电路，可选用逆导晶闸管；

若用于光电耦合器、光探测器、光报警器、光计数器、光电逻辑电路及自动生产线的运行监控电路，可选用光控晶闸管。

（2）选择晶闸管的主要参数

晶闸管的主要参数应根据应用电路的具体要求而定。所选晶闸管应留有一定的功率余量，其额定峰值电压和额定电流（通态平均电流）均应高于受控电路的最大工作电压和最大工作电流的 1.5～2 倍。

晶闸管的正向压降、门极触发电流及触发电压等参数应符合应用电路（指门极的控制电路）的各项要求，不能偏高或偏低，否则会影响晶闸管的正常工作。

6.8 集成电路

集成电路（Integrated Circuit，简写为 IC）是相对于分立式半导体器件（Discreted Semiconductor）而言的，它是在半导体制造工艺的基础上，把多个电路中的元器件制作在一块硅基片上，构成特定功能的电子电路。集成电路起源于 20 世纪 60 年代初期，它的显著特点是体积小、重量轻、功能强、特性好。

6.8.1 集成电路的分类与参数

1. 集成电路的分类

（1）集成电路按其结构工艺的不同，可分为半导体集成电路、薄膜、厚膜集成电路及混合集成电路三种。如通信、广播、遥控系统中所采用的集成电路绝大部分是半导体集成电路。

（2）集成电路按其功能和用途的不同，可分为数字集成电路和模拟集成电路两种。计算机、数字仪表、计时电路等系统中的集成电路绝大部分是数字集成电路，这种集成电路是以门电路、触发器等逻辑元器件作为基础单元的。模拟集成电路又可分为两类：一类是线性模拟集成电路，如低频放大器、高频放大器等，电路的输出信号与输入信号成线性关系；另一类是非线性模拟集成电路（有时也称频率变换电路），如检波器、鉴频器、混频器等，它们的输出与输入成非线性关系。

（3）集成电路按内部元件多少，可分为小规模、中规模和大规模集成电路。对于数字集成电路而言，每平方厘米硅片能集成 100～100 000 个晶体管的称为中小规模集成电路（MSIC/SSIC），每平方厘米能集成十万至几十万个晶体管的称为大规模集成电路（LSIC）。对于模拟集成电路而言，集成块内元件在 200 只以下的称为小规模集成电路，集成 200～1 000 只元件的称为中规模集成电路，集成 1 000 只元件以上的称为大规模集成电路。通常允许元件个数在 10 000 只以上的称为超大规模集成电路（VISIC）。一般说来，模拟集成电路的集成化程度要低于数字集成电路。

2. 集成电路的管脚标志方法

集成电路的管脚比较多，在电路图中一般标出引脚的序号以表达集成电路与外围电路的连接关系。因此,在检测集成电路时,往往需要在集成电路实物上找到相应的管脚。

集成电路的管脚有单列直插、双列直插方式,此外还有四列集成电路、金属封装集成电路等。其管脚标志一般遵循如下规律:用比较明显的标记来指示第一管脚的位置,其他管脚则从左至右,或从下方逆时针方向来表明第一管脚位置。有些集成电路在外形上无任何第一管脚标记,此时可将印有型号的一面朝着自己(字体正向)、管脚朝下,左侧下端为第一引脚,逆时针方向依次排序。常见集成电路的管脚标记及其引脚分布规律如图 6-30 所示。

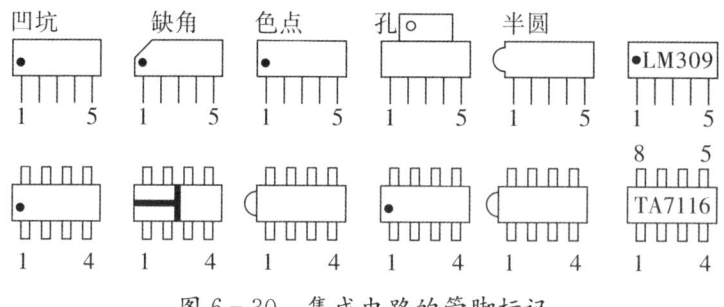

图 6-30 集成电路的管脚标记

3. 集成电路的主要参数和极限参数

集成电路的种类很多,不同的用途集成电路都有不同的参数,最基本的有主要参数和极限参数。

(1) 主要参数

(a) 最大输出功率:此参数是指有功率输出要求的集成电路,当信号失真度为一定值时,集成电路输出脚输出的电信号功率。

(b) 静态工作电流:它是指集成电路放大器的放大能力的大小(通常为闭环增益)。

(2) 极限参数

集成电路的极限参数是生产厂家规定的不能超过的值,在使用中如有超过极限值中的任何一个,则集成电路都可能损坏,或使其性能下降,寿命缩短。

(a) 电源电压:是指集成电路正常工作时所需的工作电压。通常模拟集成电路的电源电压用"VCC"表示,数字集成电路的正电源电压用"VDD"表示。

(b) 耗散功率:耗散功率是指集成电路在标称的电源电压及允许的工作环境温度范围内正常工作时所输出的最大功率。

(c) 工作环境温度:工作环境温度是指集成电路能正常工作的环境温度极限值或温度范围。

6.8.2 集成电路的检测

现在的电子产品往往由于一块集成电路损坏,导致一部分或几个部分不能正常工作,影响设备的正常使用。那么如何检测集成电路的好坏呢?通常一台设备里面有许多个集成电路,当拿到一部有故障的带集成电路的设备时,首先要根据故障现象,判断出故障的大体部位,然后通过测量,把故障的可能部位逐步缩小,最后检测出故障所在。

1. 常用的检测方法

集成电路常用的检测方法有在线测量法,非在线测量法和代换法。

(1) 非在线测量

非在线测量是在集成电路未焊入电路时,通过测量其各引脚之间的直流电阻值与已知正常同型号集成电路各引脚之间的直流电阻值进行对比,以确定其是否正常。

(2) 在线测量

在线测量法是利用电压测量法、电阻测量法及电流测量法等,通过在电路上测量集成电路的各引脚电压值、电阻值和电流值是否正常,来判断该集成电路是否损坏。

(3) 代换法

代换法是用已知完好的同型号、同规格集成电路来代换被测集成电路,可以判断出该集成电路是否损坏。

2. 常用集成电路的检测

(1) 微处理器集成电路的检测

微处理器集成电路的关键测试引脚是 VDD 电源端、RESET 复位端、XIN 晶振信号输入端、XOUT 晶振信号输出端及其他各输入、输出端。在路测量这些关键脚对地的电阻值和电压值,看是否与正常值(可从产品电路图或有关维修资料中查出)相同。不同型号微处理器的 RESET 复位电压也不相同,有的是低电平复位,即在开机瞬间为低电平,复位后维持高电平;有的是高电平复位,即在开关瞬间为高电平,复位后维持低电平。

(2) 开关电源集成电路的检测

开关电源集成电路的关键脚电压是电源端(VCC)、激励脉冲输出端、电压检测输入端、电流检测输入端。测量各引脚对地的电压值和电阻值,若与正常值相差较大,在其外围元器件正常的情况下,可以确定是该集成电路已损坏。内置大功率开关管的厚膜集成电路,还可通过测量开关管C、B、E极之间的正、反向电阻值,来判断开关管是否正常。

(3) 音频功放集成电路的检测

检查音频功放集成电路时,应先检测其电源端(正电源端和负电源端)、音频输入端、音频输出端及反馈端对地的电压值和电阻值。若测得各引脚的数据值与正常值相差较大,其外围元件又正常,则是该集成电路内部损坏。对引起无声故障的音频功放集成电路,测量其电源电压正常时,可用信号干扰法来检查。测量时,万用表应置于只R×1挡,将红表笔接地,用黑表笔点触音频输入端,正常时扬声器中应有较强的"喀喀"声。

(4) 运算放大器集成电路的检测

用万用表直流电压挡,测量运算放大器输出端与负电源端之间的电压值(在静态时电压值较高)。用手持金属镊子依次点触运算放大器的两个输入端(加入干扰信号),若万用表表针有较大幅度的摆动,则说明该运算放大器完好;若万用表表针不动,则说明运算放大器已损坏。

(5) 时基集成电路的检测

时基集成电路内含数字电路和模拟电路,用万用表很难直接测出其好坏。可以用如图6-31所示的测试电路来检测时基集成电路的好坏。测试电路由阻容元件、发光二极管LED、6V直流电源、电源开关S和8脚IC插座组成。接通电源开关S,若被测时基集成电路正常,则发光二极管LED将闪烁发光;若LED不亮或一直亮,则说明被测时基集成电路性能不良。

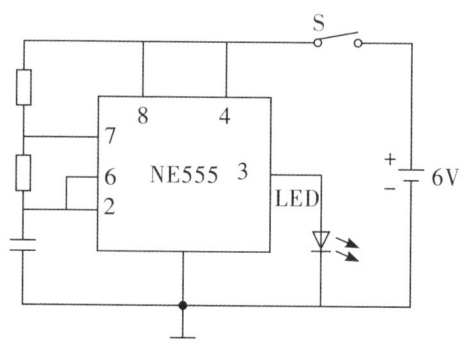

图6-31 时基集成电路的测试电路

在检测集成电路时通常都采用测引脚电压的方法来判断,但这只能判断出故障的大致部位,而且有的引脚反应不灵敏,有的甚至没有什么反应。就是在电压偏离的情况下，也包含外围元件损坏的因素，还必须将集成块内部故障与外围故障严格区别开来，因此单靠某一种方法对集成电路是很难检测的，必须依赖综合的检测手段。现以万用表检测为例介绍其具体方法。

集成块总有接地脚，由于集成电路内部都采用直接耦合，因此，集成块的其他引脚与接地脚之间都存在着确定的直流电阻，这种确定的直流电阻称为该脚内部等效直流电阻，简称 $R_{内}$。当我们拿到一块新的集成块时，可通过用万用表测量各引脚的内部等效直流电阻来判断其好坏，若各引脚的内部等效电阻 $R_{内}$ 与标准值相符，说明该集成块是好的，反之若与标准值相差过大，说明集成块内部损坏。测量时有一点必须注意，由于集成块内部有大量的三极管、二极管等非线性元件，在测量中单测得一个阻值还不能判断其好坏，必须互换表笔再测一次，获得正反向两个阻值。只有当 R_a 正反向阻值都符合标准，才能断定该集成块完好。

在实际检测时还通常采用在路测量法。先测量其引脚电压，如果电压异常，可断开引脚连线测接线端电压，以判断电压变化是外围元件引起，还是集成块内部引起。也可以采用测外部电路到地之间的直流等效电阻（称 $R_{外}$）来判断，通常在电路中测得的集成块某引脚与接地脚之间的直流电阻（在路电阻），实际是 $R_{内}$ 与 $R_{外}$ 并联的总直流等效电阻。在检测时常将在路电压与在路电阻的测量方法结合使用。有时在路电压和在路电阻偏离标准值，并不一定是集成块损坏，而是有关外围元件损坏，使 $R_{外}$ 不正常，从而造成在路电压和在路电阻的异常。这时便只能测量集成块内部直流等效电阻，才能判定集成块是否损坏。

在路检测集成电路内部直流等效电阻时可不必把集成块从电路上焊下来，只需将电压或在路电阻异常的脚与电路断开，同时将接地脚也与电路板断开，其他脚维持原状，测量出测试脚与接地脚之间的 R_a 正反向电阻值便可判断其好坏。

例如，电视机内集成块 TA7609P①脚在路电压或电阻异常，可切断①脚和⑤脚（接地脚），然后用万用表内电阻挡测①脚与⑤脚之间电阻，测得一个数值后，互换表笔再测一次。若集成块正常应测得红表笔接地时为 8.2 kΩ，黑表笔接地时为 272 kΩ 的 R_a 直流等效电阻，否则集成块已损坏。在测量中多数引脚，万用表用 R×1 k 挡，当个别引脚 $R_{内}$ 很大时，换用 R×10 k 挡，这是因为 R×1 k 挡其表内电池电压只有 1.5 V，当集成块内部晶体管串联较多时，电表内电压太低，不能供集成块内晶体管进入正常工作状态，数值无法显现或不准确。

总之，在检测时要认真分析，灵活运用各种方法，摸索规律，做到快速、准确找出故障。

6.8.3 集成电路的选用

集成电路的种类很多,功能各异,引脚排列、形状也各不相同,而且有国产、进口、合资等各种产品,因此要选择一种适合要求的集成电路,充分发挥其功能,必须全面了解它的性能和特点,并要考虑价格、易于购买、质量等因素。了解性能时,应重视厂家推荐的工作条件和典型应用电路。

(1) 根据电路要求选择

各种电子产品都由不同的电路组成,各部分电路功能不同,要求不同。例如:电源电路应选用串联型还是开关型,输出电压为多少,输入电压是多少等。

(2) 依据集成电路性能选用

选择集成电路时要了解所选用的集成电路的性能。不同类型的集成电路的参数各不相同,应仔细查阅有关资料,即在选用集成电路之前,要全面了解该集成电路的功能,电气参数、引脚功能或排列规律等。

(3) 根据使用条件选用

集成电路的功能相同,但封装不一定相同,这时集成电路应根据其具体的使用条件来进行选择。

(4) 根据实际电路需要选用

对要求较高的电路,可选用参数指标高的集成电路,而对于各项指标要求不太高的电路,不必选用高指标的产品。

(5) 在集成电路使用中应注意的问题

(a) 认真核实集成电路的型号是否与所需的型号一样,此型号的集成电路所具备的功能与需求是否一致等。

(b) 在设计和使用时,要弄清各引脚功能,确认电源、地线、输入、输出端的位置。尤其是电源引脚、信号输入、输出引脚等,一旦接错则可能造成集成电路损坏。

(c) 通电时要慎重。初次通电调试时,如出现冒烟、打火、过热等异常现象,应立即切断电源,以防事故。另外,应注意各引脚同时通电;尽量避免较高的感应电压和较大的浪涌电流进入集成电路;电源电压要稳定;引线要尽可能短。

(d) 集成电路在使用前要进行好坏的检查。最简单的检查方法是通过测量集成电路各引脚对接地脚之间的正反向电阻值与其正常值作比较,判断好坏。

(e) 集成电路在插入印制板时一定要注意对准孔位,轻轻地插入便可,切忌硬插以免引线折断或弯折。

(f) 对集成电路焊接时,一般采用功率为 20 W 的内热式电熔铁为宜,焊接时最好把烙铁的外壳接地,以免漏电将集成电路损坏。对每个引脚的焊接时间不宜过长,一般 2~3 s 即可,如一次焊接不成,间歇后可进行二三次的焊接。焊接时注意焊点要小,千万不要与邻近的引脚短路。

(g) 集成电路内部包含很多 PN 结,因此,它对工作温度很敏感。集成电路的各项指标,一般都是在某温度条件(一般是 25 ℃)测出的。环境温度过高或过低,会引起集成电路参数变化,不利于其正常工作。因此,无论是焊接、储存,还是运行都应注意温度。

(h) 使用功率较大的集成电路时需加散热片,而且必须加符合尺寸的散热片,如果尺寸过小,将影响集成电路的正常工作。

(6) CMOS 电路使用时应注意的事项

(a) 电源 CMOS 集成电路工作电压一般为 +3 V~+18 V,当系统中有门电路的模拟应用时,如作为脉冲振荡、线性放大,则最低工作电压应不低于 +4.5 V。

(b) 驱动能力。为了增加 CMOS 电路的驱动能力,除了选用驱动能力较大的缓冲器外,还可以将同一芯片上的几个同类电路的输入端和输出端分别并接在一起来提高驱动能力,这时驱动能力将增大 N 倍,N 是并接门电路的数量。

(c) 多余输入端的处理。CMOS 电路输入端不允许悬空,因为悬空的输入端输入电位不定,会破坏电路的正常逻辑关系,另外悬空时输入的阻抗高,易受外界噪声干扰,使电路误动作,而且也极易使栅极感应静电,造成击穿。对与非门和与门的多余输入端应接高电子,而或门和或非门则应接至低电子。如果电路的工作速度不高,功耗也不需要特别考虑,可将多出来的输入端与使用端并用。

(d) 输入端接长线时的保护。可串接电阻以尽可能消除较大的分布电容和分布电感。

(e) CMOS 与运放的接口方法。如运放用双电源,CMOS 采用独立的另一组电源,则需加两个箝位二极管,使 CMOS 的输入电压处在 0~+10 V,还要在输入端串接 15 kΩ 的电阻以作为 CMOS 电路的限流电阻,又对二极管进行限流保护。

6.9 表面安装元器件

随着电子技术的飞速发展及电子工艺制造技术的不断提高，电子元器件逐渐向体积小型化、制造安装自动化方向发展，从而出现了表面安装元件（SMC）和表面安装器件（SMD），又称贴片式元器件。这种元器件是无引线或短引线的新型微小型元器件，在安装时不需要在印制板上打孔，而是直接安装在印制板表面上，采用这种元器件焊装的电路具有密度高、可靠性高、抗震性好、高频特性好（因减小了引线分布特性影响，降低了寄生电容和电感，增强了抗电磁干扰和射频干扰的能力）、便于自动化生产、使产品降低成本等优点。

6.9.1 表面安装元器件的分类

表面安装元器件按外形可分为矩形、圆柱形和异形三种，按元器件功能可分为无源元件（电阻、电容等）、有源器件（晶体管、集成电路等）和机电类三类。各种无源、有源和机电类表面安装元器件分类见表6-14。

表6-14 各种无源、有源和机电类表面安装元器件的分类

种 类		矩 形	圆 柱 形
无源器件	电阻器	厚膜电阻、薄膜电阻、敏感电阻	碳膜、金属膜
	电容器	陶瓷电容、云母电容、薄膜电容、电解电容、微调电容	陶瓷、钽电解
	电感器	线绕电感、叠层电感、可变电感	线绕电感器
	电位器	微调电位器、多圈电位器	
有源器件	二极管	塑封整流、稳压、开关、齐纳、变容二极管	玻璃封装二极管
	晶体管	塑封三极管、塑封场效应管	
	集成电路	扁平封装、芯片封装	
机电元件	开关、连接器、继电器、薄膜微电机		

6.9.2 表面安装元件

1. 电阻器

表面安装电阻器属于表面安装的无源元件,一般按两种方式进行分类。按特性及材料分类,有厚膜电阻器、薄膜电阻器和大功率线绕电阻器。按外形结构分类,有矩形片式电阻器、圆柱形电阻器和异形电阻器。

(1) 矩形片式电阻器

矩形片式电阻器结构如图 6-32 所示,它由基板、电阻膜、保护膜、电极四大部分组成。

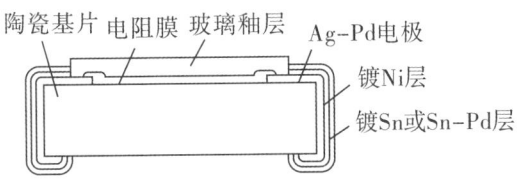

图 6-32 矩形片装电阻器的结构

基板必须具有良好的电绝缘性,还应在高温下具有良好的导热性、电性能和机械强度等,大都采用 Al_2O_3 陶瓷制成;电阻膜采用二氧化钌(RuO_2)电阻浆料印制在陶瓷基板上,经烧结而成。由于 RuO_2 成本比较高,近年来又采用了一些低成本的电阻浆料来降低成本,如碳化物系(WC-W)和 Cu 系材料等;保护膜一般是用低熔点的玻璃浆料覆盖在电阻膜上经烧结而成的,它主要保护电阻体和使电阻体表面具有绝缘性。

为了使电阻器具有良好的可焊性和可靠性,电极一般采用三层结构,内层电极是连接电阻体的内部电极,应选择与电阻膜接触电阻小、与陶瓷基板结合力强的材料。一般用 Ag-Pd 合金印刷、烧制而成。中间层电极是镀镍(Ni)层,又称阻挡层,主要作用是防止内电极脱落。外层电极为可焊层,它应具有良好的可焊性,一般采用铅锡合金(Sn-Pb)。

矩形片式电阻器的外形尺寸如图 6-33 所示,片式电阻器实用中多以形状尺寸(长×宽)来命名,图中给出的是(1/4)W 电阻的尺寸,常用不同瓦数的片式电阻的尺寸见表 6-15。

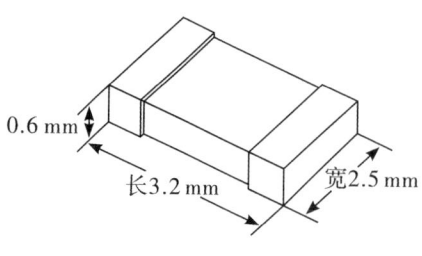

表 6-15 片式电阻功率表

型号	外形尺寸/mm	功率/W
1608	1.6×0.8	1/16
3216	3.2×1.6	1/8
3225	3.2×2.5	1/4
4532	4.5×3.2	1/2

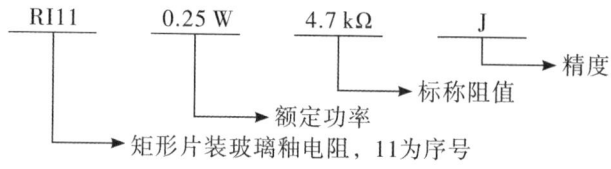

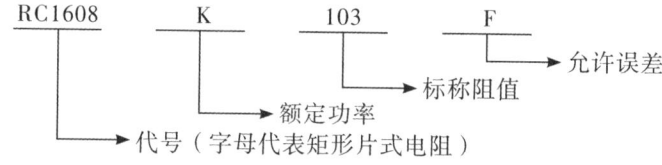

图 6-33 矩形片装电阻器的外形尺寸

（2）圆柱形电阻器

矩形片式电阻的命名方法与所有片式元件一样，目前尚没有统一标准，各生产厂商自成系统，下面给出了两种常见的命名方法：国内 RI11 型矩形片式电阻器与美国电子工业协会（EIA）系列的命名方法。

圆柱形电阻器是由带引线电阻去掉引线演变而来的，电阻体是在高铝陶瓷基体上涂金属膜或碳膜，在两端压上金属帽电极，在电阻体上采用刻螺纹槽的方法调整电阻值，并在表面涂上耐热漆密封，最后在上面涂上色码标志。结构外形如图 6-34 所示。

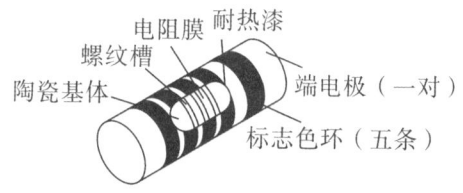

图 6-34 圆柱型电阻器结构

目前常用的圆柱形电阻器额定功率有 1/10 W，1/8 W，1/4 W 三种，对应的尺寸（直径×长）分别是 φ2 mm×2.0 mm，φ1.5 mm×3.5 mm，φ2.2 mm×5.9 mm，电阻的标注一般用色码法，与圆柱形带引线电阻一样。圆柱形电阻与矩形电阻相比，其高频特性较差，但噪声较小。

2. 电位器

片式电位器结构如图 6-35 所示，它包括片状的、圆柱形的或其他无引线扁平结构的各类电位器。主要采用玻璃釉作为电阻体材料，其特点是：体积小，一般为 4 mm×5 mm×2.5 mm；重量轻，仅 0.1~0.2 g；高频特性好，使用频率可超过 100 MHz；阻值范围宽，10~100 Ω；温度系数小；额定功率一般有 1/2 W、1/10 W、1/8 W、1/5 W、1/4 W 和 1/2 W 6 种；最大电刷电流 100 mA。

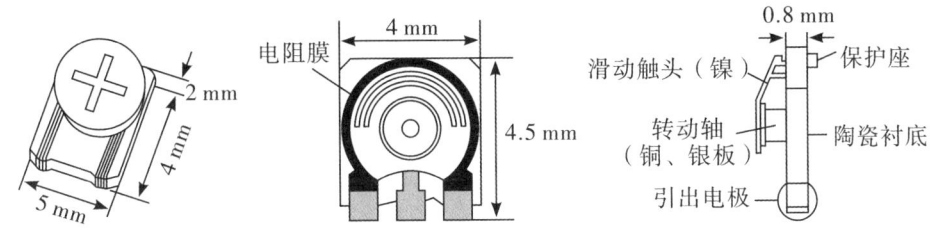

图 6-35 片式电位器结构

3. 电容器

表面安装电容器简称片式电容器，目前生产和应用比较多的主要有两种：陶瓷系列（瓷介）电容器和钽电容器。其中，瓷介电容器的占有量为 80% 以上。

瓷介电容器又分矩形和圆柱形两种，圆柱形是单层结构，矩形少数为单层，大多数为多层叠层结构，如图 6-36 所示，在制作时将作为内电极材料的白金、钯或银的浆料印制在生坯陶瓷膜上，经叠层烧结后，再涂覆外电极。内电极一般采用交替层叠的形式，根据电容量的需要，少则二、三层，多则数十层。它以并联方式与两端面的外电极连接，分成左右两个外电极端。外电极的结构与片式电阻器一样，也采用三层结构。

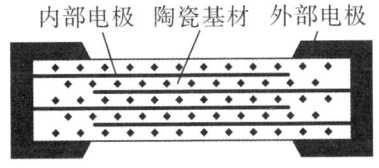

图 6-36 片式电容器结构

矩形片式电容器的命名方法有很多种，比较常见的有：

(1) 国内矩形片式电容器

CC3225　　　CH　　　331　　　K　　　101　　　WT

代号　　　温度系数　　容量　　误差　　耐压　　包装

(2) 美国 Presidio 公司系列

CC1210　　　NOP　　　151　　　J　　　2T

代号　　　温度系数　　容量　　误差　　耐压

在命名方法中，代号中的字母表示矩形片式陶瓷电容器，四位数字表示电容器的长和宽，它的形状、尺寸和矩形片式电阻器基本一样。

温度系数是由电容器所用的介质决定的，介质材料主要有三种：NOP，X7R，Z6U。NOP的主要成分是氧化钛（TiO_2）构成的非铁电材料，其线性特征受温度的影响很小，电气性能比较稳定，一般用于要求较高的电路中。

容量的命名与普通电容的命名方法一样，如 331 表示 330 pF，2P2 表示 2.2 pF。

误差部分字母的含义是：C 为±0.25 pF，D 为±0.5 pF，F 为±1%，J 为±5%，K 为±10%，M 为±20%。

电容器的耐压一般有 50 V，100 V，200 V，300 V，500 V，1 000 V 等几种。

4. 电感器

(1) 线绕型

这是一种小型的通用电感，是在一般线绕电感的基础上改进的，如图 6-37 所示，电感量是由铁氧体线圈架的导磁率和线圈的圈数决定的。它的优点是电感量范围宽、精度高。缺点是这种电感是开磁型的结构，易漏磁，体积大。线绕型片式电感器的典型产品参数见表 6-16。

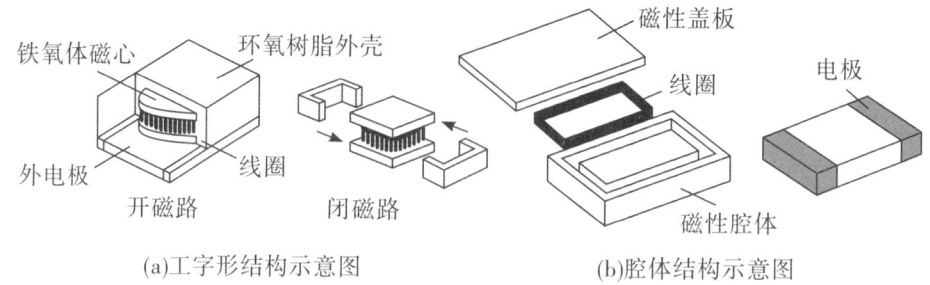

图 6-37　线绕型片式电感器结构

表 6-16 线绕型片式电感器典型参数

型号	电感值/μH	允许偏差/%	Q 值	固有振荡频率/MHz	额定电流/mA	备注
LQN5N100K	10	±10	40	33	270	$R_{DC}Ω$
LQN5N330K	3	±10	40	11	200	
LQN5N101K	100	±10	40	7.0	150	
LQN5N331K	330	±10	40	3.6	90	
43CSCROL	1～470					
502531	1～1 000	±3～±5			150～300	
NL	0.1～1 000		40～70		10～30	

(2) 叠层型电感

它是由铁氧体浆料和导电浆料相间形成叠层结构，经烧结形成的，其结构如图 6-38 所示。其结构特点是闭路磁路，所以它具有没有漏磁、耐热性好、可靠性高、体积小等特点，适用于高密度的表面组装，但是它的 Q 值较低，电感量也比较小。

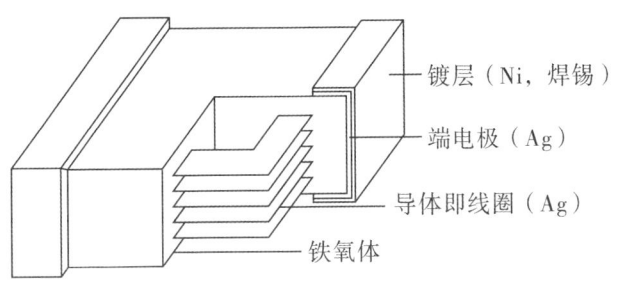

图 6-38 叠层型片式电感结构

6.9.3 表面安装器件

表面安装器件主要有半导体晶体二极管、三极管、场效应管、各种集成电路及特种半导体器件，如光敏、压敏、磁敏等器件。它们与普通插焊元器件相比主要是封装上的区别。

1. 表面安装二极管

表面安装二极管有圆柱形和矩形片式两种封装形式。

(1) 圆柱形封装

这种封装结构是将二极管芯片装入有内部电极的玻璃管内，两端装上金属帽作为正负极。目前常用的圆柱形封装尺寸有 1.5 mm×3.5 mm 和 2.7 mm×5.2 mm 两种。功耗一般为 350~1 000 mW，正负极用色环来标注。

（2）矩形片式封装

矩形片式二极管的封装如图 6-39 所示。

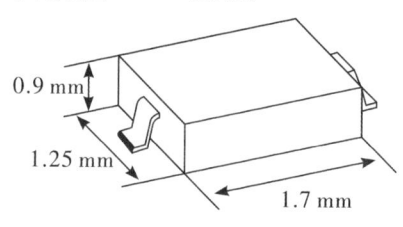

图 6-39 矩形片式二极管

2. 表面安装三极管

三极管主要用塑料晶体管封装形式（SOT），SOT 的主要封装形式有 SOT23，SOT89，SOT252 等，其中，SOT23 一般用来封装小功率晶体管、场效应管、二极管和带电阻网络的复合晶体管，功耗为 150~300 mW。外形尺寸如图 6-40（a）所示。

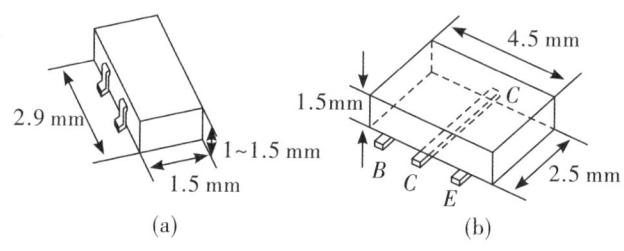

图 6-40 表面安装三极管

SOT89 适用于较高功率的场合，它的发射极、基极和集电极是从封装的一侧引出，封装底面有散热片和集电极连接，晶体管芯片粘贴在较大的铜片上，以此增加元件的散热能力，它的功耗为 300 mW~2 W。外形如图 6-40（b）所示。

SOT252 一般用来封装大功率器件、达林顿晶体管、高反压晶体管，功耗为 2~50 W。

3. 表面安装集成电路

表面贴装集成电路有多种封装形式，有小外形封装集成电路（SOP）、塑料有引线芯片载体（PLCC）、方形扁平封装芯片载体（QFP）等多种。

（1）小外形封装集成电路（SOP）

这种集成电路的引线在封装体的两侧，引线的形状有翼形、J 形、I 形，如图 6-41 所示。其中，翼形引线的焊接比较容易，生产、测试也比较方便，但占用 PCB 的面积大。J 形引线就能节省较多的 PCB 面积，从而可以提高装配密度。SOP 常用的引线间距有 1.27 mm，1.0 mm 和 0.76 mm，引线数为 8~56 条。

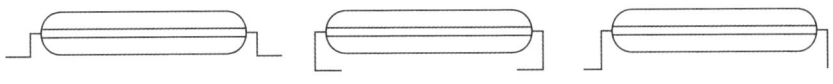

图 6-41　SOP 的三种引线形式

(2) 塑料有引线芯片载体（PLCC）

PLCC 的形状有正方形和长方形两种，引线在封装体的四周并且采用向下弯曲的"J"形引线，如图 6-42 所示，采用这种封装比较省 PCB 的面积，但检测比较困难，这种封装一般用在计算机、专用集成电路（ASIC）、门阵列电路等处。

(3) 方形扁平封装芯片载体（QFP）

QFP 封装也有正方形和长方形两种，如图 6-43 所示，其引线用合金制成，引线间距有 1.27 mm、1.0 mm、0.8 mm、0.65 mm、0.5 mm、0.4 mm、0.3 mm 等多种，引线形状有翼形、J 形、I 形，引线数常用的有 44~160 条。

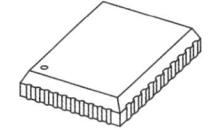　　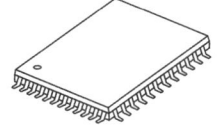

图 6-42　PLCC 封装　　图 6-43　QFP 封装

第七章　焊接技术

将各种器件通过组装互连为整机，需要有合理的设计方法及先进的组装互连技术，否则，整机的可靠性是无法保证的。大量的电子产品调查表明，产品在调试和使用过程中，焊接不良造成的故障率可超过故障总数的40%，日本某电器公司的电视机故障原因中有近80%属于焊接问题。通常，电子元器件的焊接主要是锡焊。锡焊技术虽然不是很复杂的工作，但它是装配过程中一个关键的环节，焊接不良往往会损坏元器件外部的封装或内部的绝缘，甚至损坏元器件，影响元器件的工作效能。在对电子装备的维修方面，草率地焊接，往往会造成电路板铜箔脱落或者是焊点接触不良而导致装备工作不稳定甚至失效。所以焊接技术是电子装备维修的基本技能，必须很好地掌握。

7.1 焊接基本知识

利用加热或其他方法，使焊料与被焊接金属原子之间互相吸引（相互扩散），依靠原子间的内聚力使两种金属永久地牢固结合，这种方法称为焊接。利用焊接的方法进行连接而形成的接点叫作焊点。

7.1.1 焊接的分类

焊接通常分为熔焊、接触焊和钎焊三大类。

（1）熔焊：是一种加热被焊件、使其熔化产生合金而焊接在一起的焊接技术，如气焊、电弧焊、超声波焊等。

（2）接触焊：是一种不用焊料与焊剂就可获得可靠连接的焊接技术，如点焊、碰焊等。

（3）钎焊：用加热熔化成液态的金属把固体金属连接在一起的方法称为钎焊。在钎焊中起连接作用的金属材料称为钎料，即焊料，作为焊料的金属，其熔点必须低于被焊金属材料的熔点。钎焊按照使用焊料的熔点不同分硬焊（焊料熔点高于 450 ℃）和软焊（焊料熔点低于 450 ℃）。

在电子设备装配和维修中主要采用的是钎焊。电子元器件的焊接称为锡焊，锡焊属于软钎焊，它的焊料是铅锡合金，熔点比较低，如共晶焊锡的熔点为 183 ℃，所以在电子元器件的焊接工艺中得到广泛应用。

7.1.2 焊接的方法

随着焊接技术的不断发展，焊接方法也在手工焊接的基础上出现了自动焊接技术，即机器焊接，同时无锡焊接也开始在电子产品装配中采用。

1. 手工焊接

手工焊接是采用手工操作的传统焊接方法，根据焊接前接点的连接方式不同，手工焊接的方法分为绕焊、钩焊、搭焊、插焊等不同方式。

（1）绕焊：将被焊接元器件的引线或导线缠绕在接点上进行焊接。其优点是焊接强度高，此方法应用很广泛。高可靠整机产品的接点通常采用这种方法。

（2）钩焊：将被焊接元器件的引线或导线钩接在被连接插件的孔中进行焊接。它适用于不便缠绕但又要求有一定机械强度和方便拆焊的接点上。

（3）搭焊：将被焊接元器件的引线或导线搭在接点上进行焊接。它适用于易调整或改焊的临时焊点。

（4）插焊：将被焊接元器件的引线或导线插入洞形或孔形接点中进行焊接。例如，有些插接件的焊接需将导线插入接线柱的洞孔中，也属于插焊的一种。它适用于元器件带有引线、插针或插孔及印制板的常规焊接。

2. 机器焊接

机器焊接根据工艺方法的不同，可分为浸焊、波峰焊和再流焊。

（1）浸焊：将装好元器件的印制板在熔化的锡锅内浸锡，一次完成印制板上全部焊接点的焊接，主要用于小型印制板电路的焊接。

（2）波峰焊：采用波峰焊机一次完成印制板上全部焊接点的焊接。此方法已成为印制板焊接的主要方法。

（3）再流焊：利用焊膏将元器件粘在印制板上，加热印制板后使焊膏中的焊料熔化，一次完成全部焊接点的焊接。目前主要应用于表面安装的片状元器件焊接。

7.2 焊接材料

焊接材料包括焊料和焊剂。掌握焊料和焊剂的性质、作用原理及选用知识，对提高焊接技术很有帮助。

7.2.1 焊料

焊料是易熔金属，熔点应低于被焊金属。焊料按成分可分为锡铅焊料、铜焊料、银焊料等。在一般电子产品装备中主要使用锡铅焊料，俗称锡焊。

锡焊材料主要是锡和铅的合金，锡和铅都是软性金属，它们的熔点很低，一般的熔点温度在250 ℃以下，纯锡的熔点温度约232 ℃，它具有较好的润湿性，但热流动性（或称漫流动性）并不好；铅的熔点温度比锡高，约327 ℃，它具有较好的热流动性，但润湿性能差，两者按不同的比例熔合后，则具有不同的特性。一般对较大的物体的锡焊铅含量多、锡含量少，并混入少量锑，以增强硬度，其熔点温度为240 ℃左右。而一般焊接小型物体的焊料，则锡含量多，铅含量少，其熔点温度约为185 ℃。电路板锡料通常都采用低熔点焊锡丝，这是一种空心锡丝，外径为$\Phi2.5$、$\Phi2$、$\Phi1.5$、$\Phi1.0$、$\Phi0.8$等，且心内贮有松香剂，熔点温度一般为140 ℃。

7.2.2 焊剂

焊剂又称为助焊剂，一般是由活化剂、树脂、扩散剂、溶剂四部分组成。主要用于清除焊件表面的氧化膜、保证焊锡浸润的一种化学剂。

1. 焊剂的作用

（1）除去氧化膜。助焊剂中的氯化物、酸类同氧化物发生还原反应，从而除去氧化膜。反应后的生成物变成悬浮的渣，漂浮在焊料表面。

（2）防止氧化。液态的焊锡及加热的焊件金属都容易与空气中的氧接触而氧化。助焊剂熔化后，漂浮在焊料表面，形成隔离层，因而防止了焊接面的氧化。

（3）减小表面张力，增加焊锡的流动性，有助于焊锡浸润。

（4）使焊点美观。合适的焊剂能够整理焊点形状，保持焊点表面的光泽。

2. 对焊剂的要求

（1）熔点应低于焊料，只有这样才能发挥助焊剂的作用。

（2）表面张力、黏度、比重应小于焊料。

（3）残渣应容易清除。焊剂都带有酸性，会腐蚀金属，而且残渣影响美观。

（4）不应腐蚀母材。焊剂酸性强，在除去氧化膜的同时，也会腐蚀金属，从而造成危害。

（5）不应产生有害气体和臭味。

3. 助焊剂的分类与选用

助焊剂大致可分为有机焊剂、无机焊剂和树脂焊剂三大类。其中以松香为主要成分的树脂焊剂在电子产品生产中占有重要地位，成为专用型的助焊剂。

（1）无机焊剂

无机焊剂的活性最强，常温下就能除去金属表面的氧化膜。但这种强腐蚀作用很容易损伤金属及焊点，电子焊接中是不用的。

（2）有机焊剂

有机焊剂具有较好的助焊作用，但也有一定的腐蚀性，残渣不易清除，且挥发物污染空气，一般不单独使用，而是作为活化剂与松香一起使用。

（3）树脂焊剂

这种焊剂的主要成分是松香。松香的主要成分是松香酸和松香酯酸酐，在常温下几乎没有任何化学活力，呈中性，当加热到熔化时，呈弱酸性。可与金属氧化膜发生还原反应，生成的化合物悬浮在液态焊锡表面，起到焊锡表面不被氧化的作用。焊接完毕恢复常温后，松香又变成固体，无腐蚀，无污染，绝缘性能好。

为提高松香活性，常将其溶于酒精中再加入一定的活化剂。但在手工焊接中并非必要，只是在浸焊或波峰焊的情况下才使用。

松香反复加热后会被碳化（发黑）而失效，发黑的松香不起助焊作用。现在普遍使用氢化松香，它从松脂中提炼而成，是专为锡焊生产的一种高活性松香，常温下性能比普通松香稳定，助焊作用也更强。

在电路板的焊接中，应用最广的是采用松香为主要成分的松香焊剂。松香块可以直接用来助焊，但不宜在一小块松香上长期用烙铁烫焊，因为反复作用过程中，松香会黏附许多杂质，例如碳化物、金属末、金属氧化物等，造成锡焊点多针孔、焊点不光洁和焊点周围形成一圈脏污。无论是在一个焊点或在大面积上，任何焊剂的用量必须限制在一定的范围内。剂量不足，会使焊接质量低劣，而过量使用则在焊接处产生隐患，如：

（a）焊剂过多产生蒸气会导致锡焊点多针孔；

（b）过量的焊剂使焊接表面不清洁；

（c）由于焊剂渗入元器件体内，使可变性元件接触不良；

（d）由于焊剂过多的蒸气渗入半密封性元器件内，使其绝缘性变差；

（e）过量的焊剂会产生较多的焊剂残留物，使金属腐蚀。

因此，使用焊剂应采取最有效的方法，例如采取刷涂、喷涂、泡沫涂等。一般在电路板上进行手工焊接时，最好采用松香焊锡丝，并以松香酒精水为助焊剂，在焊片或接线柱上焊接时用毛笔蘸少许焊剂焊接。

7.2.3 锡焊的条件及特点

任何种类的焊接都有严格的工艺要求，不但要了解焊接材料及施焊对象的性质，还要了解施焊温度、施焊时间及施焊环境的不同对焊接所造成的影响。印制电路板的焊接也是如此，这些工艺要求是很好地完成焊接的前提。

1. 锡焊的条件

（1）必须具有充分的可焊性

金属表面被熔融焊料浸湿的特性叫作可焊性，是指被焊金属材料与焊锡在适当的温度及助焊剂的作用下，形成良好结合合金的能力。只有能被焊锡浸湿的金属才具有可焊性。并非所有的金属都具有良好的可焊性，有些金属如铝、不锈钢、铸铁等可焊性就很差。而铜及其合金、金、银、铁、锌、镍等都具有良好的可焊性。即使是可焊性好的金属，因为表面容易产生氧化膜，为了提高其可焊性，一般采用表面镀锡、镀银等。铜是导电性能良好和易于焊接的金属材料，所以应用最为广泛。常用的元器件引线、导线及焊盘等，大多采用铜材制成。

衡量材料的可焊性有专门制定的测试标准和测试仪器。实际上，根据锡焊的机理很容易比较材料的可焊性。一般共晶焊锡与表面干净的铜的浸湿角约为

20 度。

（2）焊件表面必须保持清洁

为了使熔融焊锡能良好地润湿固体金属表面，并使焊锡和焊件达到原子间相互作用的距离，要求被焊金属表面一定要清洁，从而使焊锡与被焊金属表面原子间的距离最小，彼此间充分吸引扩散，形成合金层。即使是可焊性好的焊件，由于长期存储和污染等原因，焊件的表面也可能产生有害的氧化膜、油污等。所以，在实施焊接前必须清洁表面，否则难以保证质量。

（3）使用合适的助焊剂

助焊剂的作用是清除焊件表面氧化膜并减小焊料熔化后的表面张力，以利于浸润。助焊剂的性能一定要适合于被焊金属材料的焊接性能。不同的焊件，不同的焊接工艺，应选择不同的助焊剂。如镍镉合金、不锈钢、铝等材料，需使用专用的特殊助焊剂，在电子产品的线路板焊接中，通常采用松香助焊剂。

（4）加热到适当的温度

焊接时，将焊料和被焊金属加热到焊接温度，使熔化的焊料在被焊金属表面浸润扩散并形成金属化合物。因此，要保证焊点牢固，一定要有适当的焊接温度。

加热过程中不但要将焊锡加热熔化，而且要将焊件加热到熔化焊锡的温度。只有在足够高的温度下，焊料才能充分浸润，并充分扩散形成合金层。但过高的温度是有害的，这在后面章节将专门叙述。

（5）焊料要适应焊接要求

焊料的成分和性能应与被焊金属材料的可焊性、焊接温度、焊接时间、焊点的机械强度相适应，以达到易焊和牢固的目的。

（6）要有适当的焊接时间

焊接时间是指在焊接过程中，进行物理和化学变化所需要的时间。它包括被焊金属材料达到焊接温度的时间，焊锡熔化的时间，助焊剂发生作用并生成金属化合物的时间等。焊接时间的长短应适当，时间过长会损坏元器件并使焊点的外观变差，时间过短焊料不能充分润湿被焊金属，从而达不到焊接要求。

2. 锡焊的特点

锡焊在手工焊接、波峰焊、浸焊、再流焊等有着广泛的应用，其特点如下：

（1）焊料的熔点低于焊件的熔点；

（2）焊接时将焊件与焊料加热到最佳焊接温度，焊料熔化而焊件不熔化；

（3）焊接的完成依靠熔化状态的焊料浸润焊接面，由毛细作用使焊料进入间隙，形成一个结合层，从而实现焊件的结合。

7.3 常用焊接工具

7.3.1 电烙铁

电烙铁是手工焊接的主要工具，选择合适的烙铁并合理地使用，是保证焊接质量的基础。由于用途、结构的不同，有各式各样的烙铁，从加热的方式分：有直热式、感应式、气体燃烧式等；从烙铁发热能力分：有 20 W、30 W……300 W 等；从功能上分：又有单用式、两用式、调温式等。

常用的电烙铁一般为直热式，它又可分为内热式、外热式和恒温式三种。加热体也称烙铁芯，是由镍铬电阻丝绕制而成的。加热体位于烙铁头外面的称为外热式，位于烙铁头内部的称为内热式，恒温式电烙铁则通过内部的温度传感器及开关进行温度控制，实现恒温焊接。它们的工作原理相似，在接通电源后，加热体升温，烙铁头受热温度升高，达到工作温度后，就可熔化焊锡进行焊接。内热式电烙铁比外热式热得快，从开始加热到达到焊接温度一般只需3分钟左右，热效率高，可达 85%～95%，而且具有体积小、重量轻、耗电量少、使用方便、灵巧等优点，适用于小型电子元器件和印制板的手工焊接。电子产品的手工焊接多采用内热式电烙铁。直热式电烙铁结构组成如图 7-1 所示。

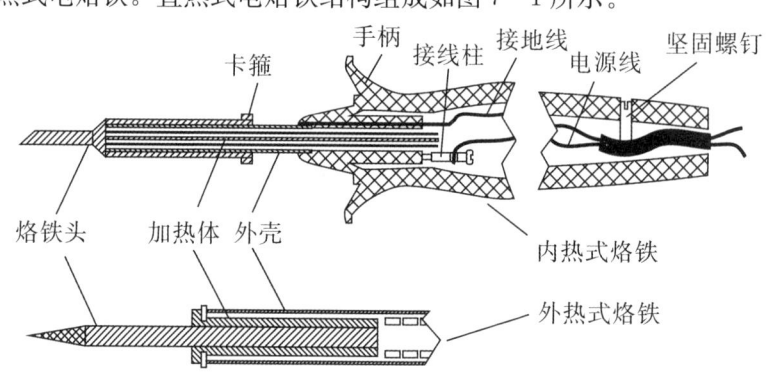

图 7-1 典型烙铁结构示意图

1. 烙铁头的选择与修整

(1) 烙铁头的选择

为了保证可靠方便的焊接，必须合理选用烙铁头的形状与尺寸，图 7-2 所示为几种常用烙铁头的外形。其中，圆斜面式是市售烙铁头的一般形式，适用于在单面板上焊接不太密集的焊点；凿式和半凿式多用于电器维修工作；尖锥式和圆锥式烙铁头适用于焊接高密度焊点和小而怕热的元器件。当焊接对象变化大时，可选用适合于大多数情况的斜面复合式烙铁头。

图 7-2 几种常用烙铁头的形状

选择烙铁头的依据是：应使它尖端的接触面积小于焊接处（焊盘）的面积。烙铁头接触面过大，会使过量的热量传导给焊接部位，损坏元器件及印制板。一般说来，烙铁头越长、越尖，温度越低，需要焊接的时间越长；反之，烙铁头越短、越粗，则温度越高，焊接的时间越短。

每个操作者可根据习惯选用烙铁头。有经验的电子装配工人手中都备有几个不同形状的烙铁头，以便根据焊接对象的变化和工作需要合理选用。

（2）烙铁头的修整

烙铁头一般用紫铜制成，表面有镀层，如果不是特殊需要，一般不需要修锉打磨。因为镀层的作用就是保护烙铁头不被氧化生锈。但目前市售的烙铁头大多只是在紫铜表面镀一层锌合金。镀锌层虽然有一定的保护作用，但经过一段时间的使用以后，由于高温和助焊剂的作用，烙铁头被氧化，使表面凹凸不平，这时就需要修整。

修整的方法一般是将烙铁头拿下来，根据焊接对象的形状及焊点的密度，确定烙铁头的形状和粗细。夹到台钳上用粗锉刀修整，然后用细锉刀修平，最后用细砂纸打磨光。修整过的烙铁头要马上镀锡，方法是将烙铁头装好后，在松香水中浸一下，然后接通电源，待烙铁热后，在木板上放些松香及一些焊锡，用烙铁头粘上锡，在松香中来回摩擦，直到整个烙铁头的修整面均匀地镀上一层焊锡为止。也可以在烙铁头粘上锡后，在湿布上反复摩擦。

注意：新烙铁或经过修整烙铁头后的电烙铁通电前，一定要先浸松香水，否则烙铁头表面会生成难以镀锡的氧化层。

2. 电烙铁的选用

在进行科研、生产、设备维修时，可根据不同的施焊对象选择不同的电烙铁。主要从烙铁的种类、功率及烙铁头的形状三个方面考虑，在有特殊要求时，选择具有特殊功能的电烙铁。表 7-1 提供了电烙铁选用的一般依据。

表7-1 电烙铁的选择

焊件及工作性质	烙铁头温度 (室温、220 V 电压)	选用烙铁
一般印制电路板,安装导线		20 W 内热式,30 W 外热式,恒温式
集成电路	250 ℃~400 ℃	20 W 内热式,恒温式,储能式
焊片,电位器,2~8 W电阻,大电解电容,功率管	350 ℃~450 ℃	35~50 W 内热式,调温式 50~75 W 外热式
8 W 以上大电阻,φ2 以上导线等较大元器件	400 ℃~550 ℃	100W 内热式 150~200W 外热式
汇流排,金属板等	500 ℃~630 ℃	300W 以上外热式或火焰锡焊
维修,调试一般电子产品		20W 内热式,恒温式、感应式、储能式,两用式

3. 电烙铁的正确使用

使用电烙铁前首先要核对电源电压是否与电烙铁的额定电压相符,注意用电安全,避免发生触电事故。电烙铁无论第一次使用还是重新修整后再使用,使用前均需进行"上锡"处理。上锡后如果出现烙铁头挂锡太多而影响焊接质量,此时千万不能为了去除多余焊锡而甩电烙铁或敲击电烙铁,因为这样可能将高温焊锡甩到周围人的眼中或身体上造成伤害,也可能在甩或敲击电烙铁时使烙铁芯的瓷管破裂、电阻丝断损或连接杆变形发生移位,使电烙铁外壳带电造成触电伤害。去除多余焊锡或清除烙铁头上的残渣的正确方法是在湿布或湿海绵上擦拭。

电烙铁在使用中还应注意经常检查手柄上紧固螺钉及烙铁头的锁紧螺钉是否松动,若出现松动,易使电源线扭动、破损引起烙铁芯引线相碰,造成短路。电烙铁使用一段时间后,还应将烙铁头取出,清除氧化层,以避免发生日久烙铁头取不出的现象。

焊接操作时,电烙铁一般放在方便操作的右方烙铁架中,与焊接有关的工具应整齐有序地摆放在工作台上,养成文明生产的良好习惯。

7.3.2 装配工具

(1) 尖嘴钳

尖嘴钳头部较细,适用于夹持小型金属零件或弯曲元器件引线,以及电子装配时其他钳子较难涉及的部位,不宜过力夹持物体。

(2) 平嘴钳

平嘴钳钳口平直,可用于夹弯元器件管脚与导线。因为钳口无纹路,所以对导线拉直、整形比尖嘴钳适用。但因钳口较薄,不宜夹持螺母或需施力较大的部位。

(3) 斜嘴钳

用于剪掉焊后的线头或元器件的管脚,也可与平嘴钳配合剥导线的绝缘皮。

(4) 平头钳(克丝钳)

其头部较宽平,适用于螺母、紧固件的装配操作,但不能代替锤子敲打零件。

(5) 剥线钳

其专门用于剥去有绝缘包皮的导线。使用时应注意将需剥皮的导线放入合适的槽口,剥皮时不能剪断导线。剪口的槽并拢后应为圆形。

(6) 镊子

有尖嘴镊子和圆嘴镊子两种。尖嘴镊子用于夹持细小的导线,以便于装配焊接。圆嘴镊子用于弯曲元器件引线和夹持元器件焊接等,用镊子夹持元器件焊接时还能起到散热的作用。元器件拆焊也需要镊子。

(7) 螺丝刀

又称起子或改锥。有"一"字式和"十"字式两种,专用于拧螺钉。根据螺钉大小可选用不同规格的螺丝刀。

7.4 手工焊接技术

手工焊接是焊接技术的基础,也是电子产品装配中的一项基本操作技能。手工焊接适用于小批量生产的小型化产品、一般结构的电子整机产品、具有特殊要求的高可靠产品、某些不便于机器焊接的场合以及调试和维修中修复焊点和更换元器件等方面。

7.4.1 焊接基本操作

由于焊剂加热挥发出的气体对人体是有害的,在焊接时应保持烙铁距口鼻的距离不少于 20 cm,通常以 30 cm 为宜。

1. 电烙铁的拿法

使用电烙铁的目的是加热被焊件而进行焊接,不能烫伤、损坏导线和元器件,为此必须正确掌握手持电烙铁的方法。

手工焊接时,电烙铁要拿稳对准,可根据电烙铁的大小和被焊件的要求不同,决定手持电烙铁的手法,通常有三种手持方法如图7-3所示。

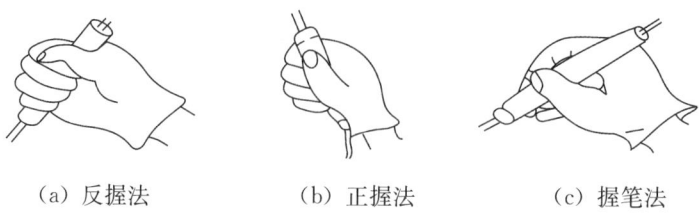

(a) 反握法　　　　(b) 正握法　　　　(c) 握笔法

图 7-3　电烙铁拿法

反握法动作稳定,长时间操作不易疲劳,适于大功率烙铁的操作和热容量大的被焊件;正握法适于中等功率烙铁或带弯头电烙铁的操作,一般在操作台上焊印制板等焊件时多采用正握法;握笔法类似于写字时手拿笔的姿势,易于掌握,但长时间操作易疲劳,烙铁头会出现抖动现象,适于小功率的电烙铁和热容量小的被焊件。

2. 焊锡丝的拿法

手工焊接中一手握电烙铁,另一手拿焊锡丝,帮助电烙铁吸取焊料。拿焊锡丝的方法一般有两种拿法,如图7-4所示。

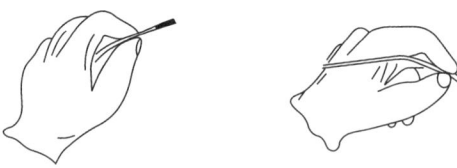

(a) 连续锡焊时焊锡丝的拿法　　(b) 断续锡焊时焊锡丝的拿法

图 7-4　焊锡丝拿法

(1) 连续锡丝拿法

即用拇指和四指握住焊锡丝,其余三手指配合拇指和食指把焊锡丝连续向前送进,如图7-4(a)所示。它适于成卷焊锡丝的手工焊接。

(2) 断续锡丝拿法

即用拇指、食指和中指夹住焊锡丝。这种拿法,焊锡丝不能连续向前送进,适用于小段焊锡丝的手工焊接,如图7-4(b)所示。

由于焊锡丝成分中铅占有一定的比例,因此,操作时应戴手套或操作后洗手,以避免食入铅。电烙铁使用后一定要放在烙铁架上,并注意烙铁线不要碰烙铁。

3. 焊接步骤

为了保证焊接的质量，掌握正确的操作步骤是很重要的。

经常看到有些人采用这样一种操作方法，即先用烙铁头粘上一些焊锡，然后将烙铁放到焊点上停留，等待焊件加热后被焊锡润湿，这不是正确的操作方法。虽然也可以将焊件连接，但却不能保证质量。由焊接机理不难理解这一点，当焊锡在烙铁上熔化时，焊锡丝中的焊剂附着在焊料的表面，由于烙铁头的温度在 250 ℃～350 ℃ 或 350 ℃ 以上，当烙铁放到焊点上之前，松香焊剂将不断挥发，很可能会挥发大半或完全挥发，因而，润湿过程中由于缺少焊剂而造成润湿不良。而当烙铁放到焊点上时，由于焊件还没有加热，结合层不容易形成，很容易虚焊。正确的操作步骤有以下五步，如图 7-5 所示。

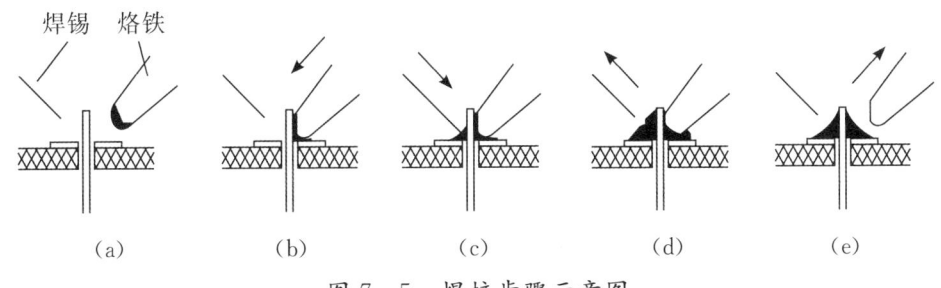

图 7-5 焊接步骤示意图

(1) 准备施焊：准备好焊锡丝和烙铁，此时特别强调的是烙铁头部要保持干净，即可以粘上焊锡（俗称吃焊）。

(2) 加热焊件：将烙铁接触焊接点，注意首先要保持烙铁加热焊件各部分，例如印制板上引线和焊盘都使之受热；其次要注意让烙铁头的扁平部分（较大部分）接触热容量较大的焊件，烙铁头的侧面或边缘部分接触热容量较小的焊件，以保持焊件均匀受热。

(3) 熔化焊料：当焊件加热到能熔化焊料的温度后将焊丝置于焊点，焊料开始熔化并润湿焊点。

(4) 移开焊锡：当熔化一定量的焊锡后将焊锡丝移开。

(5) 移开烙铁：当焊锡完全润湿焊点后移开烙铁，注意移开烙铁的方向应该是斜上方大致 45°的方向。

上述过程对于一般焊点而言需要两三秒钟，特别是各步骤之间停留的时间，对保证焊接质量至关重要。对于热容量较小的焊点，例如印制电路板上的小焊盘，可将上述步骤（2）、（3）合为一步，（4）、（5）合为一步。

还有一种通行的焊接操作方法，即先将烙铁头上粘上一些焊锡，然后将烙铁放到焊点上停留等待加热后焊锡润湿焊件。这种方法虽然可以将焊件焊起来,但却不能保证质量,所以这是不正确的操作方法,特别是对初学者而言不宜采用。

7.4.2 合格焊点及质量标准

焊点的质量直接关系着产品的稳定性与可靠性等电气性能。一台电子产品,其焊点数量可能大大超过元器件数量本身,焊点有问题,检查起来十分困难。所以必须明确对合格焊点的要求,认真分析影响焊点质量的各种因素,以减少出现不合格焊点的机会,尽可能在焊接过程中提高焊点的质量。

1. 对焊点的要求

(1) 可靠的电气连接

电子产品工作的可靠性与电子元器件的焊接紧密相连。一个焊点要能稳定、可靠地通过一定的电流,没有足够的连接面积是不行的。如果焊锡仅仅是将焊料堆在焊件的表面或只有少部分形成合金层,那么在最初的测试和工作中也许不能发现焊点出现问题,但随着时间的推移和条件的改变,接触层被氧化,脱焊现象出现了,电路会产生时通时断或者干脆不工作。而这时观察焊点的外表,依然连接如初,这是电子仪器检修中最头痛的问题,也是产品制造中要十分注意的问题。

(2) 足够的机械强度

焊接不仅起电气连接的作用,同时也是固定元器件、保证机械连接的手段,因而就有机械强度的问题。作为铅锡焊料的铅锡合金本身,强度是比较低的。常用的铅锡焊料抗拉强度只有普通钢材的 1/10,要想增加强度,就要有足够的连接面积。如果是虚焊点,焊料仅仅堆在焊盘上,自然就谈不上强度了。另外,焊接时焊锡未流满焊盘,或焊锡量过少,也降低了焊点的强度。还有,焊接时焊料尚未凝固就使焊件震动、抖动而引起焊点结晶粗大,或有裂纹,都会影响焊点的机械强度。

(3) 光洁整齐的外观

良好的焊点要求焊料用量恰到好处,外表有金属光泽,没有桥接、拉尖等现象,导线焊接时不伤及绝缘皮。良好的外表是焊接高质量的反映。表面有金属光泽,是焊接温度合适、生成合金层的标志,而不仅仅是外表美观的要求。

2. 典型焊点的外观要求

图 7-6 所示为两种典型焊点的外观,其共同要求是:①形状为近似圆锥而表面微凹呈慢坡状(以焊接导线为中心,对称成裙状拉开),虚焊点表面往往呈

凸形,可以鉴别出来;②焊料的连接面呈半弓形凹面,焊料与焊件交界处平滑,接触角尽可能小;③焊点表面有光泽且平滑;④无裂纹、针孔、夹渣。

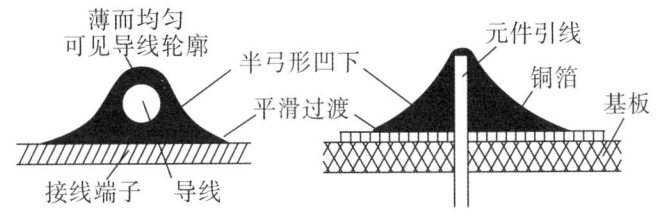

图7-6 焊点的外观特征

3. 焊点的质量检查

在焊接结束后,为保证产品质量,要对焊点进行检查。由于焊接检查与其他生产工序不同,没有一种机械化、自动化的检查测量方法,因此主要通过目视检查、手触检查和通电检查来发现问题。检查步骤如下:

(1) 目视检查是从外观上检查焊接质量是否合格,也就是从外观上评价焊点有无缺陷。

(2) 手触检查主要是指手触摸、摇动元器件时,焊点有无松动、不牢、脱落的现象,或用镊子夹住元器件引线轻轻拉动时,有无松动现象。

(3) 通电检查必须是在外观及连线检查无误后才可进行的工作,也是检验电路性能的关键步骤。通电检查可以发现许多微小的缺陷,如目测观察不到的电路桥接、虚焊等。

4. 常见焊点的缺陷与分析

导线端子焊接缺陷示例如图7-7,在焊接过程中须注意避免。

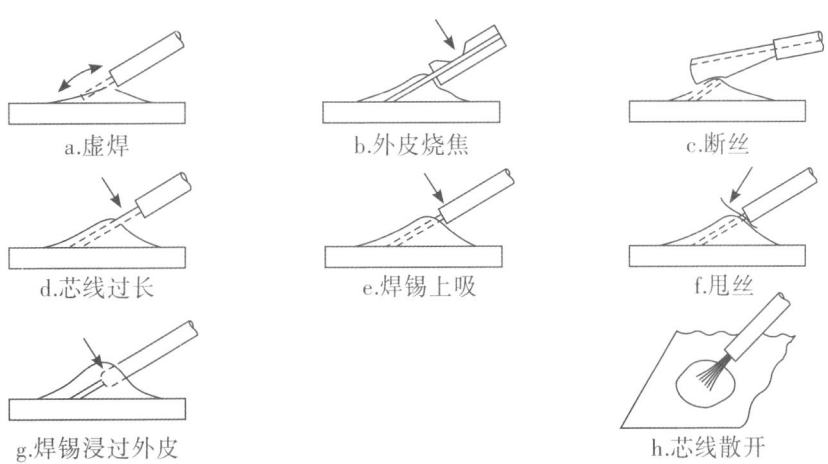

图7-7 导线端子焊接缺陷示例

印制板焊点常见缺陷的外观、特点、危害及产生原因如表7-2所示。

表7-2 常见焊点缺陷及分析

焊点缺陷	外观特点	危害	原因分析
焊料过多	焊料面呈凸形	浪费焊料，且可能隐含缺陷	焊丝撤离过迟
焊料过少	焊料未形成平滑面	机械强度不足	焊丝撤离过早
松香焊	焊点中夹有松香渣	强度不足，导通不良，有可能时通时断	1. 加焊剂过多，或已失效； 2. 焊接时间不足，加热不足； 3. 表面氧化膜未去除
过热	焊点发白，无金属光泽，表面较粗糙	1. 焊盘容易剥落，强度降低； 2. 造成元器件失效损坏	1. 烙铁功率过大； 2. 加热时间过长； 3. 环境温度低，焊点冷却过快
冷焊	表面呈豆腐渣状颗粒，有时有裂纹	强度低，导电性不好	焊料未凝固时焊件抖动
虚焊	焊料与焊件交界面接触角过大，不平滑	强度低，不通或时通时断	1. 焊件清理不干净； 2. 助焊剂不足或质量差； 3. 焊件未充分加热
不对称	焊锡未流满焊盘	强度不足	1. 焊料流动性不好； 2. 助焊剂不足或质量差； 3. 加热不足

表 7-2（续）

焊点缺陷	外观特点	危害	原因分析
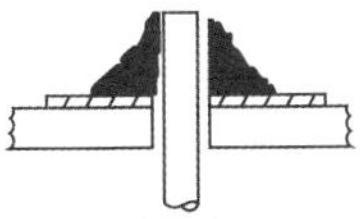 松动	导线或元器件引线可移动	导通不良或不导通	1. 焊锡未凝固前引线移动造成空隙； 2. 引线未进行预处理（润湿不良或不润湿）
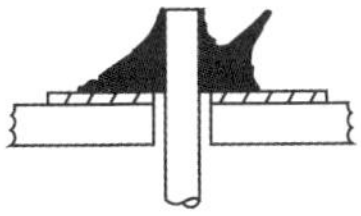 拉尖	出现尖端	外观不佳，容易造成桥接现象	1. 加热不足； 2. 焊料不合格
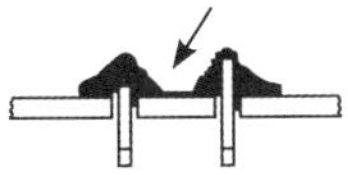 桥接	相邻导线搭接	电气短路	1. 焊锡过多，烙铁头尺寸不合适； 2. 烙铁撤离方向不当
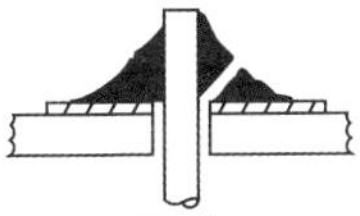 针孔	目测或放大镜可见有孔	焊点容易腐蚀	1. 焊孔与引线间隙过大； 2. 加热不充分
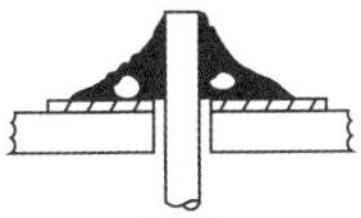 气泡	引线根部有时有焊料隆起，内部藏有空洞	容易引起导通不良	加热不充分或引线润湿不良
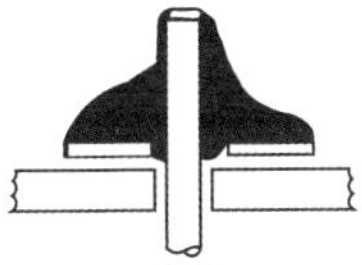 剥离	焊点剥落（不是铜箔剥落）	断路	焊盘表面未处理好

7.4.3 拆焊的方法及要求

将已经焊接好的焊点拆除的过程称为拆焊。调试和维修中常需要更换一些元器件，在实际操作中，拆焊比焊接难度高，如果拆焊不得法，就会损坏元器件及印制板。拆焊也是焊接工艺中一个重要的工艺手段。

1. 拆焊的基本原则

拆焊前一定要弄清楚原焊接点的特点，不要轻易动手，其基本原则为：①不损坏待拆除的元器件、导线及周围的元器件；②拆焊时不可损坏印制板上的焊盘与印制导线；③对已判定为损坏元器件，可先将其引线剪断再拆除，这样可以减少其他损伤;④在拆焊过程中,应尽量避免拆动其他元器件或变动其他元器件的位置,如确实需要应做好复原工作。

2. 拆焊工具

常用的拆焊工具除以上介绍的焊接工具外还有以下三种。

(1) 吸锡电烙铁:用于吸去熔化的焊锡,使焊盘与元器件或导线分离,达到解除焊接的目的。

(2) 吸锡绳:用于吸取焊接点上的焊锡,使用时将焊锡熔化使之吸附在吸锡绳上。专用的价格昂贵,可用网状屏蔽线代替,效果也很好。

(3) 吸锡器:用于吸取熔化的焊锡,要与电烙铁配合使用。先使用电烙铁将焊点熔化,再用吸锡器吸除熔化的焊锡。

3. 拆焊的操作要点

(1) 严格控制加热的温度和时间

因拆焊的加热时间较长,所以要严格控制温度和加热时间,以免将元器件烫坏或使焊盘翘起、断裂。宜采用间隔加热法来进行拆焊。

(2) 拆焊时不要用力过猛

在高温状态下,元器件封装的强度会下降,尤其是塑封器件,过于用力的拉、摇、扭都会损坏元器件和焊盘。

(3) 吸去拆焊点上的焊料

拆焊前,用吸锡工具吸去焊料,有时可以直接将元器件拔下。即使还有少量锡连接,也可以减少拆焊的时间,减少元器件和印制板损坏的可能性。在没有吸锡工具的情况下,则可以将印制电路板或能移动的部件倒过来,用电烙铁加热拆焊点,利用重力原理,让焊锡自动流向电烙铁,也能达到部分去锡的目的。

4. 拆焊方法

(1) 分点拆焊法

对卧式安装的阻容元器件,两个焊接点距离较远,可采用电烙铁分点加热,逐点拔出。如果引线是弯折的,用烙铁头撬直后再行拆除。

拆焊时,将印制板竖起,一边用烙铁加热待拆元件的焊点,一边用镊子或尖嘴钳夹住元器件引线轻轻拉出。

(2) 集中拆焊法

晶体管及立式安装的阻容元器件之间焊接点距离较近,可用烙铁头同时快速交替加热几个焊接点,待焊锡熔化后一次拔出。对多接点的元器件,如开关、插头座、集成电路等,可用专用烙铁头同时对准各个焊接点,一次加热取下。

(3) 保留拆焊法

对需要保留元器件引线和导线端头的拆焊，要求比较严格，也比较麻烦。可用吸锡工具先吸去被拆焊接点外面的焊锡。一般情况下，用吸锡器吸去焊锡后能够摘下元器件。

如果遇到多脚插焊件，虽然用吸锡器清除过焊料，但仍不能顺利摘除，这时候细心观察哪些脚没有脱焊，找到后，用清洁而未带焊料的烙铁对引线脚进行熔焊，并对引线脚轻轻施力，向没有焊锡的方向推开，使引线脚与焊盘分离，多脚插焊件即可取下。

如果是搭焊的元器件或引线，只要在焊点上粘上助焊剂，用烙铁熔开焊点，元器件的引线或导线即可拆下。如遇到元器件的引线或导线的接头处有绝缘套管，要先退出套管，再进行熔焊。

如果是钩焊的元器件或导线，拆焊时先用烙铁清除焊点的焊锡，再用烙铁加热将钩下的残余焊锡熔开，同时须在钩线方向用铲刀撬起引线，移开烙铁并用平口镊子或钳子矫正。再一次熔焊取下所拆焊件。注意：撬线时不可用力过猛，要注意安全，防止将已熔化的焊锡弹入眼内或衣服上。

如果是绕焊的元器件或引线，则用烙铁熔化焊点，清除焊锡，弄清楚原来的绕向，在烙铁头的加热下，用镊子夹住线头逆绕退出，再调直待用。

(4) 剪断拆焊法

被拆焊点上的元器件引线及导线如留有余量，或确定元器件已损坏，可先将元器件或导线剪下，再将焊盘上的线头拆下。

5. 拆焊后重新焊接时应注意的问题

拆焊后一般都要重新焊上元器件或导线，操作时应注意以下三个问题。

(1) 重新焊接的元器件引线和导线的剪截长度、离底板或印制板的高度、弯折形状和方向，都应尽量保持与原来的一致，使电路的分布参数不致发生大的变化，以免使电路的性能受到影响，特别对于高频电子产品更要重视这一点。

(2) 印制电路板拆焊后，如果焊盘孔被堵塞，应先用锥子或镊子尖端在加热下，从铜箔面将孔穿通，再插进元器件引线或导线进行重焊。特别是单面板，不能用元器件引线从印制板面捅穿孔，这样很容易使焊盘铜箔与基板分离，甚至使铜箔断裂。

(3) 拆焊点重新焊好元器件或导线后，应将因拆焊需要而弯折、移动过的元器件恢复原状。一个熟练的维修人员拆焊过的维修点一般是不容易看出来的。

7.5 实用焊接技艺

7.5.1 印制电路板的焊接

1. 焊件表面处理与预焊

在航空电子装备维修中,手工锡焊的焊件是各种各样的电子元器件和导线,在更换新器件时,一般都需要对新焊件进行表面处理,去除焊接面上的锈迹、油污、灰尘等影响焊接质量的杂质。一般用砂纸、机械刮磨和用酒精擦洗等方法。

在对焊件表面处理之后,进行预焊。预焊就是将要锡焊的元器件引线或导线的焊接部位预先用焊锡润湿,一般也称为镀锡、上锡、搪锡等,从而使焊接表面上"镀"上一层焊锡。预焊并非锡焊不可缺少的操作,但对手工烙铁焊接时特别是维修、调试等工作几乎可以说是必不可少的

2. 元器件引线成型

图 7-8 为印制板上装配元器件的部分实例,其中大部分需要在装插前弯曲成型。弯曲成型的要求取决于元器件本身的封装外形和印制板上的安装位置,有时也因整个印制板安装空间限定元件安装位置。

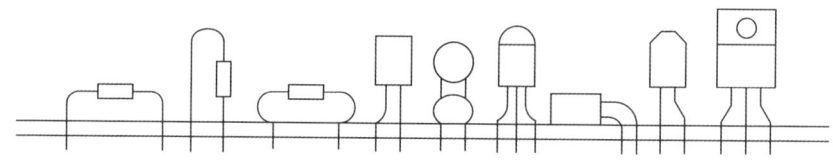

图 7-8 印制板上元器件引线成型

元器件引线成型要注意以下三点:

(1) 所有元器件引线均不得从根部弯曲。因为制造工艺上的原因,根部容易折断。一般应留 1.5 mm 以上。

(2) 弯曲一般不要呈死角,圆弧半径应大于引线直径的 1~2 倍。

(3) 要尽量将有字符的元件面置于容易观察的位置。

3. 元器件插装

(1) 贴板与悬空安装

如图 7-9 (a) 所示,贴板插装稳定性好,插装简单;但不利于散热,且对某些安装位置不适应,悬空插装适用范围广,有利于散热,但插装复杂,需控制

一定高度以保持散热和美观一致，如图 7‑9（b）所示，悬空高度一般取 2～6 mm。插装时应遵循设备维修工艺规定。一般无特殊要求时，只要位置允许，采用贴板安装较为常用。

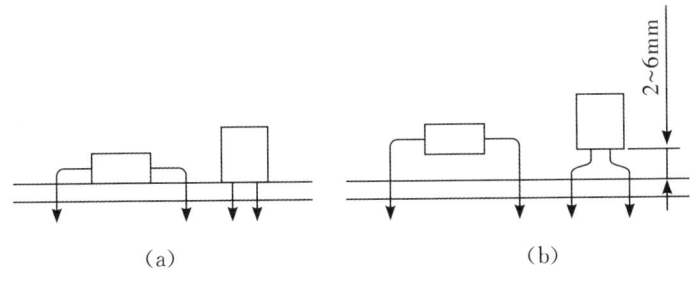

图 7‑9　器件的插装形式

（2）安装时应注意元器件字符标记方向一致，容易读出。

（3）安装时注意不要用手直接碰元器件引线和印制板上的铜箔。

4. 印制板的焊接

焊接印制板，除遵循锡焊要领外，还要注意以下四点：

（1）电烙铁一般应选用内热式 20～35 W 或调温式，烙铁的温度不超过 300 ℃为宜。烙铁头形状应根据印制板焊盘大小采用凿形或锥形。

（2）加热时应尽量使烙铁头同时接触印制板上铜箔和元器件引线，对较大的焊盘（直径大于 5 mm）焊接时可移动烙铁，即烙铁绕焊盘转动，以免长时间停留在一点导致局部过热，如图 7‑10 所示。

（3）金属化孔的焊接，两层以上电路板的孔都要进行金属化处理，焊接时不仅要让焊料润湿焊盘，而且孔内也要湿润填充，如图 7‑11 所示。因此金属化孔加热时间应长于单面板。

（4）焊接时不要用烙铁头摩擦焊盘的方法增强焊料湿润性能，而要靠表面清洁和预焊。

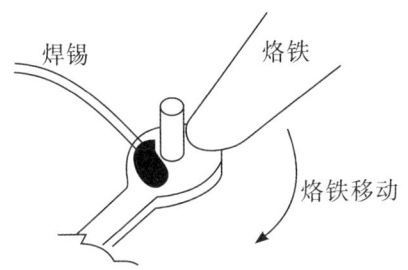 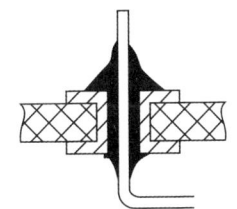

图 7‑10　大焊盘烙铁焊接图　　图 7‑11　金属化孔的焊接

5. 焊后处理

印制电路板焊接完毕后还应做如下处理：

（1）剪去多余引线，注意不要对焊点施加剪切力以外的其他力。

（2）检查印制板上所有元器件引线焊点，修补缺陷。

（3）根据工艺要求选择清洗液清洗印制板。一般情况下，使用松香焊剂后印制板可不用清洗。

7.5.2 导线的焊接

导线在航空电子装备中占有很重要的地位，实际工作证明，在出现故障的电子装备中，导线焊点的实效率高于印制电路板，特别是航空电子装备所用连接导线较多而且复杂，因此对导线的焊接工艺要特别重视。

1. 常用连接导线

航空电子装备连接导线最常用的有三类，如图 7-12 所示。

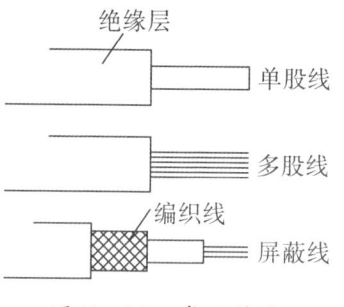

图 7-12 常用导线

（1）单股导线，绝缘层内只有一根导线，俗称"硬线"，容易形成固定，常用于固定位置连接。漆包线也属于此范围，只不过它的绝缘层不是塑胶，而是绝缘漆。

（2）多股导线，绝缘层内有 4~67 根或更多的导线，俗称"软线"，使用最广泛。

（3）屏蔽线，在弱信号的传输中应用很广，同样结构的还有高频传输线，一般称为"同轴电缆"，在航空电子装备中用于控制盒和收发机以及收发机与天线之间的连接。

2. 导线焊前处理

（1）剥绝缘层

导线焊接前要除去末端绝缘层。剥除绝缘层可用普通工具或专用工具。一般可用剥线钳或简易剥线器，如图 7-13 和图 7-14 所示。简易剥线器可用 0.5~1 mm 厚度的黄铜片经弯曲后固定在电烙铁上制成，使用它最大的好处是不会伤及导线。

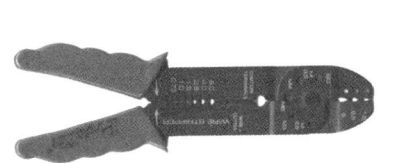 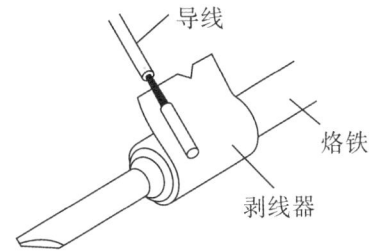

图 7-13　专用剥线钳　　　　图 7-14　简易剥线器

用剥线钳剥线时要注意对单股线不应伤及内导线，对多股线及屏蔽线不断线，否则将影响接头质量。特别提出，一般不要采用火烧的办法来去掉外层绝缘层。

（2）预焊

导线焊接，预焊是关键的步骤，尤其是多股导线如果没有预焊的处理，焊接质量很难保证。导线的预焊又称为挂锡，方法同元器件引线预焊一样，但注意导线挂锡时要边上锡边旋转，旋转方向要与拧合方向一致。多股导线挂锡要注意避免"烛芯效应"，即不要让焊锡浸入绝缘层内，造成软线变硬，这容易导致接头故障，如图 7-15 所示。

（a）良好镀层，表面光洁均匀　　（b）烛芯效应，不好

图 7-15　导线挂锡

3. 导线焊接及末端处理

（1）导线同连接端子的连接方式

（a）绕焊：把经过上锡的导线端头在接线端子上缠一圈，用钳子拉紧缠牢后进行焊接，如图 7-16（b）所示，注意导线一定要紧贴端子表面，绝缘层不接触端子，一般 $L=1\sim3$ mm 为宜，这种连接可靠性最好。

（b）钩焊：将导线端子弯成钩形，钩在接线端子上并用钳子夹紧后施焊，如图 7-16（c），端头处理与绕焊相同。这种方法强度低于绕焊，但操作简便。

（c）搭焊：把经过镀锡的导线搭到接线端子上施焊，如图 7-16（d）所示，这种连接最方便，但强度可靠性最差，仅用于临时连接或不便于缠、钩的地方以及某些接插件上。

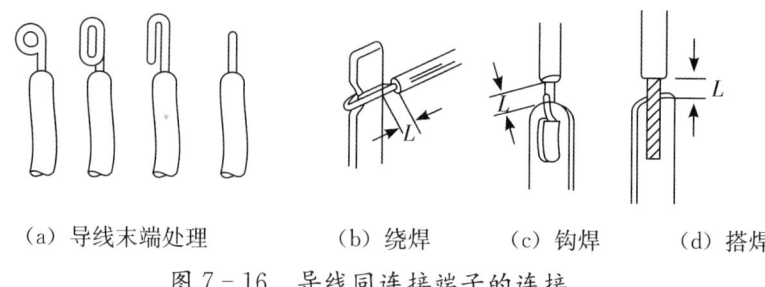

(a) 导线末端处理　　(b) 绕焊　　(c) 钩焊　　(d) 搭焊

图 7-16　导线同连接端子的连接

(2) 导线与导线的连接

导线之间的连接以绕焊为主，如图 7-17 所示，操作步骤如下：

(a) 去掉一定长度绝缘皮。

(b) 端子上锡，并套上合适热缩套管。

(c) 绞合，施焊。

(d) 趁热套上套管，冷却后套管固定在接头处。

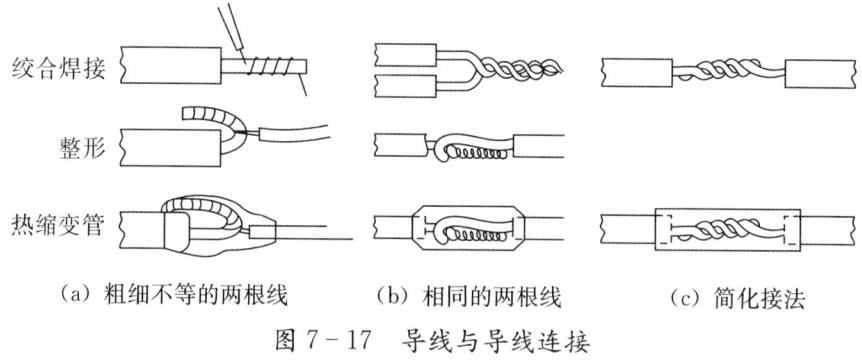

(a) 粗细不等的两根线　　(b) 相同的两根线　　(c) 简化接法

图 7-17　导线与导线连接

(3) 屏蔽线末端处理

屏蔽导线的端头应根据要求接地或不接地，接地或不接地端处理方法不同。屏蔽线不接地端的加工步骤，如图 7-18 所示。

(a) 按要求或实际需要，截取一段屏蔽导线，如图 7-18（a）所示。

(b) 去掉一段外绝缘层（如果有的话），如图 7-18（b）所示。

(c) 用两手向内推屏蔽编织层，使之具有图 7-18（c）所示形状。

(d) 剪断松散的编织层，如图 7-18（d）所示。

(e) 将编织层翻过来，并按要求剪去芯线的绝缘层，如图 7-18（e）所示。

(f) 套上热缩套管并加热，使套管套牢，然后给芯线捻头浸锡（压接时不浸锡），如图 7-18（f）所示。

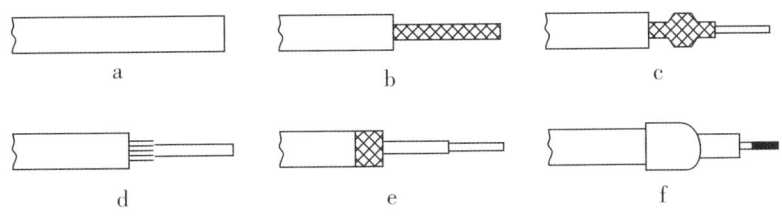

图 7-18 屏蔽导线不接地端的加工

屏蔽线接地端的加工步骤,如图 7-19 所示。

(a) 按要求或实际需要,截取一段屏蔽导线,如图 7-19(a)所示。

(b) 去掉一段外绝缘层(如果有的话),如图 7-19(b)所示。

(c) 从编织套中抽出芯线,如图 7-19(c)所示,操作时可用镊子在编织线上拨开一个小孔,弯曲屏蔽层,从孔中取出芯线。

(d) 将编织层拧紧,同时去掉一段绝缘层,如图 7-19(d)所示,然后进行焊接或压接。

(e) 为保证绝缘和便于使用,需在线端套上绝缘套管(或用热缩套管套紧)。

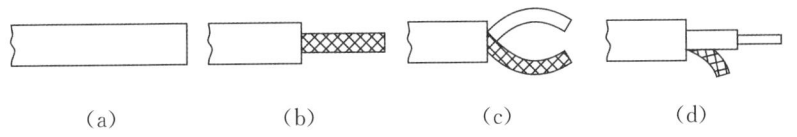

图 7-19 屏蔽导线接地端的加工

(4) 同轴射频电缆的加工

同轴射频电缆的基本结构如图 7-12 所示,在修理工作中,需要对同轴射频电缆进行加工时应注意以下问题:

(a) 射频电缆与插头、插座应当匹配。既要在尺寸上配合,也应在阻抗上匹配。航空电子装备中射频电缆及插头、插座的特性阻抗一般为 50 Ω。

(b) 加工时应特别注意保持芯线与金属屏蔽层之间的同心结构不变形,同时焊接处芯线与插头同心,因为同轴射频电缆的特性阻抗是由金属屏蔽线和芯线的直径决定的,这两者保持不变才能保证阻抗值不变。

(c) 芯线要焊接在插头的中心位置上,焊点要光滑、无毛刺,并且插头的插针与芯线之间应充分接触,所以要选择适当功率的烙铁,并掌握好焊接的时间。

(d) 屏蔽层与插头外壳应接触良好。

7.5.3 易损元器件的焊接

(1) 铸塑元件的焊接

各种有机材料,包括有机玻璃、聚氯乙烯、聚乙烯、酚醛树脂等材料,现在已被广泛用于电子元器件的制造,例如各种开关、插件等。这些元件都是采用热铸塑方式制成的,它们最大弱点就是不能承受高温,因此,在对其导体接点施焊时,如不注意控制加热时间,极容易造成塑性变形,导致元件失效或降低性能,造成隐性故障。

其他类型铸塑制成的元件也有类似问题,因此这一类元件焊接时必须注意:

(a) 在元件预处理时,尽量清理好接点,一次镀锡成功,不要反复镀。

(b) 焊接时烙铁头要修整尖一些,焊接一个接点时不碰相邻接点。

(c) 镀锡及焊接时加助焊剂量要少,防止浸入电接触点。

(d) 烙铁头在任何地方均不要对接线片施加压力。

(e) 在保证润湿的情况下,焊接时间越短越好。实际操作时在焊剂预焊良好时,只需用挂上锡的烙铁头轻轻一点即可。焊后不要在塑壳未冷却前对焊点作牢固性试验。

(2) 簧片类元件接电焊接

这类元件如继电器、波段开关等,它们共同特点是簧片制造时加预应力,使之产生适当弹力,保证电接触性能。如果安装施焊过程中对簧片施加外力,则破坏接触点的弹力,造成元件失效。

簧片类元件焊接要点:①可靠的预焊;②加热时间要短;③不可对焊点任何方向加力;④锡焊量要少。

(3) FET 及集成电路焊接

MOS-FET(特别是绝缘栅极型)由于输入阻抗很高,稍不慎即可能使内部击穿而失效。焊接时要求电烙铁接地良好或者断电后操作,操作人员要采取防静电措施。

双极性集成电路不像 MOS 集成电路那样敏感,但由于内部集成度高,通常管子隔离层都很薄,一旦受到过量的热也容易损坏。无论哪种电路都不能承受高于 200 ℃的温度,因此焊接时必须注意以下七点:

(a) 电路引线如果是镀金处理的,需用酒精清洁或用绘图橡皮擦干净。

(b) 对 MOS 电路如果事先已将各引线短路,焊接前不要拿掉短路线。

(c) 焊接时间在保证焊锡润湿的前提下，尽可能短，一般不超过3秒。

(d) 烙铁最好选用恒温230℃的烙铁，也可用20瓦内热式，接地线应保证接触良好。若用外热式，最好采用烙铁断电用余热焊接，必要时还要采取人体接地的措施。

(e) 工作台上如果有橡皮、塑料等易于累积静电材料，则MOS集成电路芯片及印制电路板不宜放在台面上。

(f) 烙铁头应修整窄一些，使焊一个端点时不会碰相邻端点。

(g) 集成电路若不使用管脚插座，而是直接焊到印制板上，那么安全焊接顺序为：地端→输出端→电源端→输入端。

(4) 瓷片电容、发光二极管、中周等元件的焊接

这类元器件的共同弱点是加热时间过长就会失效，其中瓷片电容、中周等元件是内部接点开焊，发光管则是管芯损坏。焊接前一定要处理好焊点，施焊时强调一个"快"字。

7.6 电子产品整机工程实践

7.6.1 收音机的基本知识

1. 基础知识

(1) 最简单的收音机工作原理

最简单的收音机组成框图如图7-20所示，各组成单元及作用分述如下：

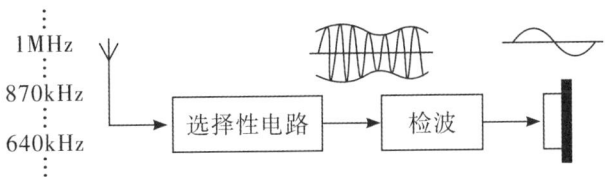

图7-20 最简单收音机组成框图

(a) 接收电波，产生高频电流，作为收音机的输入信号。

(b) 调谐电路：利用LC串联谐振特性，选择要接收的电台。

(c) 检波器：从调制信号上检出音频信号，滤除载波，输出检出的音频信号。

(d) 放大器：对检波器送来的音频信号加以放大。

(e) 扬声器：将放大后的音频信号变为声波，发出声音。

(2) 超外差式收音机

以上介绍的最简单的收音机也叫作直放式收音机，因它存在许多缺点，早已淘汰，但用来说明工作原理比较容易。

超外差式收音机主要增加了两部分内容，即变频器和中放。它将经天线和调谐电路送来的高频信号，变换成一个固定的中频信号（我国规定中频频率为465 kHz），然后再将中频载波信号做二级或一级中频放大，经检波、放大后，由扬声器发出声音。这样可以克服直放式收音机的种种缺点，使收音机的效率大增，灵敏度提高。这种具有变频器和中频放大器的收音机叫作超外差式收音机，其组成框图如图7-21所示。

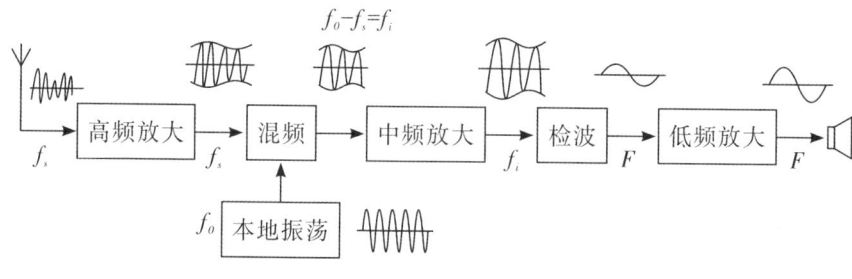

图7-21 超外差式收音机组成框图

(3) 收音机的质量指标

(a) 灵敏度：指接收微弱信号的能力。

(b) 选择性：指选择电台的能力。

(c) 保真度：指保持原来信号波形的能力。

(d) 波段覆盖：指能够收听波段的频率范围。

(e) 额定输出功率：指在一定非线性失真条件下，输出功率的大小。

2. 收音机电路原理

本次实习要求组装一台单波段收音机，为便于实习和指导，将收音机原理分成高频电路（包括变频、两级中放和检波）和低放电路两部分进行分析，参看图7-22。

(1) 高频电路

(a) 输入电路

主要作用是接收无线电台广播信号，选择我们需要收听的电台，由天线和调谐电路两部分组成。利用天线线圈和可变电容器组成串联谐振电路，选择所需电台。当某广播电台的载波频率 $f_信$ 与调谐回路的谐振频率 f_0 一致时，调谐回路获得最大的信号电流。旋动调谐旋钮，就是使调谐回路的谐振频率与要收听电台的载波频率相等。

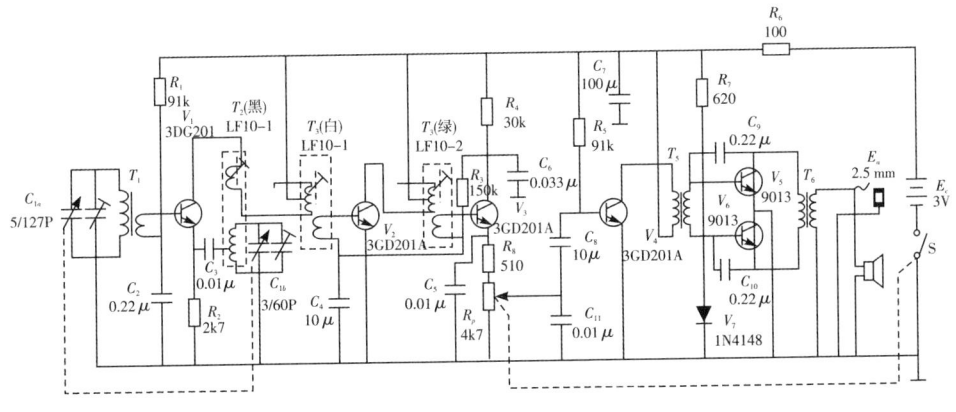

图 7-22　收音机电路原理图

(b) 变频电路

输入回路是收音机的"大门"，变频级则是进入"大门"的第一级电路。其作用是把输入的广播电台的载波信号变成 465 kHz 的中频载波信号。对它的要求：对高频信号变频放大过程中不能有波形畸变；振荡和混频放大对其他电路的干扰要小；工作稳定可靠；对输入回路频率"跟踪"要好；要有一定的变频增益。

第一级为射极输入变频电路：该电路振荡和混频合用一只晶体管（V_1）。

T_1C_{1a}：构成串联谐振回路。

R_1：V_1 的偏置电阻。

R_2：直流负反馈电阻，稳定 V_1 的静态工作点，也是振荡回路的负载电阻。

C_2：高频旁路电容，为输入信号和振荡信号提供交流通路。

C_3：振荡耦合电容，将振荡信号注入发射极。

V_1：晶体三极管，工作点比较重要。从混频角度考虑，I_C 不宜太大；从振荡角度考虑，I_C 大些容易起振。一般 $I_{CQ}=0.3\sim 0.6$ mA。

变频原理如图 7-23 所示。

(c) 中频放大级　中频放大级是晶体管收音机极其重要的组成部分，收音机的灵敏度、选择性、通频带等都由中频放大级来保证。其作用是从变频级输出的许多信号中选出中频信号进行放大。对它的要求：有足够的增益；有良好的选择性，抗干扰，对所需信号影响小；有一定的通频带；工作稳定可靠。

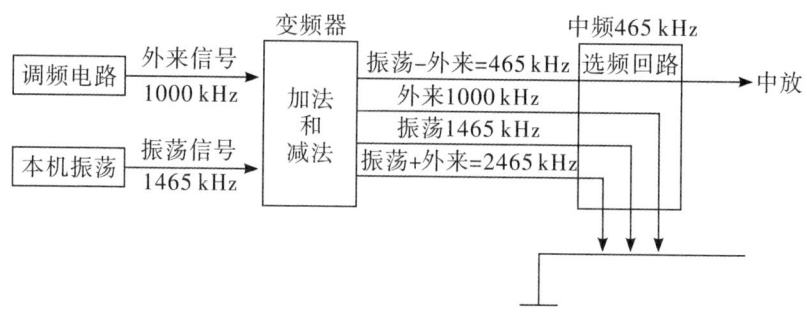

图 7-23 变频原理

经中频滤波器选择，只有 465 kHz 信号通过，其他频率成分滤掉。中频滤波器由 LC 谐振回路担任，它一方面滤掉干扰信号，一方面将中频信号耦合到下一级。对中频滤波器的要求是：通频带要宽 Q 值要高，损耗要小，耦合效果要好。图 7-24 是不同 Q 值时的比较。

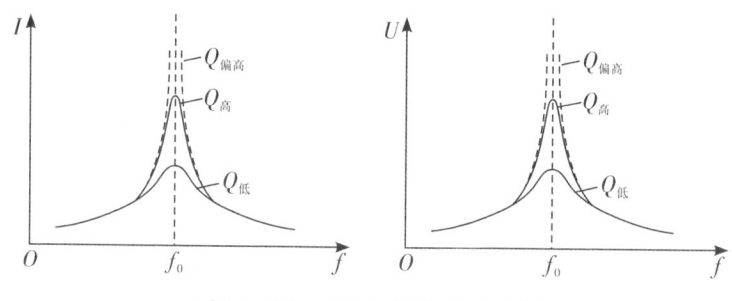

图 7-24 不同 Q 值时的比较

一般中频放大器由两级共射放大电路组成，并在各级输入输出端配接中频变压器。

T_3 的一次绕组与 C_7 组成 LC 调谐回路。改变 L 电感量，使其谐振于 465 kHz，耦合到 V_2 基极。放大的中频信号又经过第二级 T_4 的筛选，送给 V_3 基极进行检波，然后做低频放大。

(d) 检波级电路　检波的作用是从中频信号（或高频信号）中解调出低频信号，是调制的逆过程。对检波的要求是：效率高，损失小，非线性失真小，工作稳定，避免对邻近电路干扰。

利用 V_3 特性曲线的非线性部分，把调幅中频信号变成其幅度变化与中频调制幅度变化相同的低频信号后送到低放电路去。V_3 像一个放大器，但与放大器有区别：①静态工作电流很小，$I_{C3}<0.1$ mA；②输入的是中频信号，输出的是低频信号，是由发射结来完成的。

中频信号由 T_4 的二次侧加到 V_3 基极，经三极管检波后，由发射极输出低频信号，低频信号在 R_8 上形成压降，由 R_p 的滑动触头取出送至低频放大器。V_3 是共集电极接法，不但有检波作用，还有低频信号放大的作用。

C_{11}、C_5：旁路电容，使中频成分入地。

R_6、C_7：构成电源退耦电路。

C_4：滤波电容，使高频成分入地。

R_3：是 V_2、V_3 两管共用的偏置电阻，V_3 的集电极电压会随输入信号大小而稍有变化，这个变化通过 R_3 反映到 V_2，控制 V_2 基极电位，达到自动增益控制的目的。

（e）自动增益控制电路（AGC） 自动增益控制主要是靠控制 V_2 基极电流来实现的。当 V_2 处于弱信号放大时，V_3 集电极电位较高，经 R_3、T_3 二次侧、V_2 基极，使 V_2 输出电压较大，信号增强。当 V_2 处于强信号放大时，V_3 集电极电位较低，经 R_3、T_3 二次侧、V_2 基极，使 VT_2 输出电压变小，信号减弱。

（2）低频放大级电路

其作用是放大音频信号，推动扬声器发声。要求其有足够的电压增益和足够的功率增益；失真要小；效率要高；音量和音质可调。它由前置低放级，推动级和功率放大级组成，如图 7－25 所示。

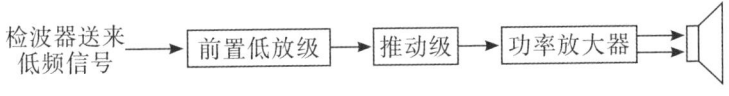

图 7－25 低频放大级电路

推动级的作用是对前边来的信号进一步电压放大，满足功放级对输入信号幅度的要求。另一方面对输入信号做功率放大。功放级电流很大，目的就是保证收音机有足够的功率输出。

本收音机的功率放大级是变压器输入输出的推挽低频放大电路。V_3、V_4 级间采用阻容耦合，直流回路与交流回路分开，互不影响，易于调整。

C_8：耦合电容。

R_5：V_4 的偏置电阻。

R_6、C_7：为退耦电路，减小各级因共用电源而产生的相互影响。

R_7：为功率级偏置电路。

V_5、V_6：组成乙类推挽低频功率放大器。

T_5：输入变压器，具有倒相和耦合的作用。

T_6：输出变压器，起阻抗匹配作用。

功放电路静态工作电流 I_C 为 2～6 mA。

7.6.2 收音机的组装与调整

1. 元器件安装前的检查测试

所有元器件在安装到印制电路板上之前都应进行简单测试，主要元器件的检查测试方法如下：

(1) 电阻

用万用表测量其阻值，误差应小于±20%。

(2) 电容器

主要检测其容量，对电解电容器，还要注意其极性。使用时极性不能接反，以免造成损坏。用数字万用表可直接测得电容量（用"CAP"挡）。

(3) 中频变压器

用万用表电阻挡测量其一、二次绕组及抽头，不应断路，也不应和屏蔽铁氧体外壳短路。

(4) 晶体管

用万用表电阻挡测试出基极、PNP 或 NPN 管型，再测出集电极和发射极，最后测出 I_C 和 I_B，验证三极管放大倍数 β。

(5) 扬声器

用万用表"R×1"挡测量其直流电阻，比标称阻抗小些为正常，在表笔接触其两个接线端时，还应发出"喀、喀"声。

2. 安装与焊接

应先安装电阻、电容、中频变压器、晶体管等小型元件，然后再安装塑料密封式双联可变电容器及磁棒线圈等体积较大的元件。

焊接时对引脚有锈蚀的元件应先除锈，再上锡，然后再焊接，以免发生虚焊故障（这种故障难以查找）。每次焊接的时间要适当，时间短会造成虚焊，时间长，会烫坏元件或使印制电路板铜箔脱落，一般时间为 2～3 s 即可。

3. 调试前的检查

调整前应在以下五个方面进行仔细检查：

(1) 每一级的晶体管型号是否正确，各晶体管的管脚装接是否正确。

(2) 中频变压器的初级、次级是否装错，输入输出的中心抽头与两边是否装错。

(3) 线路的连接和元件的安装是否有误，各焊接点是否有虚焊、漏焊、碰焊的，是否有断股，电解电容的"＋""－"极性装接是否有误。

（4）将歪斜的元件扶直排齐，并着重排除元件和裸线相碰之处。

（5）应注意把滴落机内的锡珠、线头等清理干净。

检查无误后，接通电源，再经仔细调整才能达到良好的性能指标。

4. 调试步骤

可参照下列调测步骤进行：

（1）调整静态工作点（调偏流）。

（2）调整中频频率（调中周）。

（3）调整频率范围（对刻度）。

（4）统调（调整整机灵敏度）。

5. 调整静态工作点

由于收音机各级电路的作用不同（变频、中放、低放、功放等），晶体管在这些不同的电路中，都要求处在一个合适的工作点（静态工作电流）工作，各级工作电流一般应为：

变频管： $I_{C1}=0.4\sim 0.6$ mA

中放： $I_{C2}=0.4\sim 0.6$ mA

检波： $I_{C3}=0.01$ mA

推动级低放： $I_{C4}=2.5\sim 4$ mA

末级功放： $I_{C6}=I_{C7}=5$ mA

通过改变各级晶体管的基极偏置电阻使之获得合适的静态工作点将电流表串接在集电极支路中测得。

变频管电流大些，容易起振、增益也高，但也会使噪声太大、需全面考虑。可选在 $0.4\sim 0.6$ mA，β 值较高的，电流可取得小些。

调整时先不要连接天线线圈和 C_3，以免有信号输入，误将动态电流认为静态电流。调整从后级开始，向前级进行。

整机电流最小为 6 mA，最大为 13.5 mA。

6. 调整中频频率

调整中频频率，就是旋转中频变压器罩在磁芯上的磁帽，改变磁路的间隙且使中频变压器谐振在 465 kHz 中频频率上，且品质因数 Q 值在 40～60 的通频带和选择性。中频调好后，就不要再动了。

（1）在没有仪器的条件下调中周的步骤

首先验证变频、本级振荡是否都在工作；打开音量电位器；旋转双连可变电容，看是否能收到电台广播信号，收不到信号时，再加接机外天线试试；如果收到电台信号，移动磁棒上的线圈，使声音最大；然后用旋具（最好用电木、塑料、竹片或不锈钢制成，以防人体感应）调中周内的磁帽。一边缓慢左右微调中周磁帽，一边听声音的大小，从第二中周（T_4）调起，由后向前，反复调2~3次，直到声音最响为止。在调整过程中，应随时转动音量电位器，使声音不要太大，以免人耳对很响的声音变化难以分辨出大小。同时，我们用来调整中周的电台不能太强，以免在自动音量控制作用下，中周调偏很大范围，音量却不发生变化。若只有强台，可转动收音机方向以减少输入信号，调到声音最响。

(2) 使用仪器时的调整步骤

利用高频信号发生器，产生 465 kHz（被 1 000 Hz 调制的调制度为 3%）的中频信号，将装好的收音机放在该信号附近。将收音机调至低频无台处，此时应能听到 1 000 Hz 声音。将音量电位器开到最大，使输入外来信号尽可能地小（以喇叭里刚能听到 1 000 Hz 为准）；使用无感旋具嵌进中频变压器的磁帽并缓慢旋转，寻找音量最响的峰点，调整顺序是由后向前，即 T_4、T_3（绿、白）；再减弱输入信号重复细调。

(3) 注意事项

(a) 如调至蜂点就出现尖叫声，无法调到最佳点，这可能是产生了寄生振荡变压器（或调偏些）。

(b) 若出现嘟嘟声，可能是输入回路谐振频率太低，应将低端同步粗调一下再调中频，直到收音机能发出清晰的 1 000 Hz 声音为止。

(c) 远离高频信号发生器后，只有轻轻的沙沙声，否则应再次耐心地调准中频变压器。

7. 调整频率范围

调整频率范围就是旋动可变电容器，从全部旋进的最低频率到全部旋出的最高频率，恰好包括了整个接收波段。如中波段国家标准为 535~1 605 kHz，频率高低端各国 1%~3% 的余量。一般是通过调整本机振荡回路的电感线圈（T_2）的磁帽和微调电容器（C_{16}）来达到，也就是调整本机振荡的频率范围在 1 000~2 070 kHz。

(1) 没有仪器时调整频率范围的步骤

调整时首先在中波的低端选一个电台，如中央人民广播电台约 800 kHz，旋动双联可变电容使刻度盘指针对准 800 kHz，然后旋动振荡线圈的磁帽收到这个电台，并调到声音最大。

在低端调好以后,再旋动双联可变电容在中波段的高端选一个已知频率的电台,旋动振荡回路的微调电容(C_{16}),使刻度盘指针在该频率对应位置收到该电台,并调到声音最大。

这样,低端、高端反复调整几次就可以了。

(2) 使用仪器时的调整步骤

用高频信号发生器发出 535 kHz 调制信号,将收音机的双联可变电容全部旋进(即容量最大位置)。使用无感旋具,缓调振荡线圈磁帽,直到听到 1 000 Hz 声音最强为止。

用高频信号发生器发出 1 605 kHz 调制信号,将收音机的双联可变电容全部旋出(即容量最小位置),调整补偿电容(5~20 pF)的大小,直到听到 1 000 Hz 声音最强为止。

以上要反复调整数次,直到双联可变电容全部旋进时,可接收 535 kHz 调制信号。可变电容全部旋出时,可收到 1 605 kHz 调制信号。

8. 统调

如上所述,中频频率是本机振荡频率与电台信号频率之差。要在超外差收音机中选听不同频率的电台,就必须使所收听的各个电台信号的频率都能差出一个固定的中频信号(465 kHz),这就要求本机振荡频率必须能随各个电台信号频率的变化而变化。这个变化是利用同轴双联可变电容器来进行联合调节的,输入回路的可变电容器调谐于接收信号频率,本机振荡回路的可变电容器调谐于比接收信号高 465 kHz 的频率,如图 7-26 所示,这就达到了"同步"。使电路保持或接近"同步"的一系列调整步骤叫作统调。

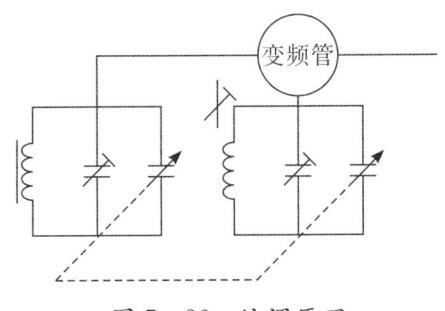

图 7-26 统调原理

(1) 没有仪器时统调方法

利用调整频率范围时收到的低端电台,移动磁棒上的线圈使声音最响,以达到低端统调;利用调整频率范围时收到的高端电台,调节与磁棒线圈并联的微调电容（5~20 pF），使声音最响，以达到高端统调。高端、低端的调整反复进行几次，达到满意为止。

（2）使用仪器时的调整步骤

（a）用高频信号发生器发出 600 kHz 调制信号，旋转双联可变电容至听到 1 000 Hz 声音，用绝缘棒移动磁棒上的线圈位置，使声音最响为止。

（b）用高频信号发生器发出 1 500 kHz 调制信号，旋转双联可调电容至听到 1 000 Hz 声音，调节与磁棒线圈并联的微调电容器（5~20 pF），使声音最响为止。

（c）上述调整要反复进行二至三次，全机调整就算完成。

7.6.3 故障检修

1. 一般检查

因为我们装配使用的元件都是新的，那么主要查一查有无相碰短路或击穿断路的地方，特别注意电解电容的击穿或严重漏电及其极性是否接反，元件接点是否虚焊，晶体管管脚有否接错等等。找出故障原因，排除有可能损坏元器件的现象后，才能加电检查。

2. 故障检测方法

（1）信号注入法

测整机的电流正常，但无声，可采用此方法。将信号由后向前逐级接到各放大级的输入端，用示波器观察输出波形和幅度是否正常，若哪级异常则故障就在哪一级。

有时为了方便，利用人体的感应电压作"杂音输入"。方法是用旋具或镊子触及放大器的基极，当触动放大电路后级时，应有"喀拉"声；触动放大电路前级时，应有"嘟嘟"声或尖叫声；如果无声响，说明故障在此处。

（2）常见故障分析

（a）整机完全无声而且电流为"0"。可能是以下故障：

①电池接触不良。

②电池引线断。

③电源开关不良，以及电池串反和损坏。

④外接电源插口接触不良。

（b）整机完全无声，而电流电压基本正常，但在"开""关"机器的瞬时，喇叭听不到"咔嗒"声。可能是喇叭（耳机）插座不接触、喇叭音圈断线等故障造成的。

（c）有"咔嗒"声，但无"沙沙"声，多半是末级的故障。

（d）整机电流偏小。多半是某一级发生故障，可通过测偏流查找。

（e）整机静态工作电流基本正常，开足音量，转动调协旋钮时，整机电流无变化。多半是检波以前的电路发生故障。

（f）整机静态工作电流基本正常，开足音量，转动调谐旋钮，调至某一点时整机电流有点变化，像是收到了电台，但又完全无声音。这是喇叭断路或短路（短路电流摆动大）。

（g）电流偏大，但能收到广播。大多数是电容漏电和偏置电路有故障，末级功放晶体管的 h_{fe} 太大时也会使电流偏大。

（h）电流偏大，收不到广播。多属于前级晶体管有击穿或电路碰线的故障。

（i）电流较大或很大（超过 50 mA）但稳定不动。多属电源集电极短路、旁路电容击穿、末级晶体管击穿、末级晶体管集电极基极接反、二极管接反故障，应立即断开电源，检查和排除故障。

综上所述，当收音机有"无声"故障时，往往同时存在着电流偏大或电流偏小的不正常现象。都可以通过测整机电流和信号注入法来判别和测试，当测得某一级的静态电流、电压有不正常现象时，应首先检查和排除这种故障。方法是故障确定在某级后，检查直流通路，用万用表测量各管脚对地的直流电压和集电极直流电流是否正常，晶体管有无损坏。其次检查交流通路的耦合电容、旁路电容、变压器能否传递信息。

参考文献

[1] 卜锡滨. 电子技术基础与技能 [M]. 北京：人民邮电出版社，2010.

[2] 刘阿玲. 电子技术 [M]. 北京：北京理工大学出版社，2009.

[3] 邓保青. 电路基础与电子技术简明教程 [M]. 北京：中国铁道出版社，2009.

[4] 张玘. 电工与电路基础 [M]. 北京：国防科技大学出版社，2006.

[5] 张肃文. 高频电子线路 [M]. 北京：高等教育出版社，2009.

[6] 张凤鸣. 航空装备科学维修导论 [M]. 北京：国防工业出版社，2007.

[7] 王天曦. 电子技术工艺基础 [M]. 北京：清华大学出版社，2000.

[8] 李钟灵. 电子元器件的检测与选用 [M]. 北京：科学出版社，2008.

[9] 李敬伟. 电子工艺训练教程 [M]. 北京：电子工业出版社，2008.

[10] 王卫平. 电子工艺基础 [M]. 北京：电子工业出版社，2003.